U0295297

风景园林设计初步

主　编 朱黎青
副主编 [美] Michele Palmer
刘静怡
陈　丹
张高超

内容提要

本书是高校园林/风景园林/环境艺术等专业本科生课程的教材，介绍风景园林设计所必备的基本技法，系统讲述风景园林设计的一般程序和方法。本书内容包括：风景园林与风景园林学的发展、园林色彩和透视表现、园林各要素的表现与设计、园林设计构图与空间序列、园林设计的全过程等。

本书可供风景园林设计的专业学生学习，为学生今后在专业课中深入完整地表现设计构思打下基础，为培养学生的综合设计能力、提高专业素养提供的理论和方法支持。

图书在版编目（CIP）数据

风景园林设计初步 / 朱黎青主编. —上海：上海交通大学出版社，2016（2023重印）
ISBN 978-7-313-14217-7

Ⅰ.①风… Ⅱ.①朱… Ⅲ.①园林设计－高等学校－教材 Ⅳ.①TU986.2

中国版本图书馆CIP数据核字（2016）第024932号

风景园林设计初步

主　　编：朱黎青
出版发行：上海交通大学出版社
地　　址：上海市番禺路951号
邮政编码：200030
电　　话：021-64071208
印　　制：上海万卷印刷股份有限公司
经　　销：全国新华书店
开　　本：889mm×1194mm　1/16
印　　张：14.5
字　　数：382千字
版　　次：2016年5月第1版
印　　次：2023年1月第6次印刷
书　　号：ISBN 978-7-313-14217-7
定　　价：68.00元

版权所有　侵权必究
告读者：如发现本书有印装质量问题请与印刷厂质量科联系
联系电话：021-56928178

前　言

“国运昌，土木兴”，过去的十多年是风景园林行业飞速发展的年代。笔者多年主讲风景园林设计初步课程，有感于在全球可持续发展、建设生态人居环境的背景下部分教学资料与行业设计实践衔接不力；加之现在国际交流日趋活跃，深感有必要编写一本能与行业接轨、与国际接轨，并且理论与实践并重的教材。这是笔者编写此教材的初衷。

作为风景园林学科专业核心基础课程《风景园林设计初步》(Beginning Landscape Design)的教材，本书旨在系统阐述风景园林设计的基本理论，全面介绍风景园林设计所必备的基本技法，讲解风景园林设计的一般程序和方法，其中设计与表现章节注重采用当今园林行业主流方法。目的是为学生表现设计构思打下基础；为培养学生的综合设计能力，提高专业素养提供理论和方法的支持。

本书由上海交通大学朱黎青统筹负责，上海应用技术大学刘静怡与上海交通大学朱黎青共同编写了第1章；朱黎青编写了第2、3、5章，刘静怡参与了第2章的编写，张高超参与了第3章的编写；陈丹编写了第4章；美国康乃尔大学Michele Palmer编写了第6章；上海交通大学陈乐阳、裴瑜、毛童欣绘制了部分图稿，陈红山参与了部分文字图表整理工作。

本书出版由上海交通大学规划并资助，得到了上海交通大学农业与生物学院及园林科学与工程系领导的鼎力支持。另外，本书出版亦得到了美国风景园林基金会(The Landscape Architecture Foundation)及上海唯美景观设计工程有限公司的大力支持。第6章由版权单位美国风景园林基金会授权使用；第2、3章的手绘图稿由上海唯美景观设计师Alden O. Didulo等手绘，得到该公司授权使用。在此一并表示衷心感谢！

编者才疏学浅，书中存在的疏漏和错误之处，恳请读者和同行专家不吝赐教。

编　者

2015年10月

目　录

第1章　风景园林的过去与未来

1.1　从造园到风景园林

园林(garden and park)起源于人类固有天性中对美的追求和探索，有着悠久的历史和深厚的传统，是人类宝贵的物质精神财富和自然文化遗产。在漫长的发展过程中，园林经历了“造园(garden making)”和“风景园林(landscape architecture)”两个阶段，内涵和形式十分丰富。

农耕文明时期，园林是社会上层精英为了自己的精致生活所营造的精致环境，其功能包括狩猎、休闲和观赏等，主要形态为囿、苑、宅院、林园、宫苑、庄园等。主要目的是追求视觉的景观之美和精神的寄托。风格、构图、比例、序列、色彩、质感、韵律、轴线等形式美的要素成为审美的主要对象。在中国，公元纪元以前，园林与“园”“圃”在称呼上没有明确划分。后汉许慎所著的《说文解字》(创稿于公元100年)才明确分出：“园，所以树果也”和“种菜曰圃”。“园林”一词则广泛见之于西晋(公元200年左右)以后的诗文中。从有史记载的帝王苑囿，到明清园林，中国“园林”始终秉承对自然山水的审美，追求“虽由人作，宛自天开”的诗意境界。在发展后期，则更加注重园林写意手法的运用和景观氛围的营造。古希腊、古埃及文明孕育出规则式园林。盛行于法国、意大利等西方国家的规则式园林强调明确的轴线和几何对位关系，重在体现园林景观的人工图案之美，表现出一种由人力所控制的、有序的景观。受到《古兰经》中描述的“天园”旖旎风光影响以及地理气候因素的制约，伊斯兰园林主要以笔直水渠、精美小喷泉、修剪整齐的绿篱形式出现，马赛克装饰的精致庭院成为伊斯兰的基本模式。在这一时期，不论在东方或者西方，园林乃是在一定的地段范围内，利用、改造天然山水地貌，或者人为地开辟山水地貌，结合植物栽培、建筑布置，辅以禽鸟养畜，从而构成一个以追求视觉景观之美为主的赏心悦目、畅情抒怀的游憩或居住的环境。

从造园到风景园林的巨大转变，开始于19世纪的工业文明时期。随着城市迅速膨胀，城市环境日趋恶化，改善环境，亲近自然的呼声不断高涨，园林逐渐突破庭园、庄园、别墅等单个相对独立的小尺度空间，扩大到城市环境、风景区、自然保护区、大地景观等大尺度区域。19世纪中期，美国人雷德里克·劳·奥姆斯特德(Frederick Law Olmsted)提出“风景园林”的概念，针对无计划的、掠夺性的开发自然资源以及自然资源被逐渐蚕食的情况，提出“把乡村带进城市，城市实现园林化”，建立公共园林、开放性的空间和绿地系统，强调建筑与自然景观和环境的和谐一致。英国的埃比尼泽·霍华德(Ebenezer Howard)从改造城市的理念出发，提出了“田园城市”的设想，即一处大约3万居民的社区，周围环以开阔的“绿化地带”。以此解决当时城市无序扩大膨胀的问题，并形成宜人的居住与生活环境，这一理念对现代城市规划和风景园林设计产生深远影响，成为现代风景园林概念的重要组成部分。这一时期的风景园林一方面表现为内容与性质的变化，即服务对象从少数上层阶级转变为公众，由封闭内向型变为开放外向型。另一方面，它日益成为城市规划建设中不可或缺的组成部分，成了市民日常游憩与交往活动的场所、改善着城市的环境质量的绿肺。绿地作为城市居民的休闲场所、体育活动空间和作为城市的绿肺。强调绿化覆盖率、人均绿地面积等指标成为指导理论和评价标准。

进入后工业文明时期或曰信息时代，人们物质生活水平不断提高的同时也面临着人口激增、资源枯竭、环境污染等严峻问题，风景园林以协调人与自然关系为根本使命，内涵外延不断发展。伊恩·麦克哈格（Ian McHarg）的《设计结合自然》（Design with Nature）提出在尊重自然规律的基础上，建造与人共享的人造生态系统。以人类生态学、景观生态学为规划指导理论，以景观生态过程和格局的连续性和完整性、生物多样性、文化多样性为评价标准，创造一种可持续发展的人居环境景观。这标志着风景园林在奥姆斯特德奠定的基础上迈上崭新台阶。

"风景园林学"是规划、设计、保护、建设和管理户外自然和人工境域的学科。其核心内容是户外空间营造，根本使命是协调人和自然之间的关系。

2011年，"风景园林学"正式成为一级学科，与建筑学、城市规划学共同成为人居学科群的三大支柱，形成三位一体、三足鼎立的发展格局。本学科涉及的问题广泛存在于两个层面：如何有效保护和恢复人类生存所需的户外自然境域？如何规划设计人类生活所需的户外人工境域？为了解决上述问题，本学科需要融合工、理、农、文、管理学等不同门类的知识，交替运用逻辑思维和形象思维，综合应用各种科学和艺术手段。因此，也具有典型的交叉学科的特征。

在传统园林中，经过园林设计与园林施工创造这一环境的全过程称为"造园"，主要包括筑山、理水、植物配置和建筑营造四项主要工作。

园林是在一定地域内运用工程技术和艺术手段，通过因地制宜地改造地形、整治水系、栽种植物、营造建筑和布置园路等方法创作而成的优美的游憩境域。园林学（landscape architecture，garden architecture）则是综合运用生物科学技术、工程技术和美学理论来保护和合理利用自然环境资源，协调环境与人类经济和社会发展，创造生态健全、景观优美、具有文化内涵和可持续发展的人居环境的科学和艺术。概念中的地形、水系、植物、建筑与园路，是园林的五个基本要素。

1.2 风景园林专业的发展历程

风景园林学是一个既古老又年轻的应用性学科。从最早出现的农业时代，直到进入工业时代、信息时代以来，风景园林学的研究和实践范围不断发生变化，在承载人类文明、资源环境保护和人居环境营建中发挥着不可替代的作用。

1.2.1 国际风景园林专业的发展

农业文明时期，受气候、资源、地域文化和艺术的影响，世界各国形成了不同内容和风格的园林形式。风景园林研究主要体现在造园技法和园艺的研究范畴。

工业革命后，面对城市发展而产生的环境问题，国际园林研究的视角逐步从单体延伸到城市范围。1898年，英国埃比尼泽·霍华德（Ebenezer Howard）的《明天的园林城市》（Garden Cities of Tomorrow）提出，把城市园林化作为改善城市环境的重要手段，引导发达国家的城市规划和城市建设进入"城市与自然共存"的园林化时代。19世纪中期，美国风景园林师弗雷德里克·劳·奥姆斯特德（Frederick Law Olmsted）主持建造纽约中央公园，提出了"风景园林师"（landscape architect）的称谓，将其工作领域从庭园设计拓展到城市公园系统设计，乃至区域范围的土地规划。

20世纪中叶，面对人类对自然地域的无序开发导致的整个地球环境和生态危机，著名的风景园林师、教育家伊恩·麦克哈格（Ian McHarg）首次提出"生态规划设计"理论，把风景园林工作领域进一步拓展至大地规划，强调人与自然和谐共处以及自然境域的合理利用，从而将风景园林学科提升到科学高度。

1901年，美国哈佛大学创立了世界上第一个风景园林专业，开始了风景园林学科现代的系统性的专业教育。随后马萨诸塞大学、康乃尔大学相继成立了风景园林专业。1872年，国家公园在美国正式建立，旨在“把国有公园内的天然风景、自然变迁遗迹、野生动物和历史古迹，按原有环境，世世代代保护下去”。自此，有关国家公园的研究很快纳入了风景园林学科范畴。1972年，联合国教科文组织提出《保护世界文化和自然遗迹公约》，对珍贵自然和文化遗产资源的科学保护成为世界各国的共识，受到广泛重视。1948年，国际风景园林师联合会（IFLA）在英国剑桥大学成立，现已成为国际风景园林界非常重要的一个专业组织。相关的重要专业组织还有风景园林教育工作者委员会（CELA）、国际公园与康乐管理协会（IFPRA）、欧洲风景园林联盟（EFLA）、欧洲风景园林院校委员会（ECLAS）等。2000年，欧洲理事会（Council of Europe）拟定的欧洲风景园林公约（The European Landscape Convention）于2004年正式生效。2005年和2009年，IFLA先后制定了《风景园林教育宪章》（IFLA Charter for Landscape Architectural Education）和《全球风景园林公约》（Global Landscape Convention）。这些措施对促进历史风景园林保护、规范风景园林师社会行为、推动现代风景园林建设和教育均发挥了积极作用，对未来风景园林学科的发展具有重要指导意义。

综上可见，风景园林学科发展的原动力是社会发展与需求。社会发展所产生的矛盾和问题，极大地促进了学科研究的演进和拓展；现代城市的发展和科学技术的更新，为风景园林学科实践提供了广阔的空间。在国际上，风景园林学科是与建筑、城市规划同等重要的人居环境学科。保护与再造生态友好型的人居环境，已经成为现代风景园林学科的核心任务。

1.2.2 中国风景园林学科的发展

作为“世界园林之母”，中国风景园林学科耕植于源远流长的中华文化，拥有深厚的历史积淀。中国最早的园林是利用天然山水、挖池筑台营造的供天子和诸侯祭祀、观天象、狩猎游乐的游憩场所。随着历史的变迁，园林研究从艺术角度探讨造园理论和手法，从工程技术角度总结造山理水、建筑营造、花木布置的经验。1634年，明代造园家计成所著《园冶》系统总结了中国传统造园实践和理论，提出造园要“相地合宜，构园得体”“巧于因借，精在体宜”“虽由人作，宛自天开”等，被公认为世界最早的园林专著。清初，西方造园理念开始影响中国，比如南方的一些私家园林中出现了带有西式园林艺术特色的建筑和装饰。乾隆年间，皇家园林圆明园中的西洋楼建筑群，更是对西方园林全面、完整的模仿。1868年，外国人在上海租界建成外滩公园成为中国第一个现代公园。

新中国成立后，我国园林建设行业取得显著成就，一大批历史园林得到妥善保护和修缮，部分对公众开放，与众多新建的各类园林绿地一起，为服务人民大众的休闲生活、改善城市居住环境发挥了重要作用。20世纪50年代以后，我国风景园林学科进入城市绿地系统层次。70年代开展了风景名胜区工作，80年代以后风景园林工作领域更加拓展，包括水系、湿地、高速公路、人居环境、开发区和科技园区等各种风景园林规划设计。与此同时，我国园林学科领域迅速扩大，由传统园林营建发展到城市园林绿化，以及风景名胜区为主的自然与文化资源的保护利用等研究领域。

在专业教育领域，中国古代园林主要是由文人、画家和匠师等负责设计营建，匠人师徒相承，没有专门学习园林技艺的教育机构。20世纪20—30年代，一些海外学习和研究园林的学者归国在农林、建筑学院从事造园教育，推动了我国近代园林学科的发展。1925年，朱启钤等成立了我国第一个以科学方法研究中国古代建筑的研究机构——“中国营造学社”。学社将造园史列为重要研究工作，主要集中在北京宫苑研究、古籍整理、古代工匠研究和江南园林研究四方面，开启了我国建筑学领域造园史研究的先河。

1949年，复旦大学、浙江大学、武汉大学的园艺系开设观赏组（造园组），1951年由北京农业大学园艺系、清华大学营建系合办的造园专业，是中国高等院校中园林教育建系之开端，也是北京林业大学园林学院的前身；1979年同济大学首创风景园林专业（工科）；1992年北京林业大学成立了我国第一个园林学院。1986年起，国家教育委员会决定，设置园林专业（综合性，设于林科院校）、风景园林专业（侧重规划设计，设于工科及城建院校）。2011年，我国确立了风景园林学为一级学科，真正形成了风景园林学、建筑学、城乡规划学三大学科并驾齐驱的格局。

经过五十多年的发展，中国的风景园林学科已经成为保护、规划、设计和可持续性管理人文与自然环境，科学、技术和艺术高度统一，具有中国传统特色的综合性应用型学科。它是我国生态文明建设的重要基础，担负着保障社会和环境健康发展、提高人类生活质量、传承和弘扬中华民族优秀传统文化的重任。

风景园林是通过保护和利用人文与自然环境资源而保留和创造出的各种优美境域的统称。园林指在一定地域内运用工程技术和艺术手段，创作而成的优美的游憩境域。风景园林学是研究风景园林及其发生、发展和演变规律的学科。风景园林学是一门古老而年轻的学科。作为人类文明的重要载体，园林、风景与景观已持续存在数千年；作为一门现代学科，风景园林学可追溯至19世纪末、20世纪初，是在古典造园、风景造园基础上通过科学革命方式建立起来的新的学科范式。从传统造园到现代风景园林学，其发展趋势可以用三个拓展描述：第一，服务对象方面，从为少数人服务拓展到为人类及其栖息的整个的生态系统服务；第二，价值观方面，从较为单一的游憩审美价值取向拓展为生态和文化综合价值取向；第三，实践尺度方面，从中微观尺度拓展为大至全球小至庭院景观的全尺度。

1.2.3 风景园林学的研究方向

风景园林学包括6个研究方向：风景园林历史与理论（history and theory of landscape architecture）、风景园林规划与设计（landscape design）、大地景观规划与生态修复（landscape planning and ecological restoration）、风景园林遗产保护（landscape conservation）、园林植物与应用（plants and planting）、风景园林工程与技术（landscape technology）。

风景园林历史与理论：是研究风景园林起源、演进、发展变迁及其成因，以及研究风景园林基本内涵、价值体系、应用性理论的基础性学科。风景园林历史方向的理论基础是历史学，通过记录、分析和评价，建构风景园林自身的史学体系。研究领域包括：中国古典园林史、外国古典园林史、中国近现代风景园林史、西方近现代风景园林史、风景园林学科史等。风景园林理论方向的理论基础是美学、伦理学、社会学、生态学、设计学、管理学等较为广泛的自然科学和人文艺术学科。研究领域包括：风景园林理论、风景园林美学、风景园林批评、风景园林使用后评价、风景园林自然系统理论、风景园林社会系统理论、风景园林政策法规与管理等。

风景园林规划与设计：是营造中小尺度室外游憩空间的应用性学科。它以满足人们户外活动的各类空间与场所需求为目标，通过场地分析、功能整合以及相关的社会经济文化因素的研究，以整体性的设计，创建舒适优美的户外生活环境，并给予人们精神和审美上的愉悦。该学科历史悠久，是风景园林学科核心组成部分。研究和实践范围包括公园绿地、道路绿地、居住区绿地、公共设施附属绿地、庭园、屋顶花园、室内园林、纪念性园林与景观、城市广场、街道景观、滨水景观，以及风景园林建筑、景观构筑物等。

大地景观规划与生态修复：是以维护人类居住和生态环境的健康与安全为目标，在生物圈、国土、区域、城镇与社区等尺度上进行多层次的研究和实践，主要工作领域包括区域景观规划、湿地生态修复、旅游区规划、绿色基础设施规划、城镇绿地系统规划、城镇绿线划定等。

风景园林遗产保护：是对具有遗产价值和重要生态服务功能的风景园林境域保护和管理的学科。实践对象不仅包括传统园林、自然遗产、自然及文化混合遗产、文化景观、乡土景观、风景名胜区、地质公园、遗址公园等遗产地区，也包括自然保护区、森林公园、河流廊道、动植物栖息地、荒野等具有重要生态服务功能的地区。主要研究传统园林保护和修复、遗产地价值识别和保护管理、保护地景观资源勘察和保护管理、遗产地和保护地网络化保护管理、生态服务功能区的保护管理、旅游区游客行为管理等。

园林植物与应用：是研究适用于城乡绿地、旅游疗养地、室内装饰应用、生态防护、水土保持、土地复垦等植物材料及其养护的应用性的学科。研究范围包括城市园林植物多样性与保护、城市园林树种规划、园林植物配置、园林植物资源收集与遗传育种、园林植物栽培与养护、风景园林植物生理与生态分析、古树名木保护、园艺疗法、受损场地植被恢复、水土保持种植工程、防护林带建设等。

风景园林工程与技术：是研究风景园林保护和利用的技术原理、材料生产、工程施工和养护管理的应用性学科，具有较强的综合性和交叉性。研究和实践范围包括风景园林建设和管理中的土方工程、建筑工程、给排水工程、照明工程、弱电工程、水景工程、种植技术、假山叠石工艺与技术、绿地养护、病虫害防治，以及特殊生境绿化、人工湿地构建及水环境生态修复和维护、土地复垦和生态恢复、绿地防灾避险、室外微气候营造、视觉环境影响评价等。

1.3 世界古典园林体系与当代风景园林设计的设计流派

世界古典园林的三大体系是欧美园林体系、西亚园林体系及东方园林体系。

1.3.1 世界三大园林体系

1. 欧美园林体系

从可考的历史资料看，西方园林始于古希腊。公元前500年，以雅典城邦为代表的完善的自由民主政治带来了文化、科学、艺术的空前繁荣，园林建设兴盛蓬勃、类型多样，成为后世欧洲园林之滥觞。古希腊园林大体上可以分为三类：第一类是供公共活动游览的园林：早先原为体育竞技场，后来，为了遮阴而种植的大片树丛逐渐开辟为林荫道，为了灌溉而引来的水渠逐渐形成装饰性的水景。到处陈列着体育竞赛优胜者的大理石雕像，以及林荫下座椅等为主要元素的公共园林景观。第二类是城市的住宅，四周以柱廊围绕成庭院，庭院中散置水池和花木。第三类是寺庙园林即以神庙为主体的园林风景区，例如德尔菲圣山（The Mountain Sanctuary of Delphi）。

罗马继承古希腊的传统，采用以建筑为主体的规则式轴线布局，发展了整形修剪的树木与绿篱，几何形的花坛以及由整形常绿灌木形成的迷宫。别墅园（villa garden）和宅园是罗马园林的主要类型。

15—16世纪，欧洲文艺复兴运动兴起于意大利，尊重人性的人文主义为意大利造园的发展提供了理论指导。意大利半岛三面濒海而又多山地，其庄园通常建置在风景秀丽的丘陵山坡上，开辟中轴线，采用连续几层台地的布局方式配以平台、水池、喷泉、雕像等，形成了独具特色的意大利名地园。

17世纪，意大利文艺复兴式园林传入法国。在倡导规则秩序和人工美的古典主义影响下，法国园林得到极大的发展。法国多平原，有大片天然植被和大量的河流湖泊。以勒·诺特（André Le Notre）为代表的造园家把中轴线对称均齐的整齐式的园林布局手法运用于平地造园。法国的园林艺术在17世纪下半叶形成了鲜明的特色，产生了成熟的作品，对欧洲各国有很大的影响。它的代表作是孚·勒·维贡府邸花园（建于1656—1671年）和凡尔赛宫园林，创作者是勒·诺特尔（André Le Notre）。这一时期的园林艺术是古典主义文化的一部分，所以法国园林艺术在欧洲被称为古典主义园林艺术，其代表作是孚·勒·维贡府邸花园和凡尔赛花园。

英伦三岛多起伏的丘陵，17—18世纪时，由于毛纺工业的发展而开辟了许多牧羊的草场。如茵的草地、森林、树丛与丘陵地貌相结合，构成了英国天然风致的特殊景观。这种优美的自然景观促进了风景画和田园诗的兴盛。而风景画和浪漫派诗人对大自然的纵情讴歌又使得英国人对天然风致之美产生了深厚的感情。这种思潮当然会波及园林艺术，于是封闭的“城堡园林”和规整严谨的“靳诺特式”园林逐渐被人们所厌弃而促使他们去探索另一种近乎自然、返璞归真的新的园林风格——风景式园林。

美国园林更具有现代气息。美国的现代园林是通过私家庄园、公共墓地及小广场发展而来的。1857年奥姆斯特德和弗克斯(Vaux)设计了纽约中央公园,开创了美国园林的新时代,在世界园林发展史上具有里程碑意义。

奥姆斯特德几乎没有为公众出版物写过任何东西。他的巨大影响力是通过他的弟子及其作品来得以产生的。他的大部分作品可谓遍及美国,且位于时代发展的主流,而那一时代几乎可以被称为公园时代。纽约中央公园的建造如同为公园设计理念及作为主管的景观建筑师登出了一则影响广泛而深远的广告。随着外来移民的大量增加,以及现代工业主义的第一次爆发,美国的城市迅速发展和增长,而公园设计理念正适应了这样的时代需求。除前面列举的公园之外,奥姆斯特德及其伙伴还在其他地方设计了许多公园,由此可见,他的思想很容易地支配着美国景观建筑学的独特章节。

简而言之,奥姆斯特德设计法则可以概括为以下几点:

(1) 保持自然景色,如有必要,则对自然景色进行恢复和强调;

(2) 除了建筑物周围极其有限的区域之外,避免采用各种形式的规则式设计;

(3) 在大面积的中心区域保持开放式草坪和草场;

(4) 选用乡土乔灌木,特别在对生长条件艰难的边缘地带进行植物配置时;

(5) 布局大面积的弧线型小路和大道,提供便捷的交通流线;

(6) 主路的设置应使其尽可能地限定整个区域。

在奥姆斯特德的数个公园中,都可以看到这些法则的运用。其中,最好的实例可能是蒙特利尔的皇家山公园和波士顿的富兰克林公园。

公墓园的兴起与公园运动相伴随,它也是组成公园运动整体的一部分。

在美国,对于自然式风景造园学的基本鉴赏已发展为两个不同的方向。一方面是针对私人地产和城市公园,表现为自然主义的、不规则样式的设计倾向;另一方面则是出自对教育、健康和游憩娱乐的考虑,由此展开了保持大面积本土景观的运动。我们对自然风景的保留是为了更好地予以利用,所以,这种保留的内容是很广泛的。由于许多保留场地都是通过私人购买而获取,或经由持有狩猎、捕鱼地产的私营俱乐部,或仅仅作为常规游憩活动的“乡村俱乐部”,到目前为止,最大面积和最重要的区域都属公众所有和使用。这些保护区的主要类型包括:国家公园、国家森林、国家纪念地、州立公园、州立森林和历史上闻名的各种场所。

2. 西亚园林体系

公元17世纪,阿拉伯人征服了东起印度河西到伊比利亚半岛的广大地带,建立一个横跨亚、非、拉三大洲的伊斯兰大帝国,虽然后来分裂成许多小国,但由于伊斯兰教教义的约束,在这个广大的地区内仍然保持着伊斯兰文化的共同特点。阿拉伯人早先原是沙漠上的游牧民族,祖先逐水草而居的帐幕生涯,对“绿洲”和水的特殊感情在园林艺术上有着深刻的反映;另一方面又受到古埃及的影响从而形成了阿拉伯园林的独特风格:以水池或水渠为中心,水经常处于流动的状态,发出轻微悦耳的声音。建筑物大半通透开畅,园林景观具有一定幽静的气氛。

伊斯兰园林是古代阿拉伯人在吸收两河流域和波斯园林艺术基础上创造的,是一种模拟伊斯兰教天国和高度人工化、几何化的园林艺术形式。后来,在东方演变为印度莫卧儿的两种形式:一种是以水渠、草地、树林、花坛和花池为主体而呈对称均齐的布置,建筑居于次要的地位;另一种则突出建筑的形象,中央为殿堂,围墙的四周有角楼,所有的水池、水渠、花木和道路均按几何对称的关系来安排。著名的泰姬陵即属后者的代表。

3. 东方园林体系

东方园林体系是以中国为代表,影响到日本、朝鲜、东南亚地区,以自然式园林为主,典雅精致,意境深远。商朝的囿，多是借助于天然景色，让自然环境中的草木鸟兽及猎取来的各种动物滋生繁育，加以人工挖池筑台，掘沼养鱼。据文献记载，周代囿的范围很大，为了便于禽兽生息和活动，广植树木，开凿沟渠水池，同时兼有“游”的功能。这一时期，囿已初具园林的雏形。

据记载，吴王夫差曾造梧桐园(今江苏苏州)、会景园(今浙江嘉兴)。记载中说:“穿沿凿池，构亭营桥，所植花木，类多茶与海棠”，这说明当时造园活动用人工池沼，构置园林建筑和配置花木等手法已经有了相当高的水平，上古朴素的囿的形式得到了进一步的发展。

秦始皇统一中国后，在咸阳营造宅地，“写放”(即照样画下)六国宫室，集中国建筑之大成，使建筑技术和艺术有了进一步发展。囿也得到了进一步发展，除游乐狩猎的活动内容外，囿中开始建“宫”设“馆”，增加了帝王在其中寝居以及静观活动的内容。

西汉(公元前206年—公元24年)，刘邦建立西汉王朝后，在政治、经济方面基本上承袭了秦王朝的制度。汉初商业发达，富商大贾的奢侈生活不下王侯。地主、大商为此也经营园囿，满足他们寻欢作乐的需要。汉武帝刘彻在位时期，中央集权空前巩固，政治、经济、军事都很强大，此时大造宫苑。从秦的旧苑上林苑，加以扩建形成苑中有苑，苑中有宫，苑中有观。园林布局中，栽树移花、凿池引泉不仅普遍运用造园手法，也注意利用自然与改造自然，而且也开始重视采用石构的艺术，进行叠石造山，这也就是我们通常所说的造园手法，自然山水，人工为之。苑内除动植物景色外，还充分注意了以动为主的水景处理，学习了自然山水的形式，以期达到坐观静赏、动中有静的景观目的。在辽阔的天然水环境中，建筑分布极其疏朗，形成疏朗随意的“集锦式”布局。上林苑集朝会狩猎、游憩居住、通神求仙、军事生产于一体，具备了幼年期古典园林的全部功能。西汉上林苑是我国历史上最大的皇家园林。

魏晋南北朝时期佛寺园林的建造，都需要选择山林水畔作为参禅修炼的洁净场所。因此，他们选址的原则：一是近水源，以便于获取生活用水；二是要靠树林，既是景观的需要，又可就地获得木材；三是地势凉爽、背风向阳和良好的小气候。具备以上三个条件的往往都是风景幽美的地方，“深山藏古寺”就是寺院园林惯用的艺术处理手法。寺院丛林已经有了公共园林的性质。

唐诗宋词，这在我国历史上是诗词文学的极盛时期，绘画也甚流行，出现了许多著名的山水诗、山水画。而文人画家陶醉于山水风光，企图将生活诗意化。借景抒情，融会交织，把缠绵的情思从一角红楼、小桥流水、树木绿化中宣泄出来，形成文人构思的写意山水园林艺术。宋代的造园活动由单纯的山居别业转而在城市中营造城市山林，由因山就涧转而人造丘壑。因此大量的人工理水，叠造假山，再构筑园林建筑成为宋代造园活动的重要特点。

元朝在园林建设方面不像宋朝，没有多大的发展，比较有代表性的是元大都和太液池。

明、清是我国古典园林发展的集大成时期，此时期规模宏大的皇家园林多与离宫相结合，建于郊外，少数设在城内的规模也都很宏大。其总体布局有的是在自然山水的基础上加工改造，有的则是靠人工开凿兴建，其建筑宏伟浑厚、色彩丰富、豪华富丽。明、清的园林艺术水平比以前有了提高，文学艺术成了园林艺术的组成部分，所建之园处处有画景，处处有画意。明、清时期造园理论也有了重要的发展，文人匠师的广泛实践带来了大量系统化专业化的造园经验总结，出现了明末吴江人计成所著的《园冶》一书，这一著作是明代江南一带造园艺术的总结。该书是我国第一本专论园林艺术和创作的专著，系统论述了园林中的空间处理、叠山理水、园林建筑设计、树木花草的配置等许多具体的艺术手法。书中所提“因地制宜”“虽由人作，宛自天开”等主张和造园手法，为我国的造园艺术提供了理论基础。

中国的近代史是在半封建半殖民地的畸形演变中走过来的。这109年中(1840—1949)，有帝国主义的杀戮，有洋务运动的兴起，有新民主主义运动和新文化运动的推动。这一时期，不但结束了中国最后的封建王朝，而且从走向共和、走向民主，最终迎来中华人民共和国的诞生。这一时期，一方面中国人蒙受着封建主义、殖民主义的巨大灾难：八国联军、英法联军、日俄战争、日本帝国主义的烧杀抢掠；另一方面马列主义思潮和以自由、平等、博爱以及民主、民权、民生为旗帜的资产阶级民主思想在乱世中萌动、发育并推动着社会的进步。沿海一些港口城市在这一时期有了较快的发展，上海、广州、青岛、大连、厦门都出现了不少洋街、洋房、洋花园，一些与港口相联系的城市如天津、济南等出现了租界性质的商埠，而北京、上海、南京等大都市又不断孕育着各种新思想、新思潮和新文化。人们来不及总结这一历史时期各种文化交汇的最终成果，这一百多年就匆匆而过了。

鉴于这一历史阶段的特殊性和复杂性，我们不妨把它分为辛亥革命前的后清阶段和辛亥革命后的民国阶段。这其中，中国的园林也深深地打上了各种时代的烙印，在崎岖中追求着美好，在战乱中不断收拾着残局。用历史的放大镜对准近代园林发展史，我们会发现这一阶段城市园林主要有三个重要鲜明的标志特征。一是北京皇家园林于1860年和1900年所经历的两次灾难，慈禧太后动用海军经费重建颐和园；二是租界建设和洋务运动带来了西方城市规划、建筑、园林的理论与实践。在这些新思潮的影响下，中国园林创新发展，涌现出一大批中西合璧的建筑和庭院园林，其平面布局、建筑风格和艺术特征都带有鲜明的所谓民国味；三是城市公园开始批量显现。

中国园林作为世界三大园林体系之一，它自身又分成了两大园林体系。这就是北方园林和南方园林。前者以皇家园林为代表，后者以小型私家园林为特征。另外，我们也可以看到南方园林中有江南园林、岭南园林、巴蜀园林等类别。

东方园林体系中的日本园林，吸取了中国园林的养分，也有一些自身的特征。

从种类而言，日本庭园一般可分为枯山水、池泉园、筑山庭、平庭、茶庭、露地、迴游式、观赏式、坐观式、舟游式以及它们的组合等。

枯山水又称为假山水，是日本特有的造园手法。其本质意义是无水之庭，即在庭园内敷白砂，缀以石组或适量树木，因无山无水而得名。池泉园是以池泉为中心的园林构成，体现日本园林的本质特征，即岛国国家的特征。园中以水池为中心，布置岛、瀑布、土山、溪流、桥、亭、榭等。

筑山庭是在庭园内堆土筑成假山，缀以石组、树木、飞石、石灯笼的园林构成。一般要求有较大的规模，以表现开阔的河山，常利用自然地形加以人工美化，达到幽深丰富的景致。日本筑山庭中的园山在中国园林中被称为岗或阜，日本称为“筑山”（较大的岗阜）或“野筋”（坡度较缓的土丘或山腰）。日本庭院中一般有池泉，但不一定有筑山，即日本以池泉园为主，筑山庭为辅。

平庭即在平坦的基地上进行规划和建设的园林，一般在平坦的园地上表现出一个山谷地带或原野的风景，用各种岩石、植物、石灯和溪流配置在一起，组成各种自然景色，多用草地、花坛等。根据庭内敷材不同而有芝庭、苔庭、砂庭、石庭等。平庭和筑山庭都有真、行、草三种格式。

茶庭也称露庭、露路，是把茶道融入园林之中，为进行茶道的礼仪而创造的一种园林形式。面积很小，可设在筑山庭和平庭之中，一般是在进入茶室前的一段空间里，布置各种景观。通常面积较小，步石道路按一定的路线，经厕所、洗手钵最后到达目的地。茶庭犹如中国园林的园中之园，但空间的变化没有中国园林层次丰富。其园林的气氛是以裸露的步石象征崎岖的山间石径，以地上的松叶暗示茂密森林，以蹲踞式的洗手钵象征圣洁泉水，以寺社的围墙、石灯笼来模仿古刹神社的肃穆清静。

1.3.2 当代风景园林设计的设计流派

从20世纪20年代至60年代，西方现代园林设计经历了从发展到壮大的过程，70年代后园林设计受到各种社会的、文化的、艺术的和科学的思潮影响，呈现出多样的发展，涌现出众多颇具影响力的设计流派和设计师。

1. 生态主义

20世纪70年代初，美国宾夕法尼亚大学景观建筑学教授伊恩·麦克哈格(Ian McHarg)提出并倡导将景观作为一个包括地质、地形、水文、土地利用、植物、野生动物和气候等决定性要素相互联系的整体来看待的观点。其《设计结合自然》(Design with Nature)一书使园林规划设计的视野扩展到了包括城市在内的、多个生态系统的镶嵌体。这一园林规划设计的方法强调园林规划中机械的功能分区的做法,他强调土地利用规划应遵从自然地固有价值和自然过程,即土地的适应性,麦克哈格完善了以因子分层分折和地图叠加技术为核心的规划方法论,被称之为"千层饼模式"。

随着人们对景观生态学的认识进一步加深,生态主义(ecologism)园林规划理论强调水平生态过程与景观格局之间的相互关系,研究多个生态系统之间的空间格局及相互之间的生态流,包括物质流动、物种流动、干扰的扩散等。并采用"斑块(patch)—廊道(corridor)—基质(matrix)"的模式来认识和分析景观,由此形成了景观生态规划的方法模式。

受到环境保护主义和生态思想的影响,更多设计师在设计中遵循生态原则,体现自然元素和自然过程。20世纪70年代,设计师理查德·哈格(Richard Haag)设计西雅图煤气厂(Gas Works Park)时,保留工业景观,采用生态技术,对被污染的土壤进行生物化学处理,对工业设备进行有选择的删除和利用,将丑陋的工厂保持了其历史、美学和实用价值,使之成为后工业景观公园设计的典范。在彼得·拉兹(Peter Latz)设计的杜伊斯堡风景园(Landschaftspark Duisburg Nord)中,设计师将原有的工业废弃环境改造成一种良性发展的动态生态系统,为地区环境保护和更新提供了良好基础。

2. 大地艺术

20世纪60年代,罗伯特·史密森(Robert Smithson)、赫伯特·拜耶(Herbert Bayer)、林·璎(Maya Lin)、高伊策(Adrian Geuze)等的园林设计师在园林设计中进行大胆的艺术尝试与创新,开拓了大地艺术(land art)的艺术领域。他们摒弃传统观念,在旷野、荒漠中运用自然材料直接作为艺术表现的手段,在形式上用简洁的几何形体,创作出巨大的超人尺度的艺术作品。

赫伯特·拜耶(Herbert Bayer, 1900—1987)设计的《大理石园》(Marble Garden)是在废弃的采石场上设立可以穿越的雕塑群,在11 m×11 m的平台上布置高低错落、几何形状的白色大理石板和石块,组成有趣的空间关系,中间设计有一喷泉。20世纪70年代,林璎设计的华盛顿越南阵亡将士纪念碑(Vietnam Veterans Memorial)中一块微微下陷的三角地,由磨光的黑色花岗岩石板构成"V"字形的挡土墙,形成"黑色和死亡的山谷",镜子般的反射效果映照出周围的一切,让人感到一种刻骨铭心的责任和义务。"V"字形墙的两边分别指向华盛顿纪念碑和林肯纪念堂,将这种纪念意义融入了整个历史长河中。

大地艺术的思想对园林设计有着深远的影响,借鉴大地艺术的手法,巧妙地利用各种材料与自然变化融合在一起,创造出丰富的景观空间,使得园林设计的思想和手段更加丰富。

3. 后现代主义

与现代主义相比,后现代主义(postmodernism)是对现代主义的继承与超越。后现代的设计应该是多元化的设计,历史主义、复古主义、折中主义、文脉主义、隐喻与象征、非联系有序系统层、讽刺、诙谐都成了园林设计师的灵感源泉。1992年由风景园林师Gilles Clément、Alain Provost和建筑师Patrick Berger等利用雪铁龙汽车制造厂旧址联合设计的大型城市公园——巴黎雪铁龙公园(Parc Andre Citroen)是后现代主义设计的经典代表。公园中轴线上开敞的明显对称的空间与周边的具有丰富变化的系列小花园空间之间的关系采用了传统园林中轴空间与丛林园的关系。而斜向的轴线随地形起伏不断变化,营造出奇妙变幻的空间。设计师采用传统元素与后现代主义设计相结合的语言,给场地赋予了鲜明的现代风格。

4. 解构主义

解构主义(deconstruction)最早是由法国哲学

家德里达提出的，在20世纪80年代成为西方建筑界的热门话题。“解构主义”设计提倡采用歪曲、错位、变形的手法，反对设计中的统一与和谐，反对形式、功能、结构、经济彼此之间的有机联系，产生一种特殊的不安感。解构主义的风格并没有形成风景园林设计的主流，被列为解构主义的景观作品也很少，但它独特的设计语言大大丰富了景观设计的表现力。1982年，建筑师贝纳德·屈米（Bernard Tschumi）设计的巴黎拉·维莱特公园（Pare de la Viuette）是解构主义景观设计的典型实例。屈米从法国传统园林中提取出点、线、面三个体系，并进一步演变成直线和曲线的形式，叠加成拉维莱特公园的布局结构，营造了一个新奇、开放、充满生命力的场所。

5. 极简主义

极简主义（minimalism）产生于20世纪60年代，它追求抽象、简化、几何秩序，以极为简洁单一的几何形体或数个单一形体的连续重复构成作品。极简主义对于当代建筑和园林景观设计都产生相当大的影响。不少设计师在园林设计中从形式上追求极度简化，用较少的形状、物体和材料控制大尺度的空间，或是运用单纯的几何形体构成景观要素和单元，形成简洁有序的现代景观。美国景观设计师彼得·沃克（Peter Walker）是极简主义设计的代表人物，他在唐纳喷泉、IBM索拉那园区规划、柏林索尼中心、日本埼玉广场等项目中，以简洁现代的形式、浓重的古典元素、神秘的氛围和原始的气息，将艺术与景观设计完美地结合起来并赋予场地以全新的含义。

1.4 风景园林设计的未来与发展

1.4.1 国际风景园林设计发展趋势

从历史发展可以看出，风景园林发展的原动力是社会发展与需求。目前，在全球范围内，人类正面临着前所未有的挑战，包括气候变化、全球化负面影响、生物多样性丧失、环境污染、人口增长、快速城市化、水土资源开发等带来的社会、环境的压力。风景园林保障人类安全、福利、健康和生命力，提升精神价值，促进可持续发展的多元价值和强大功能，将在未来资源环境保护和人居环境建设中发挥独特且不可替代的作用。未来风景园林设计发展将呈现下述趋势。

1. 尊重自然

自然是所有生命的摇篮。随着人居环境的逐步恶化，人们逐渐意识到自然的可贵，从而更加珍视自然，尊重自然。20世纪70年代，麦可哈格提出的生态理念深入人心，不断引导人们保护自然和坚持可持续发展。在美国、德国、法国、英国、澳大利亚和新西兰等风景园林发达国家，城市环境建设显得更加自然，自然资源和生物多样性也受到有力的保护。此外，这些国家还对受破坏地区采取生态修复的技术来适应自然系统。

2. 保护遗产

由于人类社会的无序发展，很多自然和文化遗产面临严峻威胁。因此，划定自然和文化遗产，分层次研究和保护，已成为当务之急。目前，有关遗产的深层次研究主要表现为遗产类型研究和法规的制定。在实践方面，亟须跨国界的保护行动以及协调社会经济发展。

3. 关注环保

节能、节水、低碳、抗污染的理论和技术在风景园林中的应用，将继续成为风景园林学科发展的重要方向。特别是将园林工程材料的选择、生产、加工和产品安装以及施工技术一体化研究和实践的探索，将对未来风景园林的发展产生重大影响。

4. 凸显艺术

风景园林本身也是一门艺术。它反映了人的思想、情感和世界观，也会引发人们在哲学和社会学方面的思考，更重要的是，它给人以精神的愉悦和肉体的放松，从而给人以美的享受和思想境界的升华。

国家、民族和文化的不同，使得风景园林作品呈现出千姿百态。这种由于地域和文化差别产生的艺术的多元化一直是广大风景园林师需要领悟研究的，也是未来全球化一体背景下设计创新的主要源泉。

5. 重视技术

风景园林的发展需要满足多目标需求，解决不同尺度的系统问题，遵循科学规律，运用技术，从而可最大限度地突出不同环境条件的特质，有效避免个人认知经验的局限性与偏见。时至今日，数字景观方法与技术助力风景园林研究、设计、营建与管控全过程，从数据采集分析、数字模拟与建模、虚拟现实与表达、参数化设计与建造到数字测控。3S、计算机软硬件等数字技术的发展，直接或间接地为“数字景观”营造了条件。未来，建立在科学和技术基础之上的风景园林设计将会更加多元与各具特色。

1.4.2 未来中国风景园林设计的热点领域

党的十八届五中全会上，首次将“美丽中国”写入第十三个五年规划中。十九大报告更是指出“绿水青山就是金山银山”“建设生态文明是中华民族永续发展的千年大计”。建设美丽中国，建设天蓝、地绿、水净、空气好的人居环境是未来中国发展的重中之重，也是中国风景园林在新时代的发展机遇。

考虑到快速城市化、环境压力、经济减速、社会失衡、文化活力缺失等诸多挑战，21世纪初的中国需要能够全面做出环境、文化、城市、社会、经济和精神贡献的风景园林。它应具有以下特征：以资源和环境保护为优先目标，以地域文脉为意向，直面城市问题，连接生态经济和绿色产业，强调公众参与和公众环境教育，其目标是为人类营造兼具“生产型”“生活型”“生态型”和“精神型”的风景园林境地。具体来说，未来风景园林发展的热点包括以下几个方面。

1. 生态规划与设计

生态规划（ecological planning）理论和技术是风景园林学科的重要组成部分，一直也必将是未来发展和研究的热点。例如，英国的生态城镇采用可持续发展为标准来规划设计，包括零碳排放、公共交通、可持续城市排水系统、生物多样性等方面都要达到可持续发展的标准。要求应尽量选择可持续发展的场地，尽可能地减少对已有绿地系统的破坏，提升绿地系统质量。荷兰在国土公共空间的规划上，用大面积的绿色带和农业生态带将城镇群围绕起来，用绿色生态带对城镇加以隔离和连接。将城镇周围的自然、生态和绿色，引进到城市内部公共空间系统，使得新鲜空气、海洋季风、绿色生态和自然气息引入城市中心，缓解城市的热岛效应。

2. 应对气候变化

全球气候变化（climate change）是未来全球面临的重要生态问题，受到国际风景园林界的关注。英国、美国、澳大利亚和荷兰等国家，相继召开相关主题的年会，发布应对气候变化立场宣言和导则，并正在实施专门的研究计划。目前，国际上正在开展的相关研究包括三个方面：① 气候变化对风景园林的影响；② 气候变化对公园游客的影响；③ 风景园林适应和减缓气候变化的潜力、对策和手法研究。如何将应对气候变化与风景园林的设计理念和方法相结合，将是未来风景园林界长期探索的问题。

3. 生态节能环保工程技术

在生态可持续发展（ecologically sustainable development）理念影响下，风景园林的变革必然会引起工程技术的革新，生态节能环保工程技术（eco-energy saving engineering technology）正在成为国际风景园林工程技术研究的新的热点。如：① 低影响施工技术，即减少施工过程中对生态环境的破坏；② 水资源综合管理，构建由自然水体、生活用水、雨水、中水、污水、地下水等构成的完整的水循环系统，旨在探索水资源可持续利用的模式。“海绵城市”理论的提出正是立足这一要求，用“海绵”来比喻城市或土地的雨涝调蓄能力，有别于传统的工程依赖性治水思路和“灰色”基础设施；③ 特殊生境绿化技术，包括屋顶绿化和垂直绿化，以及有助于减缓气候变化的固碳花园等；④ 清洁和可再生能源的利用，如太阳能照明和供电、沼气发电等。

4. 城市生物多样性恢复和湿地保护

城市生物多样性的保护得到西方发达国家的高度重视，甚至成为他们衡量城市生态环境建设的一个重要标志。各国纷纷开展城市生物多样性保护规划，包括鼓励公众参与，使更多的人认识和了解城市生物多样性的重要性，并加入这一保护行动中，如澳大利亚、美国和英国等。此外，湿地及湿地景观的设计和应用也受到风景园林设计界的广泛关注。

5. 棕地改造与利用

随着后工业时代的到来，许多国家都面临着传统制造业的衰落，产生大片工业废弃地[又称为棕地（brown field）]，由此引发的一系列经济、社会和环境的问题。20世纪80年代后，德国通过工业废弃地的保护、改造和再利用，完成了一批对欧洲乃至世界上都产生重大影响的工程。风景园林被作为环境改善和经济振兴的手段发挥着更大的社会效益。如何使这些场地恢复活力将是未来风景园林行业面临的机遇和挑战。

6. 生态绿地系统建设

英国、美国、德国和日本等国家，早在100多年前，就先后开始了城市公园系统（后称绿地系统、生态绿地系统）的规划和建设，在创造良好的人居环境，促进城市可持续发展中发挥了重要作用。未来这方面的工作还在大力推行。目前生态绿地系统建设（ecological green space system）的范围已经延伸到城郊和乡村，形成区域性的生态系统。此外，一是由美国创立的绿道（greenway）规划、绿色基础设施（green infrastruction）规划等理论和实践已经跨出美国，走向世界；二是在城市衰退地区，导入公园绿地已成为推动城市经济振兴和文化发展的重要手段。

风景园林学科的发展前景与时代背景和国家命运息息相关。21世纪，可持续发展已经成为全人类的共识，气候变暖、能源紧缺、环境危机是人类面对的共同挑战。科学发展、生态文明、和谐社会已经成为中国可持续发展的基本策略，经济稳定增长和快速城市化仍将持续很长时间。物质主义和过度消费开始引起有识之士的关切和思考，对大自然和美好精神生活的追求初露端倪。由于风景园林学科以协调人与自然关系为根本使命，以保护和营造高品质的空间景观环境为基本任务，因此它的发展前景不可限量。

课后准备

为顺利完成本课程，需准备如下工具：

1. 尺规类：绘图板（A2），丁字尺（60 cm），三角板，比例尺。

2. 笔类：绘图笔三支（粗、中、细），彩铅一套（水溶性，36色），毛笔两支（粗、细）。

3. 颜料：水彩颜料（或透明水色颜料）。

4. 纸类：白卡纸4张（A0），水彩纸2张（B0）。

第2章　园林色彩与透视表现

在这一章里，我们主要学习工具线条、徒手线条、钢笔淡彩、电脑表现与模型制作。工具线条主要是使用尺规、笔等工具进行图纸绘制。一般而言，徒手线条多用于最初的设计构思，工具线条更多用于正式的图纸，两者都是手工绘制；钢笔淡彩与电脑表现涉及的是彩色表现，钢笔淡彩中涉及的线条可以是徒手绘制的，也可以是用工具辅助绘制的。图纸的手工绘制是电脑表现的基础，欲画好电脑表现图，手工绘图是无法跨越的。由于学习时间限制，学校的教学以手工绘图为主，大部分的电脑软件使用课堂上训练过程是不安排教学的，但这并不是说电脑表现不重要。同学们课后还要花大量时间进行软件的使用训练。本章所列出的电脑软件，同样都要达到熟练使用程度。

2.1　工具线条

2.1.1　总体要求和应用范围

园林工程制图中，广泛应用工具线条，用以表现各要素的范围、形状、细节。主要工具是尺规与笔。尺规中常用比例尺及圆模板。

1. 制图中的不同粗细、类型的线条

图纸上不同粗细和不同类型的线条都代表一定的意义。线有实线、虚线、点划线；折线有波浪线与曲折线；地形图中有等高线。

线分为三种宽度，分别是粗线、中线、细线，且有实虚之分。画图时，每个图样应根据复杂程度与比例大小，先确定粗线宽b，由此再确定中粗线$0.5b$和细线$0.25b$的宽度。粗、中、细线成一组，称为线宽组（见表2-1、表2-2、表2-3）。

表2-1　线　宽　组

线宽比	线宽组					
b	2.0	1.4	1.0	0.7	0.5	0.35
$0.5b$	1.0	0.7	0.5	0.35	0.25	0.18
$0.25b$	0.5	0.35	0.25	0.18	—	—

注：1. 需要缩微的图纸不宜采用0.18 mm线宽。
2. 在同一张图纸内，各不同线宽组中的细线，可统一采用较细线宽组的细线。

表2-2　粗实线与中实线用途

名　称	线　型	线　宽	一　般　用　途
粗实线	━━━━	b	（1）平、剖面图中被剖切的主要建筑构造（包括构配件）的轮廓线 （2）建筑立面图或室内立面图的外轮廓线 （3）建筑构造详图中被剖切的主要部分的轮廓线 （4）建筑构配件详图中的外轮廓线 （5）平、立、剖面图的剖切符号
中实线	────	$0.5b$	（1）平、剖面图中被剖切的次要建筑构造（包括构配件）的轮廓线 （2）建筑平、立、剖面图中建筑构配件的轮廓线 （3）建筑构造详图及建筑构配件详图中的一般轮廓线

表2-3 细线用途

名称	线型	线宽	一般用途
细实线	————	0.25b	小于0.5b的图形线、尺寸线、尺寸界线、图例线、索引符号、标高符号、详图材料做法引出线等
中虚线	– – – – – – –	0.5b	(1) 建筑构造详图及建筑构配件不可见的轮廓线 (2) 平面图中的起重机(吊车)轮廓线 (3) 拟扩建的建筑轮廓线
细虚线	- - - - - - -	0.25b	图例线、小于0.5b的不可见轮廓线
粗单点长画线	—·—·—	b	起重机(吊车)轨道线
细单点长画线	—·—·—	0.25b	中心线、对称线、定位轴线
折断线	—\/—	0.25b	不需画全的断开界线
波浪线	～～	0.25b	不需画全的断开界线 构造层次的断开界线

注：地平线的线宽可用1.4b。

2. 字体类型

(1) 仿宋字是自宋体字演变而来的长方形字体，它笔画匀称明快，书写又比较方便，因而是工程图纸的最常用字体。

(2) 黑体字又称黑方头，为正方形粗体字，一般常用作标题和加重部分的字体。

2.1.2 基本工具及使用要领

1. 尺规类

1) 丁字尺和三角板

丁字尺和三角板是最常用的工具线条绘图的工具，使用前必须擦干净，使用的要领是：

(1) 丁字尺尺头要紧靠图板左侧，它不可以在图板的其他侧向使用；

(2) 三角板必须紧靠丁字尺尺边，角向应在画线的右侧；

(3) 水平线要用丁字尺自上而下移动，笔道由左向右；

(4) 垂直线要用三角板由左向右移动，笔道自下而上。

2) 比例尺

三棱尺有6种比例刻度，片条尺有4种，它们还可以彼此换算。比例尺上刻度所注的长度，就代表了要度量的实物长度，如1∶100比例尺上1 m的刻度，就代表了1 m长的实物。因为实际尺上的长度只有10 mm即1 cm，所以用这种比例尺画出的图形上的尺寸是实物的1/100，它们之间的比例关系是1∶100。园林常用比例尺及换算如表2-4、表2-5所示。

表2-4 各类园林图样常用比例尺举例

图样名称	比例尺	代表实物长度	图面上线段长度
总平面图或区位图	1∶300 1∶500 1∶1 000	30(m) 50(m) 100(m)	100(mm) 100(mm) 100(mm)
平面、立面、剖面图	1∶50 1∶100 1∶200	10(m) 20(m) 40(m)	200(mm) 200(mm) 200(mm)
细部大样图	1∶20 1∶10 1∶5	2(m) 3(m) 1(m)	100(mm) 300(mm) 200(mm)

表2-5　比例尺尺面换算举例

比例尺	比例尺上读数	代表实物长度	换算比例尺	代表实物长度	换算比例尺
1∶100	1(m)尺面读数实际长度10(mm)	1(m)	1∶1 000 1∶500 1∶200	1(m) 1(m) 1(m)	10(m) 5(m) 2(m)
1∶500	10(m)尺面读数实际长度20(mm)	10(m)	1∶250	10(m)	5(m)
1∶1 500	10(m)尺面读数实际长度6.6(mm)	10(m)	1∶3 000	10(m)	20(m)

3）圆模板

园林平面图纸中，有大量的植物图例。由于植物的正投影大多呈圆形，因而我们需要不同尺寸的圆，用于表达不同的植物图例。圆模板就是这样一个快速辅助绘制圆的工具。

2. 笔类

1）铅笔

对于草图的绘制，铅笔是最常用的工具，较适合设计方对设计方案进行反复推敲的绘制过程，草图画面比较随意。铅笔选用应以软性为宜(常用的型号为2H、H、HB、B、2B)。铅笔有黑色与彩色两类。在进行方案表现图绘制时，可选用黑色铅笔，绘制完成可以将铅笔痕迹擦除；绘制彩色表现图时，可以用水溶性蓝色或红色彩色铅笔起稿，铅笔色彩会与后续色彩溶合，这样可以尽量保持画面干净整洁，不会对后期上色产生影响。铅笔线条要求画面整洁、线条光滑、粗细均匀、交接清楚。

2）钢笔

钢笔的黑白表现图是效果草图表现中最基础、应用最广泛的类型，我们称之为钢笔速写，它是从事设计行业的人员所应具备的基本专业技能。钢笔速写的练习可以培养设计师的形象思维与形象记忆，使之能手眼同步地快速构建设计对象。

钢笔应选择笔尖光滑并具有一定弹性的，且其正反两面最好均能画出流畅的线条，要想使画面有粗细线条之分，还可选择美工笔之类，这类笔可以随着用笔的方向、轻重的不同产生不同粗细的线条，使画面自然生动。另外，还要注意钢笔的保养，墨水易沉淀，很容易堵住笔尖，导致运笔不顺畅，钢笔要经常清洗，以保证笔尖出水的流畅。

3）针管笔(见图2-1、图2-2)

针管笔有注水笔与一次性笔两种。注水笔的笔尖细软，绘画时要立起笔杆使笔杆与画面垂直使用，且笔尖容易被纸面纤维堵住，适合绘制施工图，不太适宜用来绘制手绘效果图。一次性笔也可以称为勾线笔，笔头没有空隙，不会出现堵塞笔尖的现象。根据笔头的粗细不同，分为多种型号，绘画时可以选择不同型号的笔来使画面生动，增加画面层次感。

用钢笔或针管笔画线时，笔尖正中要对准所画线条，并与尺边保持一微小的距离，运笔时要注意笔杆的角度，不可使笔尖向外斜或向里斜，行进的速度要均匀，线条交接处要准确、光滑。

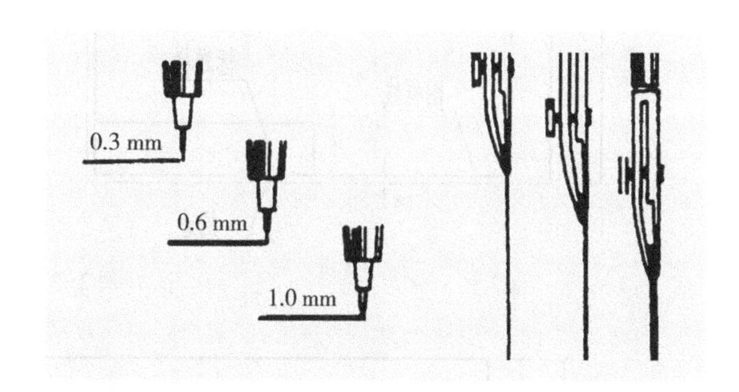

图2-1

2.1.3　作图步骤和要点

1. 图纸图框

根据国家标准《GB/T 14689—1993 技术制图：图纸幅面和格式》，图幅主要有A0、A1、A2、A3、A4等幅面。图2-3的学生作业选用标题栏示例如图2-4所示。课程所有作业应选用标准图幅(见图2-5)。

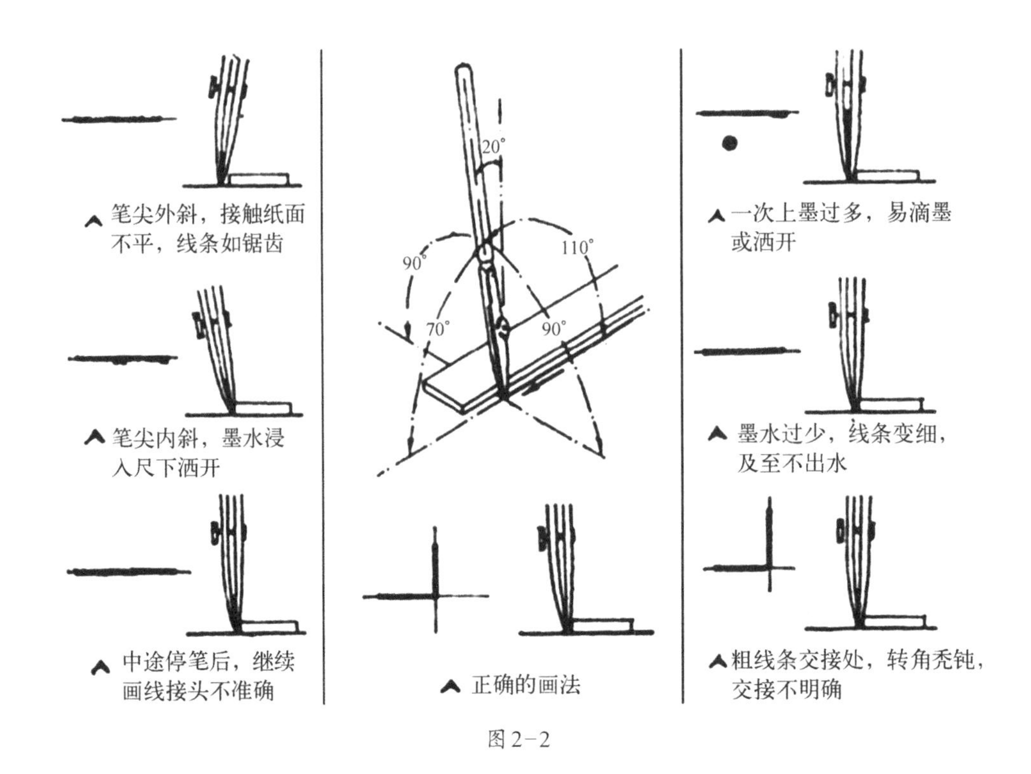

图2-2

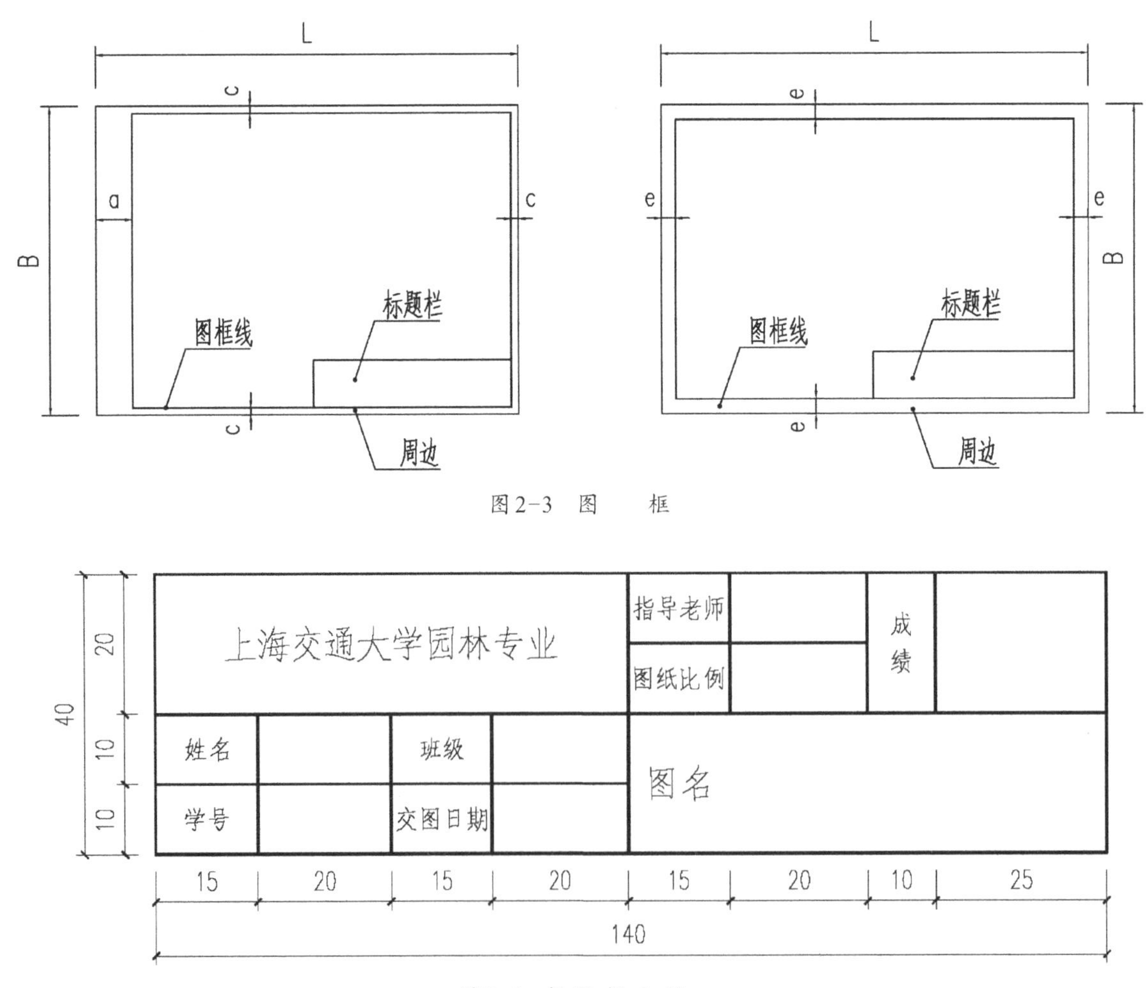

图2-3 图　框

图2-4 标题栏示例

幅面代号	A0	A1	A2	A3	A4
$B \times L$	841 × 1 189	594 × 841	420 × 594	297 × 420	210 × 297
e	20		10		
c	10			5	
a	25				

注：绘图中对图纸有加宽加长的要求时，应按基本幅面的短边（B）成整数倍增加。

图 2-5　图幅大小（单位：mm）

2. 作图顺序

为提高工具线条图制图效率，减少差错，可参考下列作图顺序：

（1）先上后下、丁字尺一次平移而下；

（2）先左后右、三角板一次平移而右；

（3）先曲后直、用直线容易准确地连接曲线；

（4）先细后粗、铅笔粗线易污图面，墨线粗线不容易干，先画细线不影响制图进度。

图 2-6 为工具线条练习示例。

图 2-6　工具线条练习

3. 字体写法

文字和数字是图纸的重要组成部分，要求工整、美观、清晰、易辨认。在工程图纸中，汉字的规定字体为长仿宋体。

1）长仿宋体

图样及说明中的汉字宜采用长仿宋体，宽度与高度的关系应符合表2-6的规定。大标题、图册封面、地形图等的汉字，也可书写成其他字体，但应易于辨认。

表2-6　长仿宋体的宽度与高度的关系

字高	20	14	10	7	5	3.5
字宽	14	10	7	5	3.5	2.5

汉字的简化字书写，必须符合国务院公布的《汉字简化方案》和有关规定。

长仿宋体字的书写要领是：横平竖直、起落分明、笔锋满格、结构匀称，其书写如图2-7所示。

10号

排列整齐字体端正笔画清晰注意起落

7号

字体基本上是横平竖直结构匀称写字前先画好格子

5号

阿拉伯数字拉丁字母罗马数字和汉字并列书写时它们的字高比汉字高小

3.5号

剖侧切截断面轴测示意主俯仰前后左右视向东西南北中心内外高低顶底长宽厚尺寸分厘毫米矩方

图2-7

长仿宋体字书写时应注意起落，横、竖的起笔和收笔，撇、钩的起笔，钩折的转角等，都要顿一下笔，形成小三角和出现字肩。几种基本笔画的书写如表2-7所示。

表2-7　基 本 笔 画

名称	横	竖	撇	捺	提	点	钩
形状	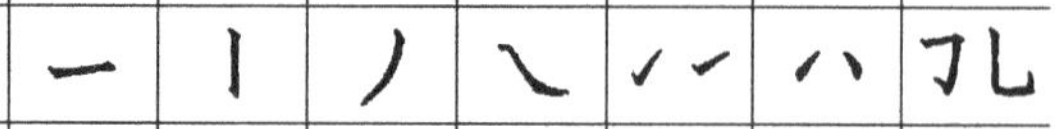						
笔法	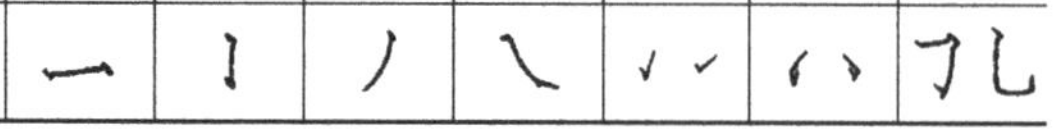						

2）数字和字母

拉丁字母、阿拉伯数字和罗马数字，如需写成斜体字，其斜度应是从字的底线逆时针向上倾斜75°。斜体字的高度与宽度应与相应的直体字相等。拉丁字母、阿拉伯数字和罗马数字的书写与排列，应符合表2-8的规定。

表2-8　数字和字母的书写与排列规定

书　写　格　式	一般字体	窄字体
大写字母高度	h	h
小写字母高度（上下均无延伸）	$7h/10$	$10h/14$
小写字母伸出的头部或尾部	$3h/10$	$4h/14$
笔画宽度	$h/10$	$h/14$
字母间距	$2h/10$	$2h/14$
上下行基准线最小间距	$15h/10$	$21h/14$
词间距	$6h/10$	$6h/14$

拉丁字母、阿拉伯数字和罗马数字的字高，应不小于2 mm；数量的数值注写，应采用正体阿拉伯数字。各种计量单位凡前面有量值的，均应采用国家颁布的单位符号注写。单位符号应采用正体字母；分数、百分数和比例数的注写，应采用阿拉伯数字和数学符号，例如：四分之三、百分之二十五和一比二十应分别写成3/4、25%和1∶20；当注写的数字小于1时，必须写出个位的“0”，小数点应采用圆点，齐基准线书写，例如0.01。

拉丁字母（采用Arial字体）、阿拉伯数字和罗马数字的书写如图2-8所示。

在一幅图纸上，无论是书写汉字、数字或外文字母，字型要统一。有的学生在图面上，甚至在一块说明和同一标题上，也变化字体，往往使图面凌乱而不统一。

h ABCDEFGHIJKLMNO

PQRSTUVWXYZ

$7h/10$ abcdefghijklmnopq

rstuvwxyz

1234567890 IVXΦ

ABCabc1234 IVX 75°

图2-8

作业任务书

作业：工具线条练习

1. 设计目标

（1）掌握专业设计工具的使用技巧。

（2）熟悉针管笔的使用技巧。

（3）熟悉工程设计图纸图框尺寸和要求。

（4）熟悉图纸图框图签绘制，字体大小等相应标准。

2. 设计任务

用素描纸或白卡纸在A2幅面上绘制如下内容：

（1）自绘图框和图签。

（2）抄绘“工具线条练习”（见图2-6）。

3. 考核

1）考核标准

（1）图纸清洁美观。

（2）线条肯定清晰，直线弧线交接顺畅。

（3）图面布局合理。

（4）图纸尺寸、布局、字体大小规范，图面整洁。

2）成绩组成

（1）线条清晰，为宽窄均匀细实线，占20%。

（2）线条起落笔整齐，直线弧线交接顺畅，占30%。

（3）图面布局合理，占20%。

（4）图纸尺寸、布局、字体大小规范，图面整洁，占30%。

4. 进度安排

时间为一周。

2.2 徒手线条

2.2.1 总体要求和应用范围

徒手画是风景园林专业学生必须尽早掌握的表现技巧，徒手线条（freehand line）是基本形式。它用途广泛，搜集资料、设计草图、记录参观等都离不开运用徒手画，它还可作初步设计的表现图。工具简便：携带和使用方便的形形色色的笔，都可用来作徒手画，其中经过处理即笔尖弯过的钢笔，以及塑料自来水毛笔，还可以作出一定粗细变化的线条。初学者经常练习徒手画，还十分有助于提高对园林及其周围环境的观察、分析和表达的能力。

2.2.2 基本工具及使用要领

徒手线条不需要依靠尺规而绘制，主要使用工具为钢笔和针管笔。

学习徒手线条画的第一步就是要练手，即做大量的各种线条的徒手练习。风景园林专业的学生应该利用一些零碎时间随时随地地勤写多练，这样才能熟能生巧，达到笔法熟练、线条流畅的水平。

除了单线练习，徒手画更强调线条的组合。由于线条的曲直、长短、方向、组合的疏密、叠加的方式都各不相同，因而它们的排列组合有着千变万化的形式。线条方向造成的方向感和线条组合后残留的小块白色底面给人以丰富的视觉印象。因此，在徒手画中可以选择不同线条的组合表现园林景观环境的明暗光影和材料质感。

2.2.3 作图步骤和要点

1. 单线

单线练习主要包括水平线条、垂直线条、倾斜线条、抖动线、波浪线等。将单线进行组合，能模拟各种不同的效果。

2. 线条的组合

1）用钢笔线条组合表现光影变化——退晕

直线、曲线、点或小圈的组合或叠加，都可以表现光影效果。在选择它们时应注意下列几点：

（1）要根据光影变化来组织线条组合的疏密，造成由明到暗由浅到深的效果；

（2）要根据不同材料的表面特征和质地来选择恰当的线条组合，如草地宜取连续的细曲线，平坦的表面宜取直线，石块或抹灰墙面宜取直线或散点等，用光影变化来进一步丰富视觉印象；

（3）在同一画面中，同一类型的表面，其光影变化采取的线条组合方式，要尽量统一，否则将使画面不协调,并会失去光影效果。

2）用钢笔线条表现不同材料的质感

表面光滑或粗糙,形体厚重或松软,纹理稀疏或稠密等,可以选择不同的线条变化形式表现。园林设计中常用线条组合来表现不同树叶的设计质感。如图2-9所示为线条的组合与退晕。

图2-9　线条的组合与退晕

3. 几种不同的画法

1）单线白描

单线白描的画法常用于参观记录和搜集资料，尤其是建筑局部和一些在结构构造上值得细致表现的建筑，用这种画法比较合适。它要求轮廓清楚、线条光洁准确、形体交代明确。初学者应经常反复地练习，掌握这种画法。

2）写实画法

在单线白描的基础上，有选择地、概括地作些质感和阴影处理，能使形体表现得更充分、更明确。写实画法特别要注意：

（1）概括光影变化，减少明暗层次，特别是各种灰色调要善于取舍；

（2）选择恰当的线条组合来表现黑、白、灰的层次。

作业任务书

作业：徒手线条练习

1. 设计目标

（1）掌握徒手线条的绘制技巧。

（2）掌握针管笔的使用技巧。

（3）熟悉工程设计图纸图框尺寸和要求。

（4）掌握徒手线条退晕绘制方法。

2. 设计任务

用素描纸或白卡纸在A2幅面上绘制如下内容：

（1）自绘图框和图签。

（2）抄绘图2-9。

(3) 以上内容之大小与位置布局可以适当调整组合。

3. 考核

1）考核标准

（1）图纸清洁美观。

（2）线条肯定清晰。

（3）图面布局合理。

（4）图纸尺寸、布局、字体大小规范，图面整洁。

（5）线条退晕层次清晰。

2）成绩组成

（1）图纸尺寸、布局、字体大小规范，图面整洁，占20%。

（2）线条肯定清晰，占30%。

（3）图面布局合理，占20%。

（4）线条退晕层次清晰，占30%。

4. 进度安排

时间为一周。

2.3 钢笔淡彩

2.3.1 总体要求和应用范围

钢笔淡彩，主要是用针管笔线条加上马克笔或彩铅上色的表现形式，在风景园林表现图中应用广泛。主要涉及的表现形式多以一点透视、两点透视来表现，既有人视高度的透视图，也有鸟瞰图。

2.3.2 准备知识

1. 一点透视

1）基本特点

平视的景观空间中，方形景物的一组面与透视画面构成平行关系时的透视成为一点透视（one-point perspective）。一点透视画法简易，表现范围广，纵深感强，适合表现严肃庄重的景物空间。缺点是画面表现较呆板，距离视心较远的物体易产生变形。

2）一点透视网格法

用网格法作鸟瞰图比较方便，它特别适用于作不规则图形、曲线等的鸟瞰图。网格法有一点透视网格法和两点透视网格法之分，一点透视网格的求作步骤为（见图2-10）：

（1）定出视平线HL、基线GL、心点V_C和点O。

（2）在HL上V_C一侧按视距量得距点D，连接OD成直线。若距点不可达时，可选用1/2或者1/3的视距的距点$D_{1/2}$或者$D_{1/3}$代替。作法为：将O点与

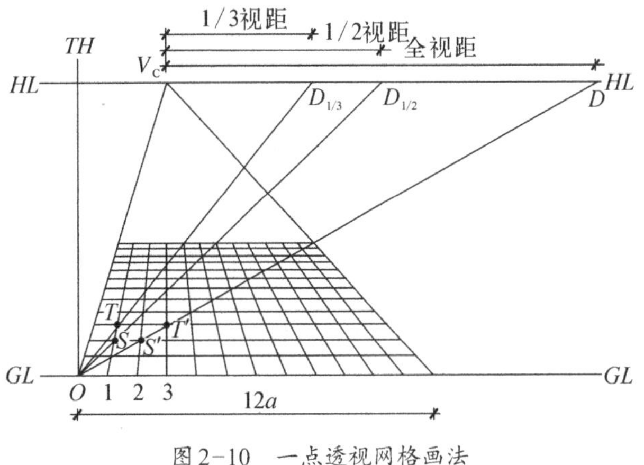

图2-10　一点透视网格画法

$D_{1/2}$或者$D_{1/3}$相连，交过点1向V_C所引的直线于S或者T；过点S或者点T作水平线，过点2或者3向V_C引直线与该水平线相交于S'或T'，所得交点与O相连即为所求45°对角线的透视方向。

（3）在GL上从O点开始向一侧量等边网格点，并分别从这些点向V_C引直线。

（4）过上述直线与OD或者45°透视方向线的交点分别作水平线，即得一点透视网格。

3）徒手绘制一点透视空间

对于一张设计平面图（见图2-11），如何绘制一点透视呢？在采用网格画法时，首先要在平面图上绘制相应网格（见图2-12），这个网格与透视图中的网格应一一对应，可以编上相应编号。由构图开始，用铅笔确定绘图空间范围，在绘图四周最边缘做记号，依据平行透视的绘图原理，定出视平线与消失点作为绘图辅助（见图2-13），画出几个主要线条，并确定线条的消失方向，以便找到空间透视感觉（见图2-14）。在园林建筑表面主要结构或铺装转折部分的线条位置上做记号以方便接下来具体形态的绘制，同时确定出景观的大体位置。

进一步绘制画面中主要景物的轮廓。

用钢笔或针管笔绘制出场景画面中物体的具体形态，并擦掉铅笔辅助线。

在建筑形体基本完成后，就可以开始进行局部的细致刻画，进一步绘制建筑周围的配景，作一些装饰性的线条，以提高画面场景的表现气氛（见图2-15）。

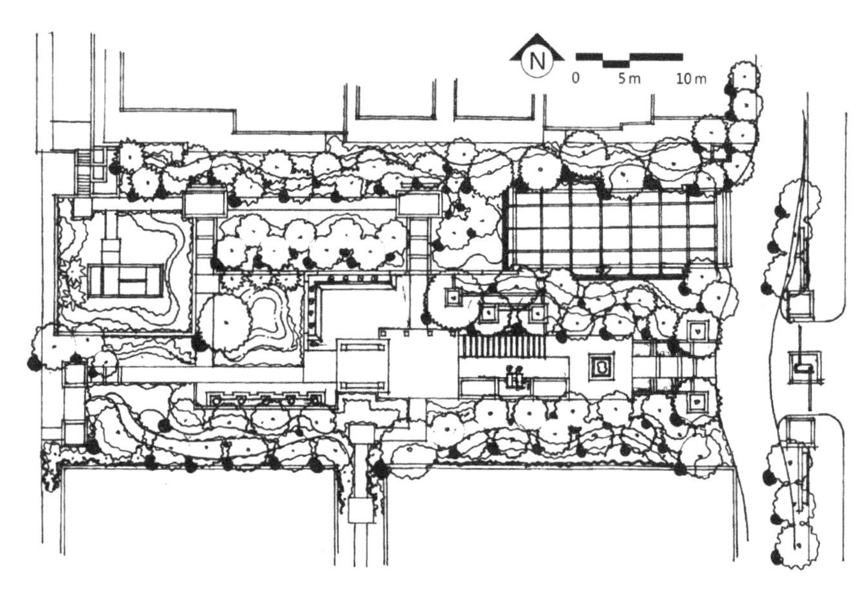

图2-11　平　面　图

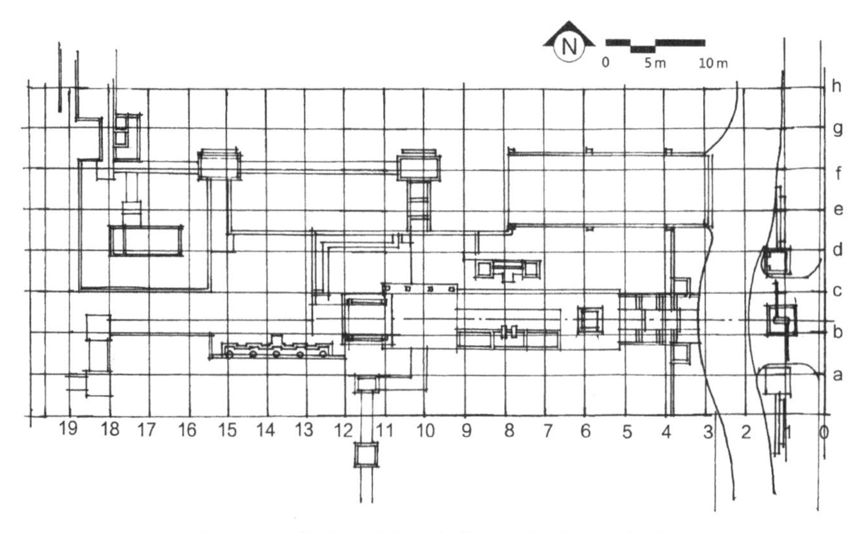

图2-12　在平面图上划上等距方格并标顺序号

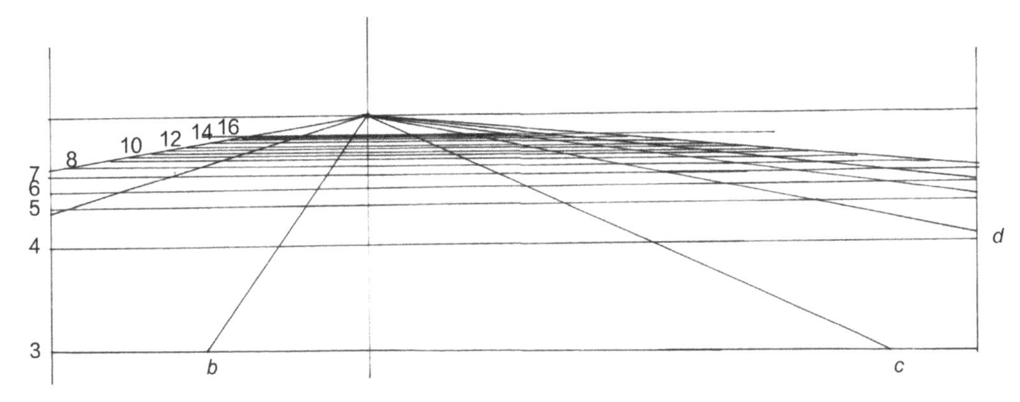

图2-13　利用直尺绘制一点透视网格，选择合适的图纸范围

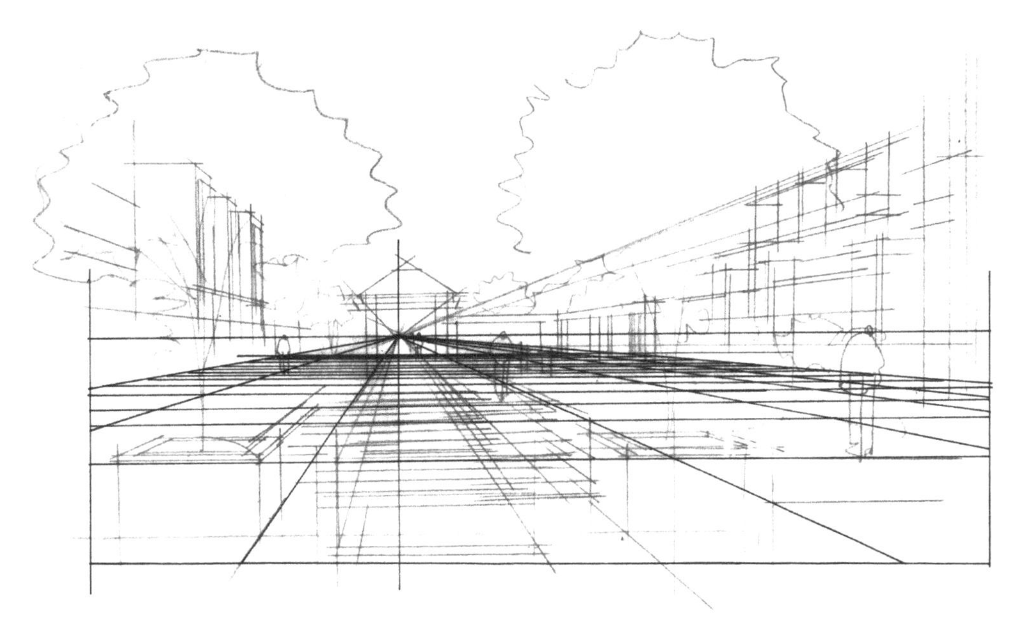

图2-14　用彩色铅笔起稿

图2-15　黑白线稿完成

2. 两点透视

1）基本特点

平视的景物空间中，方形景物的两组立面与透视画面构成成角关系时，所形成的透视状态称为两点透视（two-point perspective），又称成角透视。两点透视图面效果较活泼自由，所反映的空间较接近人的真实感受。缺点是画法较为复杂，角度如果选择不好则画面容易产生变形。

2）两点透视网格法

根据灭点位置的不同，两点透视网格的作法应分别对待。当灭点可达时，可采用图2-16所示的方法作两点透视网络，作法步骤如下：

（1）根据网格平面，分别定出灭点F_X、F_Y，两点M_X、M_Y，基线GL和视平线HL。

（2）从基线上点O向F_X、F_Y引直线，并向两侧量等边网格边OA和OB。

（3）将OA和OB上点分别于M_Y和M_X相连，与OF_X和OF_Y相交，所得交点与灭点F_X和F_Y相连可得两点透视网格。

灭点可达的两点透视网格也可以利用45°对角线的透视来作（图2-16），作法步骤为：

（1）沿GL上O点一侧量等边网格网边OA，并从其上的点向M_Y引直线，与OF_Y相交，从交点向F_X引直线可得F_X的方向线。

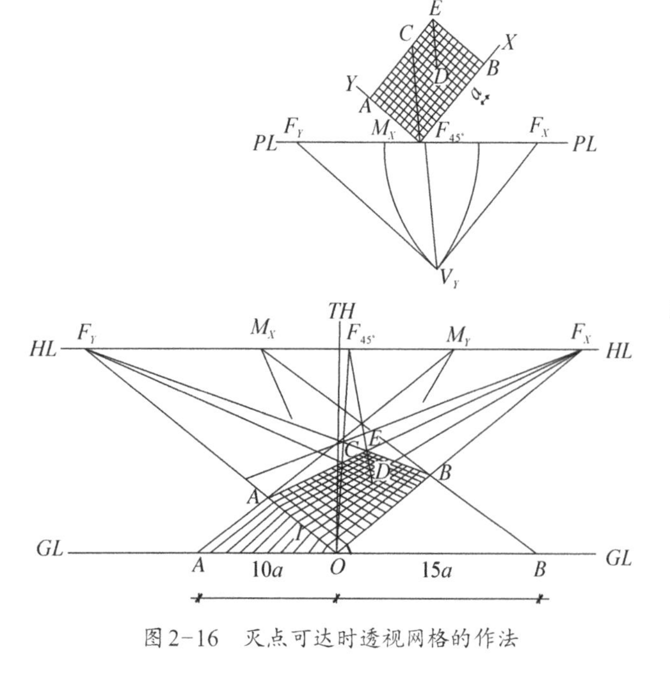

图2-16　灭点可达时透视网格的作法

（2）从O点向$F_{45°}$（45°线灭点）作直线，交AF_X于点C，得到OC线。

（3）连接CF_Y并延长交IF_X于点D，从D向$F_{45°}$作直线，交AF_X于点E，可得DE线。

（4）45°对角线的透视OC和DE与已做F_X方向的直线相交，所得交点与F_Y相连便得透视网络。

当灭点不可达时，可采用图2-17、图2-18所示的方法作两点透视网格，作法步骤为：

（1）定出视平线HL、基线GL、灭点F_X和F_Y（在图外）、量点M_Y以及点O。

（2）作直线OF和OF_Y，与GL的平行线f_Xf_Y交于点f_X和f_Y，连接OM_Y，交该平行线于点M_Y。

（3）作以点1为圆心，f_Xf_Y为直径的圆。从圆心向上作垂线交圆于点2；以f_Y为圆心，f_Yf_Y为半径向下作圆弧交圆于3，连接点2和点3交f_Xf_Y于点$f_{45°}$。

（4）从点O向$F_{45°}$作直线并延长，交HL于点$F_{45°}$，该点即为所求网格的45°对角线的灭点（见图2-18）。

（5）用与前述相同的方法作F_X方向直线，AF_X和$PF_{45°}$交于点G。

（6）作$BF_{45°}$直线交AF_X于点C，并与BF_X和

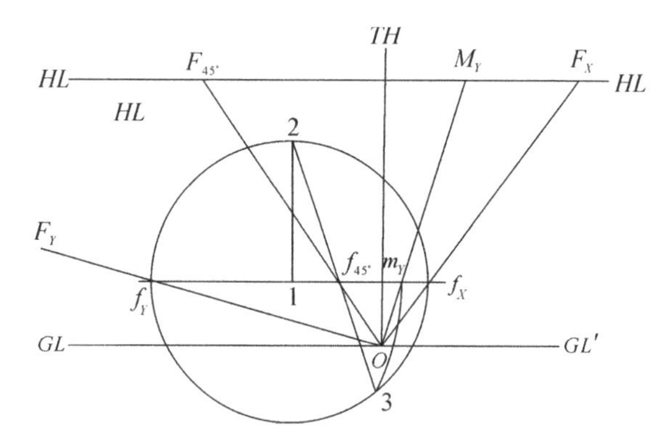

图2-17　对角线灭点的作法

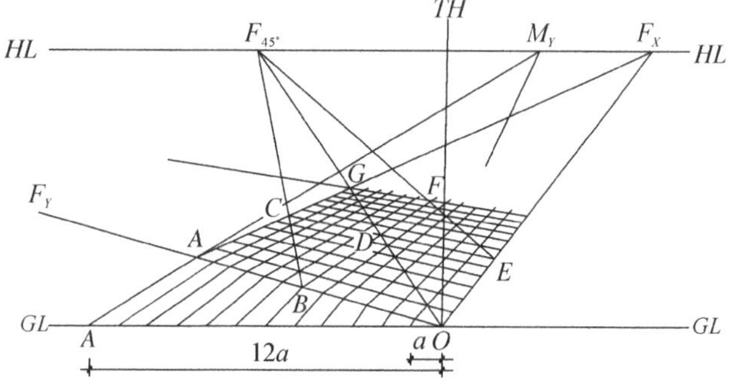

图2-18　灭点不可达时透视网格的作法

$OF_{45°}$的交点D相连，延长交OF_X于点E；从E向$F_{45°}$作直线交BF_X于点F。

（7）将直线BC和OD、DG和EF上与F_X方向直线的交点两两相连，可得透视网格（见图2－18）。

3）徒手绘制两点透视空间

绘制两点透视空间与绘制平行透视空间方法相同。首先用铅笔辅助构图，确定绘图空间范围，并画出视平线与消失点，两点透视的消失点为视平线上左右两个点。和平行透视一样，在画面上确定体物景物的位置及线条的消失方向（见图2－19）。

用钢笔或针管笔绘制场景物体轮廓及主要结构转折，擦去铅笔辅助线（见图2－20）。

进一步绘制画面中主要景物的轮廓，细致刻画，整体调整画面，完善场景内容（见图2－21）。

3. 仰视

仰视（bottom view）画面表现的是在低处向上仰望的视觉效果，画面上升感强，给予观者强大的视觉冲击力，适合表现较高的空间群体。

4. 俯视

俯视（top view）画面表现的是在高处向下俯瞰的视觉效果，纵线线条压缩，有强烈的纵深感，给予观者强大的视觉震撼力，画面动感强烈，适合表现较大面积空间群体。

5. 鸟瞰图示例

用透视网格求作局部鸟瞰（aerial view）图（见图2－21），作图步骤如下：

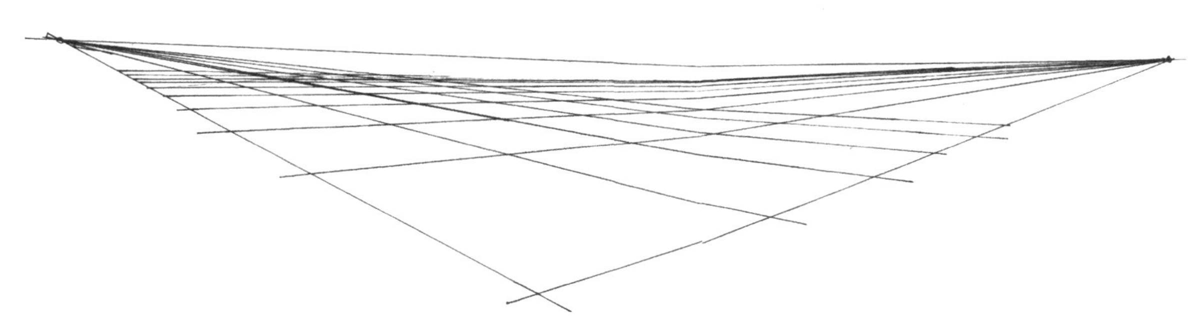

图2－19　绘制两点透视网格

图2－20　起　　稿

图2-21　两点透视线稿完成

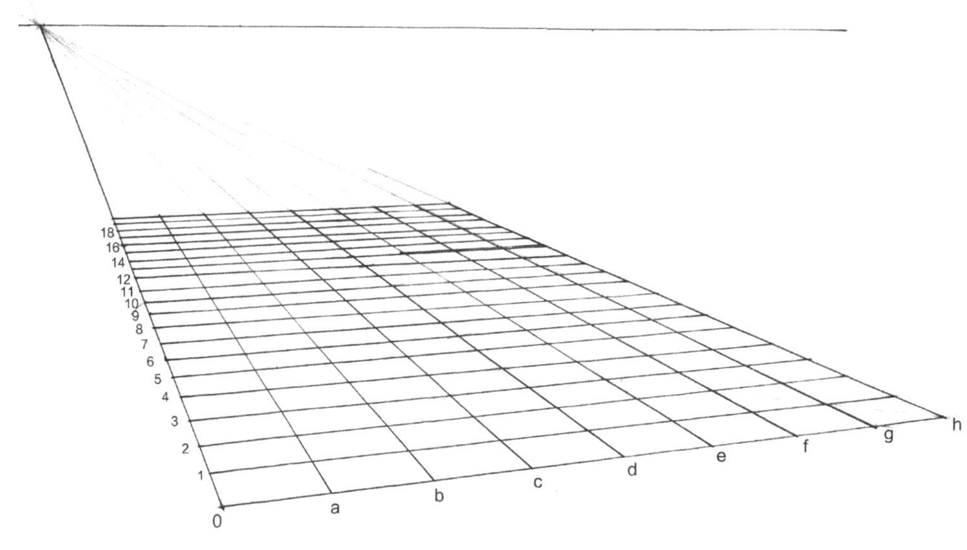

图2-22　徒手绘制网格

(1) 首先根据所绘透视的范围和复杂程度决定平面图上的网格大小，并给纵横两组网格线编上编号。为了方便作图，还可以给透视网格编上相应的编号(见图2-22)。

(2) 利用坐标编号决定平面中道路、广场、水面、花坛等的形状和数目的位置和范围，绘出景物的透视平面(见图2-23)。

(3) 利用真高线确定各设计要素的透视高度，借助网格透视线分别作出设计要素的透视(见图2-24)。然后擦去被挡住的部分，完成鸟瞰图(见图2-25)。

2.3.3　基本上色工具及使用要领

钢笔淡彩的基本上色工具是马克笔、彩色铅笔。

1. 马克笔

1) 马克笔的种类

马克笔品种丰富，如水性的、油性的、酒精性的。水性马克笔没有浸透性，可溶于水，绘画效果与水彩大致相同，颜色亮丽、有透明感，但笔触多次叠加后颜色会变灰，且容易伤纸。油性马克笔通常以甲苯

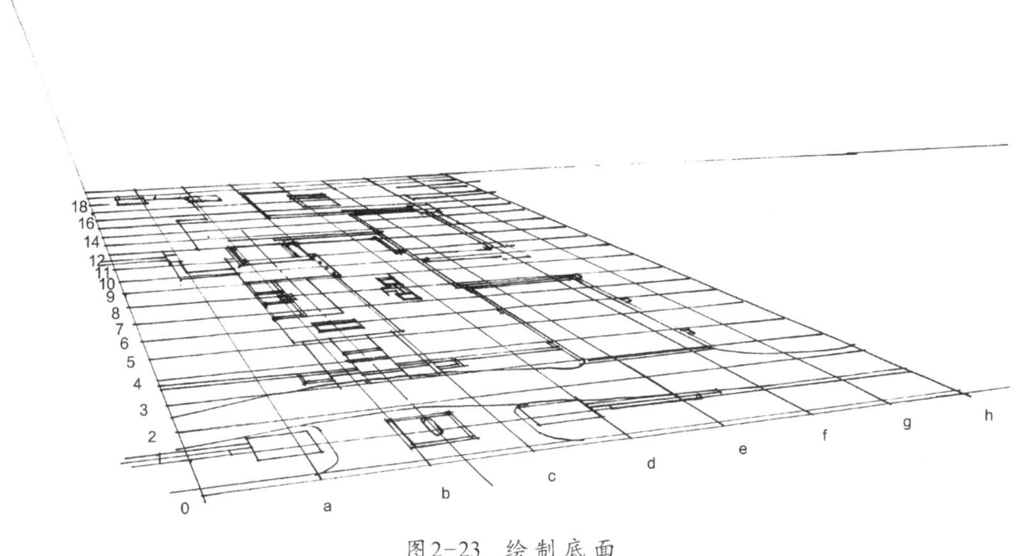

图2-23　绘制底面

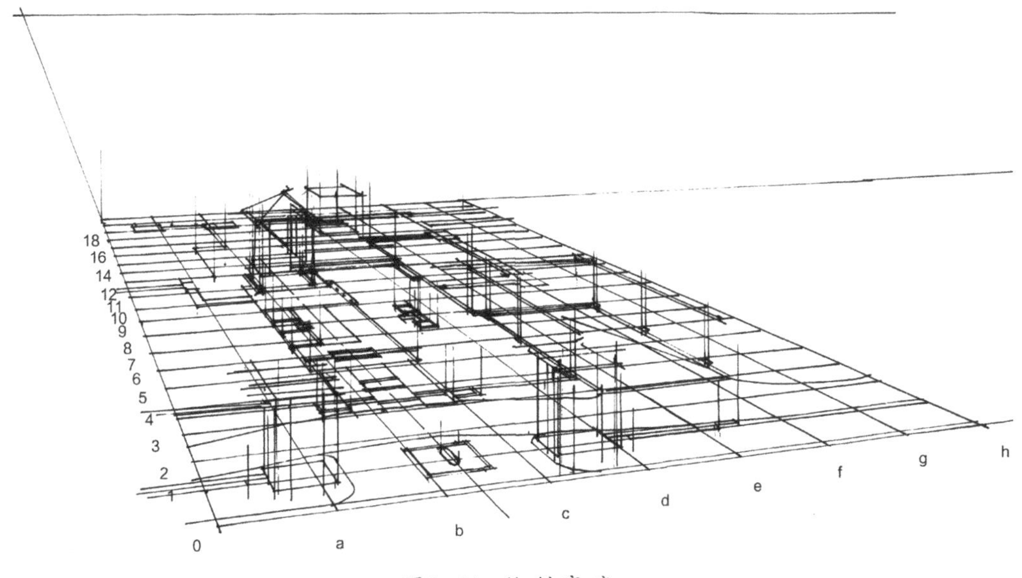

图2-24　绘制高度

为溶剂，具有浸透性好、干得快、不掉色、笔触之间的衔接较好等特性，画面表现效果柔和。由于油性马克笔不溶于水，所以常与水性马克笔混合使用，且不破坏水性马克笔的痕迹。酒精性马克笔一般可在复印过的图纸上直接描绘，不会溶解复印墨粉，且还能使颜色渐深或渐浅的彩色色调，颜色可自由混合，是当今效果图快速表现的常用工具之首选。

2）马克笔的表现特点

马克笔笔头为较小的宽扁形，用笔时应巧妙利用笔头形状，按各体面需要均匀排列笔触，准确地表现形体结构。

马克笔着色的最大特点是画面色彩表现透明、干净。用马克笔着色时应遵循色彩明度与纯度逐层递进的原则，高明度色块与低明度色块之间注意要用起调和作用的中间色调来衔接。一块色彩要表现得由深递浅、由浅渐深，就需要使用各种复色表现的高级灰色调使画面整体协调。纯度较高的颜色应慎用、巧用，以增加画面的视觉冲击力，起到画龙点睛的效果。

2. 彩色铅笔

1）彩色铅笔的种类

彩色铅笔是一种非常容易掌握的着色工具，笔的外形及使用效果均类似于铅笔，画出来的画面效果较淡，清新简单，且大多便于橡皮擦去。彩色铅笔的颜色

图2-25　鸟瞰图线稿绘制完成

较多，一般有一盒6色、12色、24色、36色、72色之分。

彩色铅笔分为水溶性和不溶性两种。水溶性彩色铅笔具有溶于水的特点，沾水便可像水彩一样溶开，具有浸润感，也可用手纸擦抹出柔和的效果，它的色彩丰富，表现力强，在表现柔软质感的物体上有不可替代的作用。不溶性彩色铅笔使用简单方便，适宜效果图的快速表现，绘画时一般选择含蜡较少、质地细腻、笔触表现松软的彩色铅笔为佳。

2）彩色铅笔的表现特点

用彩色铅笔作画是在墨线稿的基础上直接上色，用法同普通素描铅笔一样，着色的规律由浅递深，用笔有轻重缓急的变化，笔法从容独特，利用颜色的叠加产生丰富的色彩变化。用水溶性彩色铅笔上色后，用水涂色，在画面中获得浸润感，还可用手纸或擦笔抹出柔和的色彩效果。

然而，彩色铅笔的颜色较淡，且大多数彩色铅笔颜色的饱和度都不高，即使是水溶性彩色铅笔经水溶上色后，色彩变化也不如水彩或水粉丰富。用线条涂成的色块往往看起来比较粗糙，不够细腻。因此，彩色铅笔作为一种快速表现的工具，不适合单独为较大的画幅着色，大多数与马克笔及水彩等工具材料配合使用，可弥补马克笔笔触单一的缺点，并且可以自然地衔接马克笔笔触之间的空白，起到完善丰富画面的作用。

3. 纸张选择

适于马克笔表现的纸张较为广泛，普通复印纸、素描纸、水粉纸、色板纸都可以，也可选择带底色的纸，使用底色纸比较容易统一画面的色调。应选择吸水性及吸油性较好的纸，使着色后画面色彩更鲜艳饱和。在园林设计实践中，使用油性马克笔在高质量的拷贝纸绘制，效果还不错。本节的马克笔附图均绘制在拷贝纸上，彩铅图选用的是复印纸。

2.3.4　作图步骤和要点

1. 马克笔效果图

以2.3.2节内容中的透视图为例，阐述上色要点。

1）马克笔上色的基本要点

（1）用马克笔着色时可先用冷灰色或暖灰色定出图中的明暗基调。

（2）运笔要准确、快速，用笔的遍数不宜过多。在第一遍颜色干透后，再进行第二遍上色，否则色彩会互渗而形成混浊之状。

（3）要形成统一的画面风格，就要有规律地组织线条的方向，控制线条的疏密。因此，用马克笔表现时，笔触大多以排线为主。除运用排笔外，还可根据需要灵活使用点笔、跳笔、晕化、留白等方法。

（4）马克笔淡色无法覆盖深色，在给效果图上色的过程中，应该先上浅色而后覆盖较深的颜色。注意色彩之间的相互协调，慎用过于鲜亮的颜色，应多用中性复色。

（5）为了丰富画面效果，马克笔还可与彩铅、水彩等工具结合使用。

2）马克笔着色步骤

范例一：一点透视

第一步：完成相应线稿（见图2-15）。

第二步：确定整体画面色彩基调，从远景入手（见图2-26）。色彩由浅入深，增加整体色彩的沉稳性（见图2-27）。

第三步：画大面积树的颜色（见图2-28），并重点刻画，注意颜色的透明性，提高整体画面的层次感（见图2-29）。

第四步：整理细部，追求质感的表现。彩色铅笔及高光笔的配合使用丰富了画面的层次。大块面的地方宜始终保持简略，多强调细节部分的刻画，把握好主观的处理思路，保持画面的整体平衡（见图2-30）。

范例二：两点透视

第一步：画线稿时注意主次线条的运用。把握画面全局，注重线条在整个图面上的比例分配（见图2-21）。

第二步：确定整体画面色彩基调，从远景入手（见图2-31），色彩由浅入深，增加整体色彩的沉稳性（见图2-32）。

第三步：画大面积树的颜色，并重点刻画（见图2-33），注意颜色的透明性，提高整体画面的层次感。

第四步：大面积描绘树叶的色彩，注意色彩的变化和笔触的整理，突出重点；将其他配景和细节进一步强调，调整最终的整体效果（见图2-34）。

范例三：鸟瞰图

鸟瞰图上色（见图2-25）与透视上色略有差别，主要是画面中可能没有天空，线稿中的树干比透视要短得多。步骤如图2-35～图2-38所示。

图2-26　先画天空等远景

图2-27　先画远景，画面由浅入深

图2-28　画大面积色

图2-29　画重点色

图2-30　调整整体效果,重点突出

图2-31 先画远景

图2-32 由浅入深,由远及近

图2-33　画大面积色及重点部位

图2-34　调整定稿

图2-35　由浅入深上色，可从阴影区开始

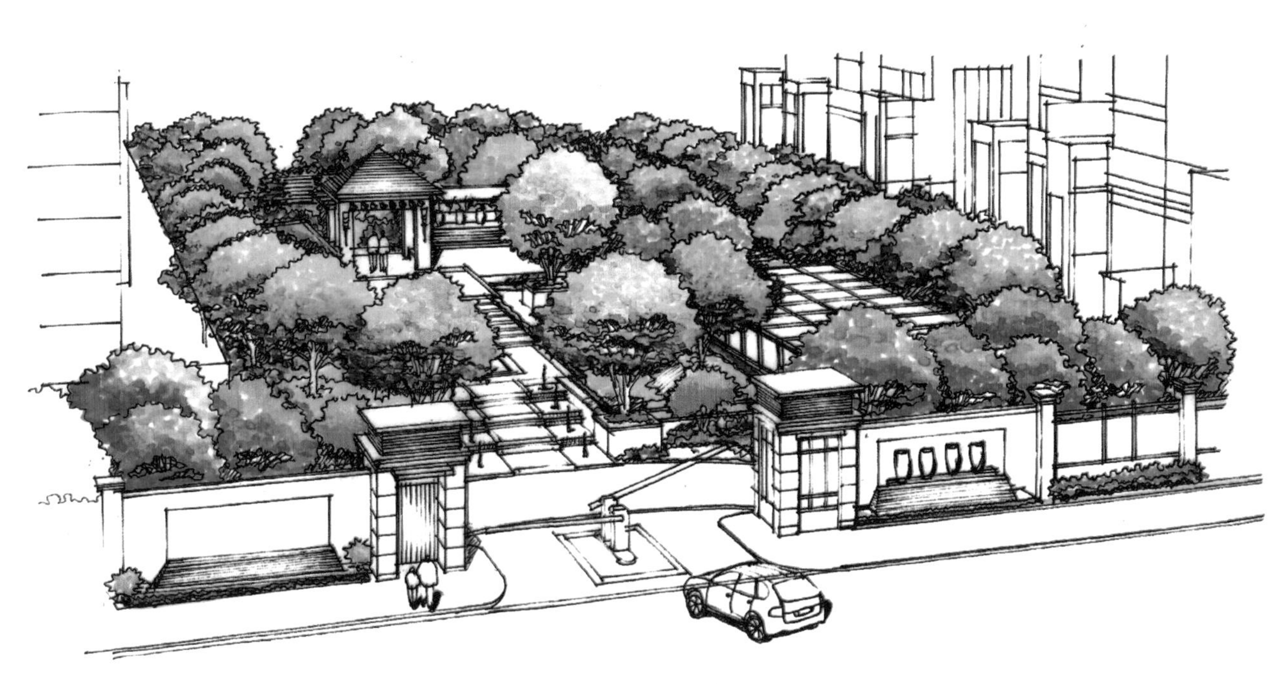

图2-36　大面积上色

图2-37　重点部分上色

图2-38　最后总体调整色彩

2. 彩色铅笔效果图

使用彩色铅笔时的用笔压力及重叠用笔，均能够影响色彩的明度与纯度。若轻压用笔就会产生浅淡的色彩，若重压用笔则色彩相对浓烈。另外，用彩色铅笔绘画时，它的笔触及排线有着自身的方法和特点。一般来说，彩色铅笔的用线应该是肯定的、排列整齐的，因为彩色铅笔不仅是用来画线的，它的主要任务应当是表现块面和各种层次的灰色调，因此需要用排线的重叠来实现层次的丰富变化。在进行排线重叠时，除了可以像钢笔排线笔触的组织方法外，还可以像素描一样交叉重叠，但重复次数不宜过多，因为重叠过多会失去色彩的明快感。

需要注意的是，一幅画作中彩色铅笔的色彩不能用得过多，不能景物中有什么色就全部都画出来，一定要保持色调的统一明快，一般使用两三种主要色彩来表现便足够了。要把彩色铅笔当作是为了表达物品的灰色面而使用的工具，而不可当作物品的固有色满涂，较亮的部分可以不涂，使其保持物品的光感和体积感，有亮光的物体要注意留白。

范例一：一点透视

一点透视的彩色铅笔效果图如图2-39～图2-42所示。

范例二：两点透视

两点透视的彩色铅笔效果图如图2-43～图2-46所示。

范例三：鸟瞰图

鸟瞰图的彩色铅笔效果图如图2-47～图2-50所示。

3. 范例欣赏

图2-51～图2-55是钢笔淡彩透视图、平面图及鸟瞰图范例。

图2-39　先画远景，由浅入深

图2-40　再画中间色调

图2-41　整体调整

图2-42　重点突出，最后调整

图2-43　先画远景，再由浅入深

图2-44　再画大面积色调

图2-45　画重点色

图2-46　最终调整完成

图2-47　先画冷调

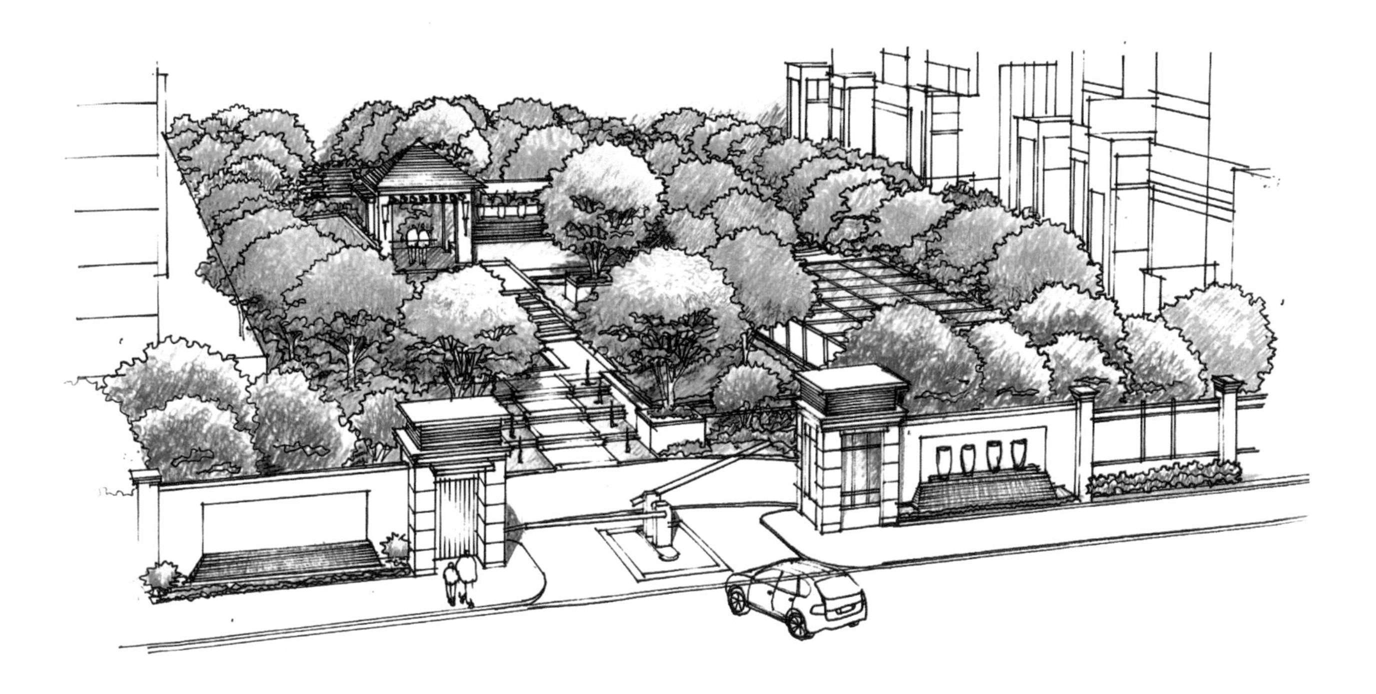

图2-48　再画大面积色调

图2-49　画　阴　影

图2-50　重点突出与整体调整

图2-51　钢笔淡彩透视图范例(1)

图2-52　钢笔淡彩透视图范例(2)

图2-53　钢笔淡彩透视图范例(3)

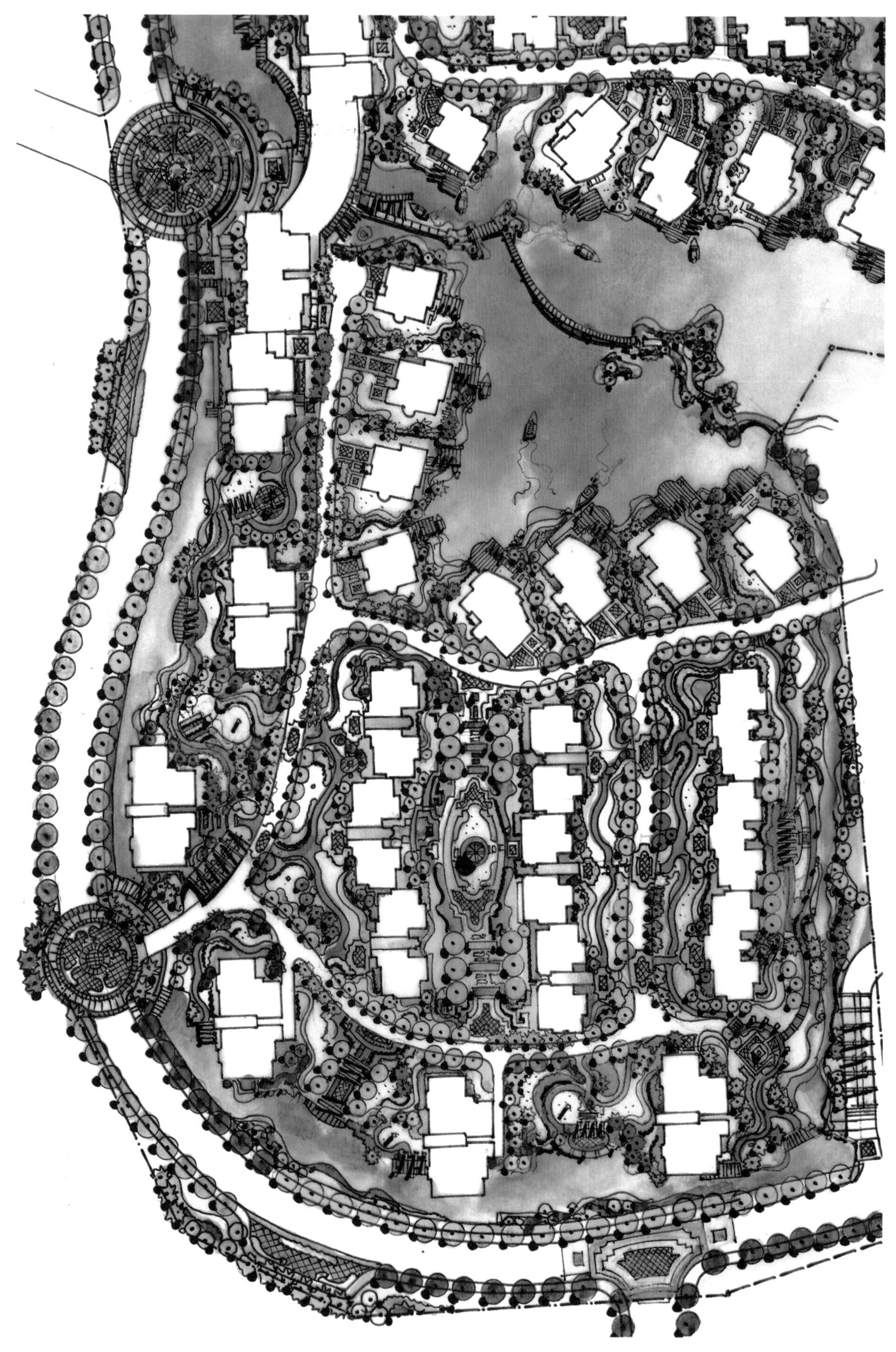

图2-54　局部平面图

课后作业

用A2白卡纸，以图2-11为平面图，选取与课本中不同的角度，绘制一点透视、两点透视图，并分别用马克笔、彩色铅笔上色。共4幅图纸。

2.4 水彩渲染

水彩渲染（watercolor rendering）是当今绘制手绘效果图的常用方法之一。水彩具有颗粒细腻、透明性好、色彩淡雅、色调明快的特点，能够表现变换丰富的画面场景，具有很强的表现力。比起钢笔淡彩，适用于更大幅面的表面图。水彩渲染广泛应用于建筑及园林表现图。绘制前需要裱纸，纸张选用水彩纸即可。

2.4.1 基本工具

1. 纸和裱纸

渲染图应采用质地较韧、纸面纹理较细而吸水性好的水彩纸，也可选择一些进口的特种纸张进行表现。热压制成的光滑细面的纸张不易着色，纸面又容易破损，因而不宜用作渲染。由于渲染需要在纸面上大面积地涂水，纸张遇湿膨胀，会使纸面凹凸不平，所以渲染图纸必须裱糊在图板上方能绘制。

裱纸的方法和步骤如图2-56所示。

在图纸裱糊齐整后，还要用排笔继续轻抹折边内图面使其保持一定时间的润湿，并吸掉可能产生的水洼中的存水，将图板平放阴干图纸。如果发生局部粘贴折边脱开，可用小刀酌抹浆子伸入裂口，重新粘牢，同时可用钢笔管沿贴边四周滚压。假如脱边部分太大，则须揭下图纸，重新裱糊。

2. 颜料

1）水彩

一般水彩渲染宜用水彩画颜料，它透明度高，照相色也可。渲染过程中要调配足够的颜料。用过的干结颜料因有颗粒而不能再用。此外，颜料的下述

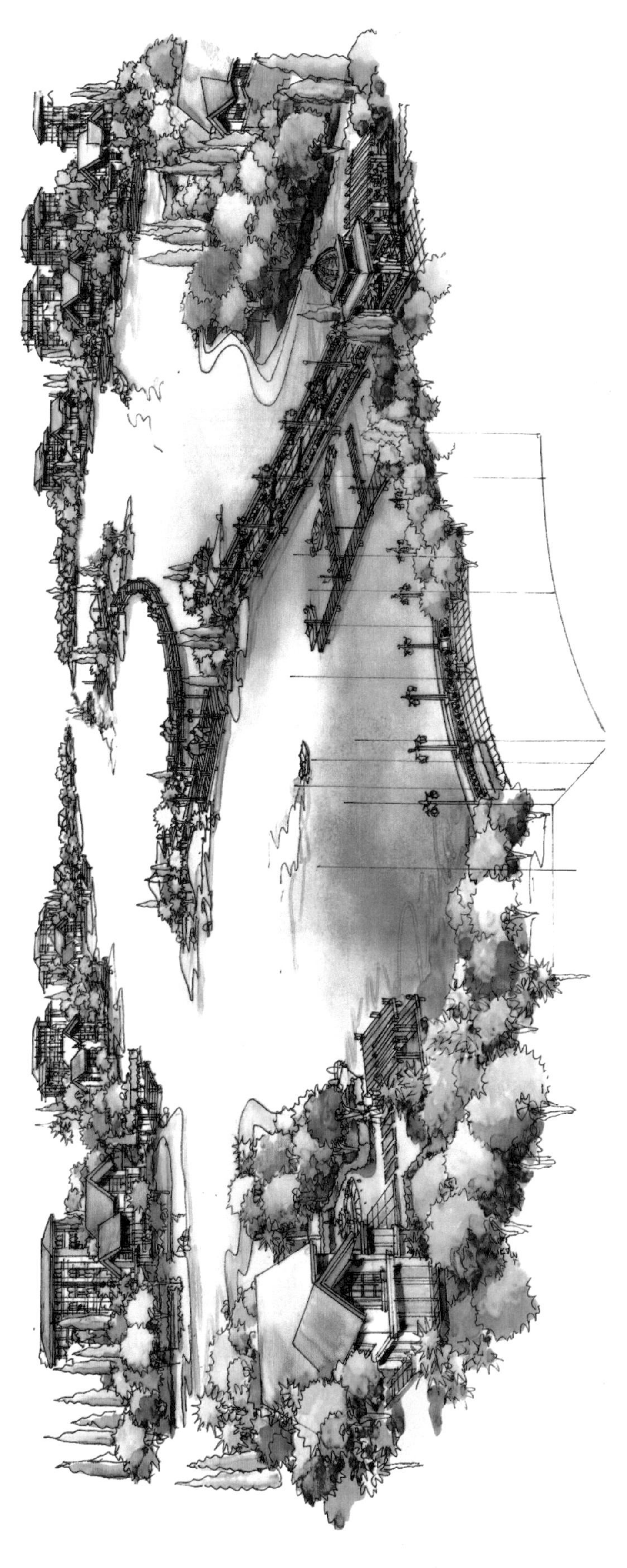

图2-55　平面图2-54的湖面鸟瞰图

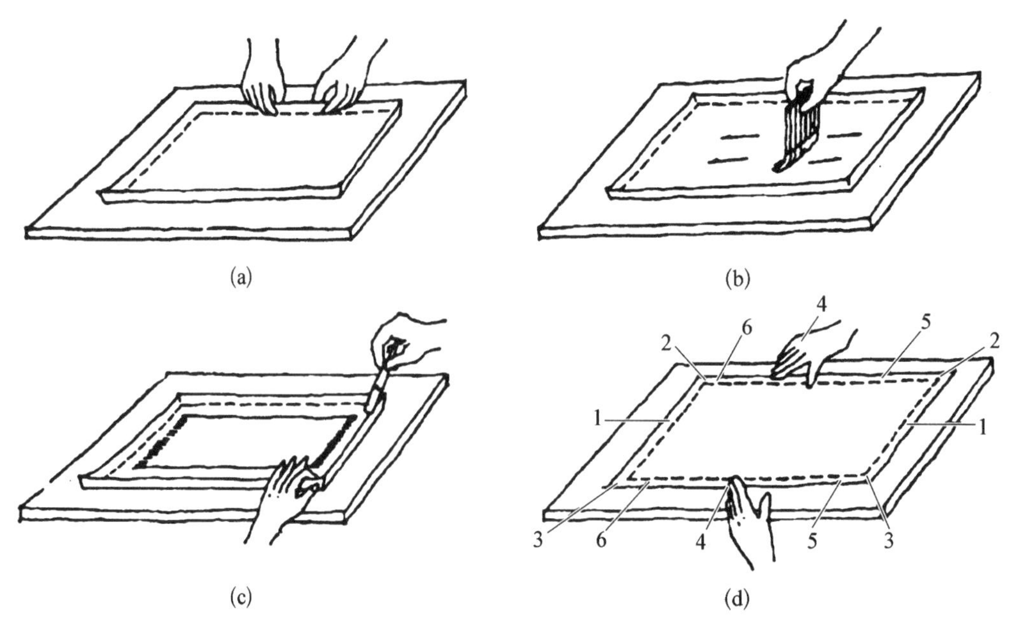

图2-56　裱纸的方法和步骤

(a)沿纸面四周折边2 cm,折向是图纸正面向上,注意勿使折线过重造成纸面破裂;(b)使用干净排笔或大号毛笔蘸清水将图面折纸内均匀涂抹,注意勿使纸面起毛受损;(c)用湿毛巾平敷图面保持湿润,同时在折边四周薄而又匀地抹上一层糨糊;(d)按图示序列双手同时固定和拉撑图纸,注意用力不可过猛,注意图纸与图板的相对位置

特性应当引起注意:

(1) 沉淀。赭石、群青、土红、土黄等在渲染中易沉淀。作大面积渲染时要掌握好它们和水的多少、渲染的速度、运笔的轻重、颜料配水量的均匀,并不时轻轻搅动配好的颜料,以免造成着色后的沉淀不均匀和颗粒大小不一致。掌握颜料沉淀的特性,我们还能获得某些特殊效果,如利用它来表现材料的粗糙表面等。

(2) 透明。柠檬黄、普蓝、西洋红等颜料透明度高,而易沉淀的颜料透明度低。在逐层叠加渲染时,宜先着透明色,后着不透明色,先着无沉淀色,后着有沉淀色,先浅色,后深色,先暖色,后冷色,以避免画面晦暗呆滞,或后加的色彩冲掉原来的底色。

(3) 调配。颜料的不同调配方式可以达到不同的效果。如红、蓝两色先后叠加上色和两者混合后上色的效果就不同。一般说来,调和色叠加上色,色彩易鲜艳,对比色叠加上色,色彩易灰暗。

2) 水粉

水粉又称广告色,是一种不透明的水彩颜料。可用于较厚的着色,大面积上色时也不会出现不均匀的现象。

3) 透明水色

透明水色也是手绘效果图常用的材料之一,颗粒相对水彩更加细腻。透明水色可以画出水彩的效果,并且比水彩的颜色更加鲜亮,透明度高,颜色不易发灰,快干。但透明水色上色后不易修改,可用于硬质材料及反光材料的绘图表现。色彩艳丽是透明水色的优势,但不足的地方是用透明水色画的画不宜保存,画面经过一段时间(尤其被光照后)颜色会有明显的变化。

3. 毛笔和海绵

这里把水彩毛笔、水粉笔与中国传统的毛笔放在一起介绍。我们在画效果图时常用的是水彩毛笔与尼龙头有机玻璃杆的水粉笔,传统的毛笔与水彩毛笔适合绘制水彩效果的画面。水彩毛笔笔头较软,一般可以用来绘制画面上需要大面积着色和表现柔和笔触的部分。

绘画时注意不要使用那种用手捏一下笔头毛就会脱落的毛笔。尼龙头水粉笔笔头较硬且薄,吸水和附着颜料能力都比较弱,运用水彩或透明水色,配合槽尺绘画,可以绘制出较为平整的笔触。注意选择笔头较齐、韧性较强、下笔和收笔时不会在纸面上留下过多水痕的尼龙头毛笔为佳。

大面积的作画则需要准备中号和小号的羊毛板刷。

渲染需备毛笔数支。使用前应将笔化开、洗净，使用时要注意放置，不要弄伤笔毛，用后要洗净余墨甩掉水分套入笔筒内保管。切勿用开水烫笔，以防笔毛散落脱胶。此外还要准备一块海绵，渲染时作必要的擦洗、修改之用。

4. 图面保护和下板

渲染图往往不能一次连续完成。告一段落时，必须等图面晾干后用干净纸张蒙盖图面，避免沾落灰尘。图面完成以后要等图纸完全干燥后才能下板，要用锋利的小刀沿着裱纸折纸以内的图边切割，为避免纸张骤然收缩扯坏图纸，应按切口顺序依次切割，最后取下图纸。

2.4.2 辅助工作

1. 小样和底稿

水彩渲染一般都应作小样，以确定整个画面总的色调；各个部分的色相、冷暖、深浅；建筑主体和衬景的总的关系。初学者往往心中无底，以致在正式图上改来改去。因此，小样是必须先作的。有时还可作几个小样进行比较。由于水彩颜料有一定透明度，所以水彩渲染正式图的底稿必须清晰。作底稿的铅笔常用H、HB，过软的铅笔因石墨较多易污画面。过硬的铅笔又容易划裂纸面造成绷裂。渲染完成以后，可用较硬的铅笔沿主要轮廓线或某些分割线（水泥块、地面分块等）再细心加一道线。这样，画面更显得清晰醒目。

2. 擦洗

颜料能被清水擦洗，这有助于我们作必要的修改；也能利用擦洗达到特殊的效果，如洗出云彩，洗出倒影。一般用毛笔蘸清水擦洗即可，但要避免擦伤纸面。

2.4.3 作图步骤和要点

1. 运笔和渲染

1）运笔方法

渲染的运笔方法主要有三种（见图2-57）：① 水平运笔法；② 垂直运笔法；③ 环形运笔法。水平运笔法主要用于起笔；环形运笔法是一个混合颜料与水的过程。无论何种笔法，均要做到以水带笔，注意水量的适中程度。

2）大面积渲染方法

（1）平涂法就是大面积水平的运笔，小面积可垂直运笔，趁湿衔接笔触，可取得均匀整洁的效果。

（2）退晕法是一种使颜色润变的方法，颜料与水的巧妙配合，通过笔触的晕染使色彩充满水润感。有单一颜色的润变还有2～3种颜色相组合的润变。绘制时首笔平涂后，趁湿在下方用水或加色使之产生渐变，形成渐浅或渐深的效果。退晕过程多环形运笔，遇到积水、积色须将笔挤干再逐渐吸去。退晕法能很好地表现画面的光感及空间感。

（3）使用叠加法首先要分好明暗光影界面，用同一浓度的颜色平涂，留浅画深，干透再画，逐层叠加，这样可取得同一色彩不同层面变化的效果。

2. 渲染的主要步骤

水彩渲染的运笔方法基本上同水墨渲染。现以某两层连排式住宅立面片断为例，介绍水彩渲染的

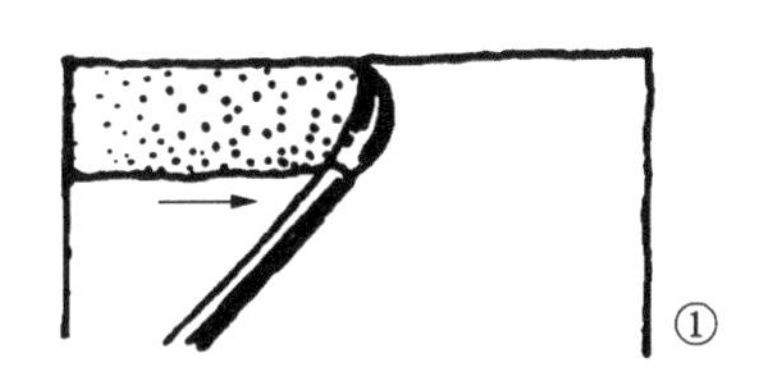

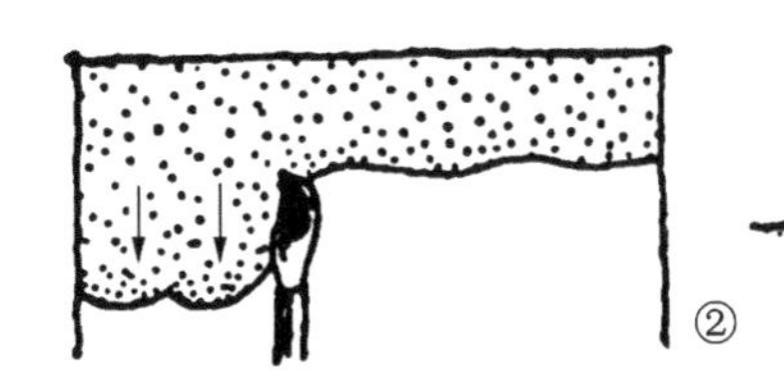

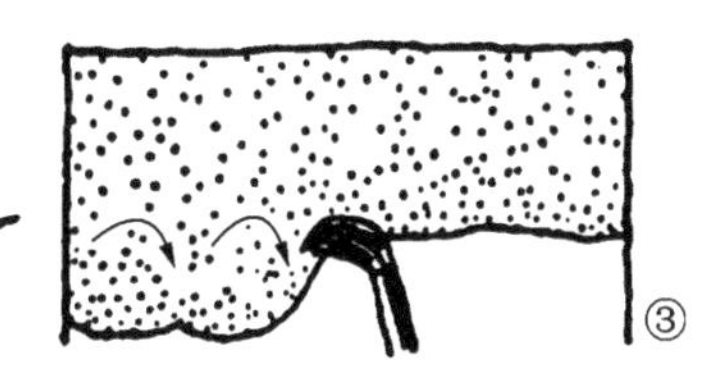

图2-57 渲染的三种运笔方法

几个主要步骤。

1）定基调、铺底色

主要是确定画面的总体色调和各个主要部分的底色。一般来说，建筑物在阳光下都呈暖色调，为取得天空、地面和建筑物的整体统一，先用土黄色将整个画面淡淡地平涂上一层，再区分建筑物和天空不同色调和色度，以拉开两者的距离。屋顶、墙面、玻璃、阳台台阶和地面都铺上各自的底色。

2）分层次、作体积

这一步骤主要是渲染光影，光影做得好，层次拉得开，体积出得来。图2-59所示屋顶由上向下略微加深，表示出屋顶的坡度，大片墙面由上向下略微加深，表示墙面下部由于草地反光较小，从而增添了空间感，阳台由左向右作由黄到蓝的变化，加上阳台阴影后，左边的紫色阴影和黄色水泥抹面，右边的略微带蓝的面块和红砖墙面都有局部的冷暖、深浅的对比，从而把阳台和墙面的距离拉开。

建筑物的阴影最能表现层次和衬托体积，作阴影是比较重要的一步。阴影部分不宜一块一块地上色，连接的阴影要整片渲染，色调易和谐，又可以避免阴和影之间，这一部分阴影和那一部分阴影之间生硬地接缝。阴影本身也要考虑退晕。例如檐下的阴影，上浅下深意味着檐下天花板反光。本例所示的阴影基本上处于同一远近的垂直面上，如果在远处另有一墙面，那么不同远近的墙面与阴影之间色相和色度上的对比要有变化，近的强烈而远的要减弱。

3）细刻画、求统一

在上一步骤的基础上，对画面表现的空间层次、建筑体积、材料质感和光影变化作深入细致的描写。在图2-59中，屋面板瓦的条状细影表现了屋顶的坡度和加强了板瓦的质感；窗棂的阴影和反影丰富了入口部分；屋顶和墙面作出少量的瓦块和砖块使画更加真实生动地描绘了材料特点等。所有这些深入的描写，都要服从于整体体形和空间层次。在小块色彩的选择和色度的掌握上，既要富有变化，又不宜做得凌乱、突兀。

4）画衬景、托主体

最后画衬景。有些学生往往急于出效果，在建筑物本身还没有渲染好就画出树木衬景，因而喧宾夺主致使画面不协调。树木、松墙、草地以及地面分块（乃至有的画面上需要作出的云层、远山、人物、汽车）等都应和建筑物融合成一个环境整体，它们都是为了衬托建筑主体。因此，衬景的渲染色彩要简洁，形象要简练，用笔不宜过碎，尽可能一遍画成。

以上介绍的是立面图水彩渲染的步骤。如果是透视效果图，大体也如此，不同的是在透视图上一般能看到互相垂直的相邻的墙面，因而在步骤2）中要将亮面和阴面（或者是亮面和次亮面）区别开来。总之，透视图的水彩渲染要注意运用色度、冷暖、刻画的精细和粗略等手段把面的转折做出来。

2.4.4 表现要点

一张好的水彩效果图要求作者有较强的基本功和灵活多变的处理手法。建议初学者绘制水彩效果图时参考以下几点方法：

（1）在进行景观效果图表现时，要从决定画面色调的颜色入手，首先大面积铺色，尽量做到色彩准确，一步到位，不拖泥带水。

（2）在进行绘制时应由浅至深，由明至暗，逐层深入，亮部和高光须预先留出。

（3）绘制时要注意笔端含水量的控制，水分太多，会使画面水迹斑驳，色彩灰而贫；水分太少，色彩枯涩，透明感降低，影响画面的清晰与明快。

（4）在刻画时要把琐碎的笔触和丰富的色彩渐变表现在画面主体上，做到近实远虚，并同时注意画面整体与局部的关系，不要因为琐碎的细节破坏了画面的整体效果。

2.4.5 常见问题

这里主要列举了技法上的问题，至于色彩选择不当等是提高修养的问题，不在此列举。

（1）间色或复色渲染调色不匀造成花斑；

（2）使用易沉淀颜料时，由于运笔速度不匀或颜料和水不匀而造成沉淀不匀；

（3）颜料搅拌过多发污；

（4）色度到极限发死；

（5）覆盖的一层浅色或清水洗掉了较深的底色；

（6）擦伤了纸面出现了毛斑；

（7）使用干结的颜料，颗粒造成麻点；

（8）退晕过程中变化不匀造成突变的台阶；

（9）渲染到底部积水造成了返水；

（10）纸面有油污；

（11）画面未干滴入水点；

（12）工作不细致涂出边界。

2.4.6 作业范例

图2－58所示是水彩平涂、叠加、退晕范例，图2－59所示是建筑立面渲染示例。

作业任务书

作业1：水彩平涂、叠加、退晕

1. 设计目标

（1）掌握水彩平涂、叠加和退晕的基本步骤和表现要点。

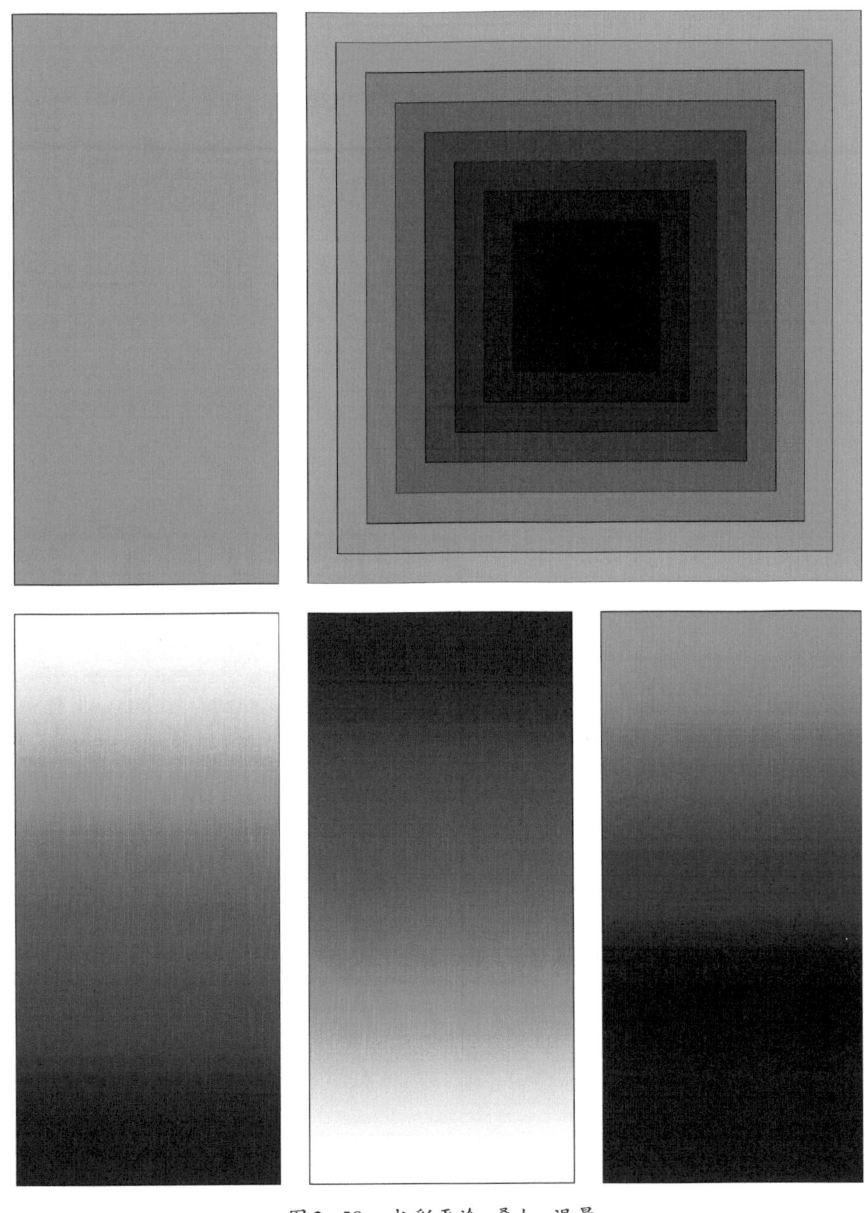

图2－58 水彩平涂、叠加、退晕

图2-59　建筑立面渲染示例(上海交通大学农业与生物学院园林系2012级　刘妍真)

(2) 熟悉并学会避免渲染过程中常遇到的问题。

(3) 熟悉水彩渲染中的色彩特征。

2. 设计任务

用素描纸或白卡纸在A2幅面上绘制如下内容:

(1) 自绘图框和图签。

(2) 水彩的平涂、叠加和退晕。

3. 考核

1) 考核标准

(1) 平涂色彩均匀一致。

(2) 退晕过渡均匀。

(3) 叠加层次变化清晰有秩序。

2) 成绩组成

(1) 平涂色彩均匀一致,占30%。

(2) 退晕过渡均匀,占30%。

(3) 叠加层次变化清晰有秩序,占40%。

4. 进度安排

时间为一周。

作业2: 建筑立面渲染

1. 设计目标

(1) 掌握水彩渲染的基本步骤和表现要点。

(2) 熟悉用水彩对景观设计作品进行表达。

(3) 熟悉水彩渲染中的色彩特征。

2. 设计任务

用水彩纸在A2幅面上绘制如下内容:

(1) 自绘图框和图签。

(2) 抄绘图2-59建筑立面渲染。

3. 考核

1) 考核标准

(1) 比例得当,色彩准确。

(2) 渲染色彩过渡均匀,不出边。

(3) 整体效果层次清晰,重点突出。

(4) 图纸尺寸、布局、字体大小规范,图面整洁。

2) 成绩组成

(1) 比例得当,色彩准确,占20%。

(2) 渲染色彩过渡均匀,不出边,占40%。

(3) 整体效果层次清晰,重点突出,占20%。

(4) 图纸尺寸、布局、字体大小规范,图面整洁,占20%。

4. 进度安排

时间为一周。

2.5 模型制作

2.5.1 总体要求和应用范围

用模型制作表现建筑及园林在我国有悠久的历史。有清一代,著名的“样式雷”是以雷发达为代表的皇家御用设计师家族设计风格的称谓。他们擅长于用“烫样”(模型)表现圆明园、故宫建筑及园林,供皇帝审定。

模型制作是风景园林设计推敲和表现的一种重要手段和形式。它以实际的制作代替用笔描绘,通过以景观组成要素单体的增减、群体的组合以及拼接为手段探讨设计方案,相当于完成景观设计的立体图。模型的设计和制作是平面设计到三维立体转换的过程,包括景观形态、比例、色彩、材料、空间结构等要素的变换,设计构思在模型制作过程中不断完善。模型制作对景观设计能力、三维空间想象能力以及实际动手能力的形成和培养非常重要。

按景观模型的用途,模型可分为构思模型和展示模型。我们也常称之为草模型和正式模型。按制作材料来分,一般可分为纸质模型、木制模型、有机玻璃模型、吹塑模型和发泡塑料模型等。

2.5.2 基本材料介绍

在此,对目前市场上销售的一些材料及其特性做一个简要的举例和分析。

1. 木质材料

木质材料(wood material)是制作木质建筑模型和底盘的主要材料,加工容易,造价便宜,天然的木纹和人工板材的肌理都有良好的装饰效果。从底板到精致装饰用的棍棒等工件,木材都因为它坚固、尺寸稳定的特性而被很好地加工处理。通常将木材分为硬木、软木、夹板和装饰板材、贴面板、木纤维板、薄木版、航模板、人造装饰板等几类。

2. 纸质材料

纸质材料(paper material)的优点是物美价廉,适用范围广;且品种、规格、色彩多样,易于折叠、切割、加工、变化和塑型;上手快、表现力强。纸板具有较强的可塑性,始终都在所有设计工作的层级(概念模型、展示模型)中被很好地运用。其缺点是材料物理特性较差、强度低、吸湿性强、受潮易变形,在建筑与景观模型制作过程中,粘贴速度慢,成型后不易修整。

选用纸张需要考虑以下性能:纸张的外观性能包括色度、平滑度、尺度、厚度、光洁度等;机械性能包括抗张力、伸长率、耐折度和撕裂度。目前,市场上流行的纸板厚度一般为0.5～3 mm。就色彩而言达数十种,同时由于纸的加工工艺不同,生产出的纸板肌理和质感也各不相同。模型制作者可以根据特定的条件要求来选择纸板。常用的纸质材料包括打印纸、卡纸、厚纸板、瓦楞纸、模型板、各种装饰纸等。

纸质材料加工成型的方法一般用剪、刻、切、挖、雕、折、叠、粘等方法均可;粘贴的材料最好使用白乳胶、双面胶或模型胶(PU胶)。

3. 塑料材料

塑料材料(plastics material)是以天然树脂或人造合成树脂为主要成分,并加入适当的填料、增塑剂、稳定剂、润滑剂、色料等添加剂,在一定温度和压力下塑制成型的一类高分子材料。

塑料材料的优点是质轻、强度高、耐化学腐蚀性好,具有优异的绝缘性能而且耐磨损(除发泡塑料)。热塑性塑料还可以受热成型(如聚氯乙烯、有机玻璃、ABS塑料),成型效果好;其缺点是加工麻烦、费时、费事。

塑料作为模型制作中广泛使用的一种造型新材料,性能优良,具有质轻、电绝缘性、耐腐蚀性等特性,加工成型方便,具有装饰性和现代质感,而且塑料材料的品种繁多,物美价廉。制作模型时应用最多的是热塑性塑料,主要是聚氯乙烯(PVC)、聚苯乙烯(PS)、ABS工程塑料、有机玻璃板等,塑料的可塑性特别强,可采用很多方法加工成型,具有很强的形态表现力。塑料板材多属于高档次材料,主要用于展示类规划模型及单体模型的制作。常用的ABS工程塑料一般用机械雕刻机切割,有机玻璃常用激光雕刻机切割;用专门的溶剂性黏结剂黏合。

4. 金属材料

金属材料(metal material)是模型制作中经常使用的材料。在模型制造中,铁丝、金属薄板、金属网格和型材或断面不仅用于支承结构、钢结构、建筑物外观、栏杆的扶手或是其他金属构造,也用于作为设计概念的特殊例证和说明。如底板可用铝板制成;地板、墙壁、屋顶、交通和水域部分可用不同的金属薄板制成;整个模型主体可由许多着色的金属块组合而成。金属材料一般用于园林建筑及小品的加工制作。

金属材料分钢铁材料、有色金属材料及合金材料。直接用于建筑与景观模型表面的金属材料主要有不锈钢、铝合金、铜、铝、锌、铅、铸铁等板材、管材、线材三大类材料。常用于底盘与面罩的制作以及环境模型中的树、路灯、电杆、栏杆等。

5. 泡沫类材料

泡沫类材料(form material)主要有泡沫塑料板、雪弗板、吹塑板、KT板等。

1)泡沫塑料板

泡沫塑料板是一种适用范围较广泛的传统材料。聚苯乙烯泡沫板(EPS)又称为泡沫板,它是由含有挥发性液体发泡剂的可发性聚苯乙烯珠粒,经加热预发后在模具中加热成型的白色板状材料。它容易加工,但精度不高。不同厚度的泡沫材料常用于制用园林模型中的底盘,具体要素中包括假山、地形甚至建筑小品、灌木等植物模型。由于它的精度不高,保存持久性不长,一般用于制用模型的前期阶段,如概念草模型。

泡沫类的材料加工常用电阻丝切割器,将电阻丝通电加热,用热切割方式切割。

泡沫类材料非常易燃,电阻丝切割器用后要及时关闭电源,模型室不得有抽烟行为,注意远离火源。

2）雪弗板

雪弗板又称为PVC发泡板（PVC expansion sheet）和安迪板。以聚氯乙烯为主要原料，加入发泡剂、阻燃剂、抗老化剂，采用专用设备挤压成型。常见的颜色为白色和黑色。

雪弗板广泛用于装饰、装修、广告制作、展览标牌、模型制作。通过雕刻机或手工制作，厚度一般为：0.3～2 cm。

2.5.3 模型制作步骤和要点

模型制作步骤主要分准备计划、模型设计、模型制作三个阶段。

1. 制作准备计划工作

在工作开始前，必须明确模型制作的目的和要求。在充分体会方案设计理念、明确表现目标的基础上，再着手拟定一份详细的模型制作计划。

（1）模型类型的问题。确定哪些方面以及哪些描述是与此相关联的？是概念模型、设计模型还是实体模型？

（2）模型的任务问题。本模型描述什么？研究和推敲什么？哪些是设计思想表现的重点？建筑主体与其他环境因素之间的关系是什么？怎么表现？

（3）模型参考文献问题。参考文献是否齐全？模型的平、立、剖面图是否可以依此实施？

（4）模型比例问题。模型适合多大比例？选择哪些片段？

（5）材质、工具、机械、个人的能力和经验问题。哪一种材质以及它是否符合设计精神？是否能够在可支配的时间里依数量将所需的材质购置齐全？是否能够以可支配的工具和机械在这样的空间中制作？能否使用正确的工具、机械和有正确的知识、经验来执行工作并进行试验？

（6）模型制作的时间问题。模型制作的进程明细是否完全？是否合理？

（7）包装和运送问题。模型如何包装？什么是最大的尺寸？模型必须被拆解吗？

2. 模型设计阶段

模型设计与模型制作的关系是相辅相成的，两者相互依存与相互作用。特别是草模阶段的设计推敲与修改，对完善设计方案功不可没。设计从图纸到模型，又从模型到图纸，既是推敲设计方案的过程，也是检验设计图纸的精确以及设计方案定位可行性的过程。

传统的设计方法一般以平面图、效果图、剖视图来表现，模型设计的基本程序要求根据图纸的程序方案进行，可归纳为两个阶段：

（1）要画出草图，草图要有三维变化角度的视觉效果。

（2）根据方案草图画出制作模型的基本尺寸比例图。

3. 模型制作阶段

模型是一步一步地完成的，其制作可分为下几个阶段：

（1）底座的结构。

（2）地形、地势的建立。

（3）绿地、交通与水体。

（4）建筑物的制作。

（5）环境的补入与绿化种植。

（6）设计说明。

（7）保护套、包装。

2.5.4 模型基础底板与标识

模型的制作是从底盘开始的，制作好底盘，再制作其边框及底盘上的文字与标识。

1. 模型底盘制作

底盘是模型的一部分，底盘的大小、材质、风格直接影响模型的最终效果。平面底盘的组成有结构底板（需表示道路）、硬质铺地（包括人行道、广场）和绿地（主要是草地及水面）三部分。水面一般蓝纸板或在其他材料上喷蓝漆，有时可压一层透明有机玻璃。结构底板先钉好木板，上蒙三合板或五合板。

作为学生作业或工作模型，底盘可以选用物美价廉且容易加工的轻型板、三合板。而作为报审展示的模型底盘，就要选用一些材质好，且有一定强度的材料来制作。一般选用的材料是多层板或有机玻璃板。底盘制作完毕后需要制作底盘的边框作装饰，一般选用珠光灰有机玻璃、木边外包或ABS板制作边框。

2. 文字与标示

标题、指北针、比例尺等是模型的又一重要组成部分。一方面有示意功能，另一方面也有装饰功能。下面就介绍几种常见的制作方法。

1）有机玻璃制作法

用激光雕刻机在机玻璃上将标题字、指北针及比例尺制作出来，然后将其贴于盘面上，这是一种传统的方法。

2）即时贴制作法

采用即时贴制法来制作标题字、指北针及比例尺。先将内容用电脑刻字机加工出来，然后用转印纸将内容转贴到底盘上。

3）腐蚀板及雕刻制作法

腐蚀板制作法是以1 mm厚的铜板做基底，用钢刻机将内容拷在铜板上，然后用三氯化铁来腐蚀，腐蚀后进行抛光，并在阴字上涂漆即可制得漂亮的文字标牌。

雕刻制作法是以单面金属板为基底，用雕刻机割除所要制作的内容的金属层，即可制成。

总之，无论采用何种方法来表现，都要求文字内容简单明了，字的大小选择要适度，切忌喧宾夺主。

2.5.5 园林要素模型制作技法

1. 山地地形

模型地形制作是继模型底盘完成后的一道重要制作工序。地形的处理，要求模型制作者有高度的概括力和表现力，同时还要辩证地处理好与园林主体的关系。

山地地形的表现形式有两种，即具象表现形式和抽象表现形式。

在制作山地地形时，一般根据建筑和环境的形式和表示对象等因素来确定表现形式。一般用于展示的模型，其主体较多地采用具象表现形式，因为它涉及的展示对象是社会各阶层人士。所以，制作这类模型的山地地形较多采用具象形式来表现。这样，一方面可以使地形与建筑及环境表现形式融为一体；另一方面可以迎合各类观赏者的口味。

用抽象的手段来表示山地地形，不仅要求制作者有较高的概括力和艺术造型能力，而且还要求观赏者具有一定的鉴赏力和专业知识。只有这样才能准确地传递设计语言，才能领略模型的形式美。

山地地形制作方法主要分堆积法与拼削法两种。

1）堆积法

先根据模型制作比例和图纸标注的等高线（contour line）高差选择好厚度适中的聚苯乙烯板、纤维板等轻型材料，然后将山地等高线描绘于板材上并进行切割。切割后便可按图纸进行拼粘，若采用抽象的手法来表现山地，待胶液干燥后，稍加修整即可成型。如采用具象的手法来表现山地，待干燥后再用纸黏土进行堆积。堆积时要特别注意山地的原有形态，切不可堆积成"馒头"状。表现手法要有变化，原有的等高线要依稀可见。

2）拼削法

同泡沫模型方法相同。取最高点向东南西北四个方向等高或等距定位，削出相应的坡度，将几块泡沫拼接在一起即可，再放置于草地。泡沫用乳胶粘接，加减修改较为容易（要喷前处理）。

2. 道路

道路（path）是模型盘面上的一个重要组成部分。其表现方法不尽相同，多随比例尺的变化而变化。模型中道路有车行道、人行道、游步道等。制作模型中的道路时，应根据道路的不同功能，选用不同质感和色彩的材料。一般情况下，车行道应选用色彩较深的材料；人行道应选用色彩稍浅并有规则的网格状材料；游步道应选用色彩浅的材料。在制作道路时，车行道、人行道、游步道的两旁要用薄型材料垫高，还要以层次上的变化来增强道路的效果。

3. 水面

水面(waterscape)是各类模型中,特别是景观模型环境中经常出现的配景之一。水面的表现方式和方法,应随模型的比例及风格的变化而变化。在制作模型比例尺较小的水面时,可将水面的高差忽略不计,用蓝色即时贴按其形状进行直接剪裁。剪裁后,再按其所在部位粘贴即可。另外,还可以利用遮挡着色法进行处理。其作法是将遮挡膜贴于水面位置,然后进行镂刻。刻好后用蓝色自喷漆喷色,待漆干燥后,将遮挡膜揭掉即可。

上述介绍的是两种最简单的制作水面的方法,在制作模型比例尺较大的水面时,首先要考虑如何将水面与路面的高度差表现出来。通常采用的方法是,先将模型中水面的形状和位置挖出,然后将透明有机玻璃板或带有纹理的透明塑料板按设计高差贴于镂空处,并在透明板下面用蓝色自喷漆喷上色彩即可。水面一般是底板上的第一层。用这种方法表现水面,一方面可以将水面与路面的高度差表示出来;另一方面,透明板在阳光照射和底层蓝色漆面的反衬下,其仿真效果非常好。

4. 种植

1）树木模型

树木是环境景观绿化的一个重要组成部分。在大自然中,树木的种类、形态、色彩千姿百态,要把大自然中的各种树木浓缩到不足盈尺的模型中,这就需要模型制作者有高度的概括力及表现力。比如,圆锥体泡沫中插上根大头针就成了高树;圆球形泡沫粘成一排就成了树墙,散开三五成群站起来就是树丛;如果把泡沫剪成不规则细条,再断断续续地粘成一条线就是篱笆;把泡沫撕成薄片粘在绿地上就成了杂生树丛,而连成几片即植被。总之,只要动脑筋就能做出各种绿化植物。

在小比例的模型中(1∶500或更小),由于树的单体很小,就把树做成抽象形树;在大比例模型中(1∶300～1∶100),有时为简化树的存在从而更好地突出建筑物,也会做抽象形树。树的形状一般为球形、伞形、圆锥和宝塔型。由于直径很小,亲自加工制作比较困难,可以市场上购买现成的圆球物(自行车钢珠、玻璃球、塑料项链,食用干豆子、圆纽扣等)喷绿色漆而成;伞状树可用买回来的图钉喷漆而成(沙发用的长杆图钉最好);而宝塔树用得不多(雪松),制作时在跳棋子下粘一杆喷漆就行。

制作树木模型在造型上要源于大自然中的树,而在表现上要高度概括。在长期的实践中,模型师发明了很多表现树的方法。使用最多的是海绵树,绢纸、袋装海藻也有使用,此外,只要我们多留心、多注意,就可以发现很多代替品,如毛线、丝瓜瓤、干花、化纤洗碗方巾等,将它们加工修剪,插上牙签,喷漆后都是非常美丽的树。

A. 用泡沫塑料制作树的方法

制作树木所用的泡沫塑料一般分为两种,一种是常见的细孔泡沫塑料,也就是我们俗称的海绵。这种泡沫塑料密度较大,孔隙较小,但此种材料制作树木时局限性较大;另一种是大孔泡沫塑料,其密度较小,孔隙较大,它是一种较好的制作树木的材料。海绵可先用染布的染料染色,干后剪成所需的形状,如球形、伞形、宝塔形、圆锥形、阔叶形、灌木丛形,或将海绵剪(或撕)成形后再喷漆。如树干可用牙签插进海绵(乳胶)。模型底盘选用的树可以先插干,但树的高低、顶端海绵的大小一定要恰当地进行选择。

B. 选用毛线与金属丝作为基本材料

选用铁丝或铜丝制作树干,毛线或草粉制作细叶。选用数根等长的铁丝或铜丝一半长拧在一起制作树干,其余部分散开作为分枝。

在制作树冠部分时,可将预先剪好的毛线夹在中间继续拧合,当树冠部分达到要求高度时,用剪刀将铁丝剪断,然后再将缠在铁丝上的毛线劈开,用剪刀修成树形即成;或用胶液黏结剂黏合绿色或其他颜色草粉成为树叶。此外,用泡沫塑料也可以制作此类树木,具体方法和步骤与制作阔叶树一样。但不同的是树冠直径较大,可先用泡沫塑料做成一个锥状体的内芯,然后再用胶液贴上一定厚度的粉末,这样就比较容易掌握树的形状。

C. 用干花制作树的方法

在用具象的形式表现树木时,使用干花作为基本材料制作树木也是一种非常简便且效果较佳的方法。

干花是一种天然植物，是经脱水和化学处理后形成的一种植物花，形状各异。

在制作树木时，首先要根据模型的风格、形式选取些干花作为基本材料，然后用细铁丝进行捆扎。捆扎时应特别注意树的造型，尤其是枝叶的疏密要适中。捆扎后，再人为地进行修剪。如果树的色彩过于单调可用自喷漆喷色，应注意喷漆的距离，并保持喷漆呈点状散落在树的枝叶上，这样处理才能丰富树的色彩，呈现出非常好的视觉效果。

D. 用袋装海藻作树的方法

在大比例模型中，袋装海藻可做成非常漂亮的观赏树。这些海藻有淡绿色、深绿色、棕红色、绛红色，不用喷漆，把它们撕成大小、形状合适的树形，下面插上顶端带乳胶的牙签就可以了。把它们点缀于高档别墅周围，给人以不一般的感觉。

另外还有用纸板制作树的方法。对一些大比例的模型而言，市面上有成品树的模型可供使用。

2）绿篱模型

绿篱是由许多棵树木排列组成，并通过修剪成型的一种绿化形式。

在表现这种绿化形式时，如果模型比例尺较小，可直接用渲染过的泡沫盒面洁布，按其形状进行剪贴即可，模型比例尺较大时，在制作中就要考虑它的制作深度与造型、色彩等问题。

需要先制作一个骨架，其长度与宽度略小于绿篱的实际尺寸。然后将渲染过的细孔泡沫塑料粉碎，颗粒的大小应随模型尺寸而变化。待粉碎加工完毕后，在事先制好的骨架上涂满胶液，用粉末进行堆积。堆积时要特别注意它的体量感，若一次达不到预期的效果，可待胶液干燥后重复进行。

5. 景观小品

1）建筑小品

建筑小品包括的范围很广，如雕塑、浮雕、假山等。这种配景在整体上所占的比例相当小，但就其效果而言，往往起到了画龙点睛的作用。一般来说，多数模型制作者在表现这类配景时，对于材料的选用和表现深度的把握往往不准。

在表现形式和深度上，要根据模型的比例和主体深度而定。一般来说，表现形式要抽象化，因为这类小品的物象是经过缩微的，没有必要也不可能与实物完全一致，只要能做到比例适当、形象逼真即可。有时，这类配景过于具象往往会引起人们视觉中心的转移，同时也不免显出几分匠气。所以在制作建筑小品时，一定要合理地选用材料、恰当地运用表现形式、准确地掌握制作深度，只有做到三者有机结合，才能处理好建筑小品制作，达到预期效果。

在制作建筑小品时，选用材料要视表现对象而定。制作雕塑类小品可以用橡皮、纸黏土、石膏等，这类材料可塑性强，通过堆积、塑形便可制作出极富表现力和感染力的雕塑小品。在制作假山类小品时，可用碎石块或碎有机玻璃块，通过黏合喷色便可制作出形态各异的假山。

2）车辆

车辆是模型环境中不可缺少的点缀物，在整个模型中有两种表示功能。其一是示意性功能，即在停车处摆放若干车辆，则可明确提示此处是停车场；其二是表示比例关系。人们往往通过此类参照物来了解建筑的体量和周边环境的景观关系。

车辆在区域规划的模型制作中起着点缀作用和提示作用，还可以增加环境效果。应该指出车辆色彩的选配及摆放的位置和数量一定要合理，否则将适得其反。

6. 灯光配景

灯光配景（landscape lighting）包括路灯、庭院灯、草坪灯等。如需发光，则需从市面上选购成品，在底盘上还要选铺上电线，接通电源。热光源的灯每次只能打开十来分钟，否则可能因热量的堆积而使模型燃烧，从而损毁模型。有关模型如图2-60、图2-61所示。

2.6 电脑表现

电脑表现是最近十几年来最炙手可热的表现形

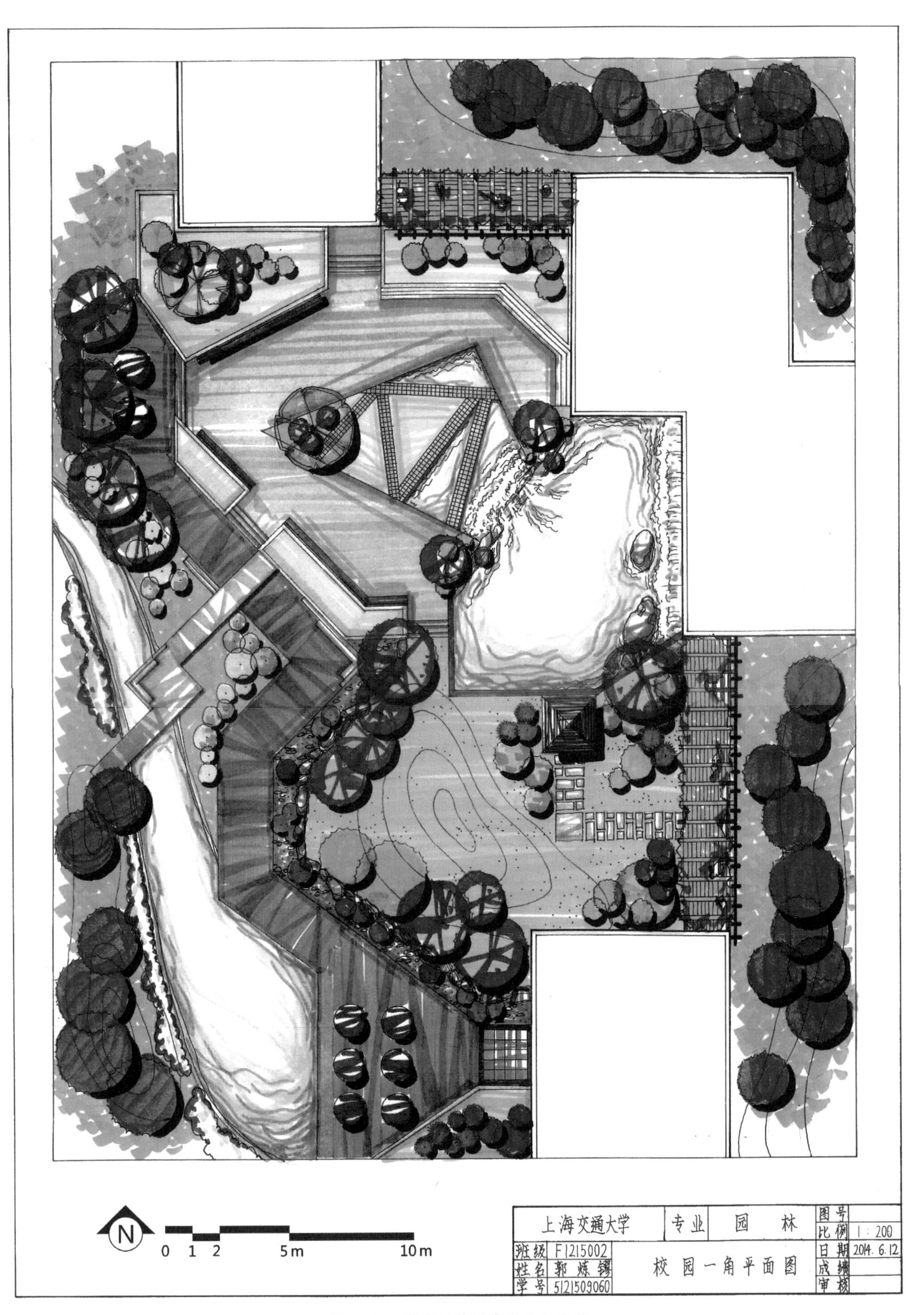

图2-60 模型制作所采用的平面图

(a) (b) (c) (d) (e) (f)

图2-61 模型照片

式。在本课程中，主要讨论的工具线条、徒手表现、钢笔淡彩、水彩渲染都是手绘表现。这些表现形式是电脑表现的基础。手绘表现需要较长时间才能达到熟练程度，电脑表现加快了这一进程。但这并非说明电脑表现已经完全取代手绘表现，常常是两者相辅相成。

电脑表现主要是依据相应的软件制作，在风景园林设计中主要应用到设计的有AutoCAD、3ds Max、Photoshop、SketchUp、Piranesi、Lumion、GIS等软件，应用于文本制作的软件主要有PowerPoint、

Indesign、Illustrate、CorelDraw等。这些软件都在不断更新中,其界面越来越友好,操作越来越简单,上手越来越容易。大部分软件课堂上没有安排教学,这里列出并简介,需要同学们利用业余时间自学。

2.6.1 CAD

1. CAD

CAD即计算机辅助设计(computer aided design)的英文缩写。为了在计算机上应用CAD技术,美国Autodesk公司于20世纪80年代初开发了绘图程序软件包——AutoCAD。经过不断地更新和改进,目前,AutoCAD已经成为国际上广为流行的辅助绘图工具。它广泛应用于土木建筑、装饰装潢、城市规划、园林设计、电子电路、机械设计、服装鞋帽、航空航天、轻工化工等诸多领域。国产软件中,中望CAD+拥有全新的内核,是全新一代的CAD平台产品,无论是兼容性和性能都有了质的飞跃。CAD+兼容主流的CAD文件格式,简单易学、操作方便,可广泛应用于机械、模具、电子等众多领域。再比如浩辰CAD(GSTARCAD),作为新一代国产CAD产品,从20世纪90年代末到现在经过十多年的发展,已经成为国产CAD中的佼佼者。浩辰CAD完全兼容DWG文件格式,它的界面、命令方式、操作习惯与AutoCAD非常相似。

2. AutoCAD

AutoCAD可以绘制二维图形,也可以创建三维的立体模型。与传统的手工制图相比,使用AutoCAD绘制出来的园林图纸更加清晰、精确。当熟练掌握软件和一些制图技巧以后,还可以提高工作效率。

由于每个行业都有自身的特殊性,国内外也由此发展出了基于CAD相应的专业软件。在风景园林专业方面常用的有:天正建筑CAD、LandCADD、佳园CAD、TCAD等软件。下面为这几个软件的简介。

1)天正建筑CAD

天正建筑是由北京天正工程软件有限公司基于CAD绘图软件平台开发的专业软件,包括建筑设计、装修设计、暖通空调、给水排水、建筑电气与建筑结构等多项专业的系列软件,为多数建筑设计单位所采用。目前,在景观施工图设计中逐渐得到广泛应用。

2)LandCADD

LandCADD是美国Eagle Point软件公司开发的计算机辅助园林景观设计与绘图软件,运行于CAD图形平台。该软件因其强大的专业性、功能性和完美性而被一百多个国家普遍使用。LandCADD设计软件由数据采集、数据传送、结点定位、测量修正、表面建模、场地规划、场地设计、基础平台、景观设计、喷灌设计、详图绘制、数据提取、植物数据库、视觉模拟等模块组成,各模块相对独立又相辅相成,为该专业不同需求的设计人员提供了完整的解决方案。

3)佳园CAD

佳园CAD是中国建筑科学研究院PKPM系列软件中最新开发的三维园林景观设计软件。它采用完全自主知识产权的三维CAD平台,包括三维园林景观设计、二维施工图绘制、植物数据库、三维真实感渲染、二维着色表现与图像处理五大基本模块。具有三维场地设计及分析、建筑造型、种植设计、景观设计、地形数据及植物数据分析等功能,自动进行土方平衡计算,自动统计植物苗木表,既可以用三维可视化手段表现园林景观设计中的造景及植物设计,也可以自动转换为符合专业标准及绘图习惯的二维平面施工图,并进行三维及二维渲染着色表现。

4)TCAD

TCAD是一款基于AutoCAD平台开发的专业土方计算地形分析软件,针对各种复杂地形情况以及场地实际要求,提供了多种土石方量计算方法,对于土方挖填量的结果可进行分区域调配优化,解决就地土方平衡要求,动态虚拟表现地形地貌。软件广泛应用于居住区规划与工厂总图的场地土石方计算、机场场地土方计算、市政道路设计的土石方计算、园林景观设计的场地改造、农业工程中的农田与土地规整、水利设计部门的河道堤坝设计计算等。

3. BIM

建筑信息模型(building information modeling,

BIM)是来形容那些以三维图形为主、面向对象、建筑学有关的电脑辅助设计。目前主要基于AutoCAD软件。

建筑信息模型用数字化的建筑组件表示真实世界中用来建造建筑物的构件。对于传统电脑辅助设计用矢量图形构图来表示物体的设计方法来说是个根本的改变,因为它能够结合众多图则来展示对象。

建筑信息模型涵盖了几何学、空间关系、地理信息系统、各种建筑组件的性质及数量(例如供应商的详细信息)。建筑信息模型可以用来展示整个建筑生命周期,包括了兴建过程及营运过程。提取建筑内材料的信息十分方便。建筑内各个部分、各个系统都可以呈现出来。BIM具有可视化即“所见即所得”特点,能够用以协调各参与单位,对设计施工与运营过程进行优化模拟,并可用于出相应的图纸。用于三维渲染、快速算量、精确计划、数据对比、虚拟施工、碰撞检查和提供决策支持。

2.6.2 3D Studio Max

3ds Max或者3D,其全称是3D Studio Max。它是美国Discreet公司开发的基于PC系统的三维模型制作和渲染软件。3ds Max的前身是基于DOS操作系统的3D Studio系列软件,3ds Max对CG(computer graphics)制作产生了历史性的影响。

3ds Max主要用于制作各类模型与渲染以及制作视频。如风景园林效果图、建筑室内外效果图、展示效果图及相应动画等。在建筑设计领域,有专门的版本3D Studio VIZ,针对建筑设计做了优化。

2.6.3 Photoshop

Adobe Photoshop,简称“PS”,是由Adobe Systems开发和发行的图像处理软件。也是最为优秀的图像处理软件之一,Photoshop主要处理以像素所构成的数字图像。使用其众多的编修与绘图工具,可以有效地进行图片编辑工作。PS有很多功能,在图像、图形、文字、视频、出版等各方面都有涉及。它的应用范围十分广泛,如应用在图像、图形、视频、出版等方面。Photoshop已成为几乎所有的广告、出版、软件公司首选的平面图像处理工具。这里所讲的图像处理要与图形创作区别开来。图像处理指的是对现有的位图图像进行编辑加工处理,或为其增添一些特殊效果;而图形创作则是按照设计师的构思创意,从无到有地设计矢量图形。

随着Photoshop软件版本的提高,功能越来越强大,使用更为简单方便。Photoshop的主要功能是图像编辑、图像合成、校色调色以及特效制作。风景园林中主要用于图片的后期处理。

2.6.4 SketchUp

SketchUp,简称SU,是一款直观、灵活、易于使用的三维设计软件,最初由Last Software公司开发发布,2006年被Google公司收购。SketchUp是一种设计辅助软件,主要用于创建三维模型,定位于设计草图。它的工作界面非常简单,功能也比较少。实际上,可以非常快速和方便地将创意转换为三维模型,并对模型进行创建、观察和修改。与其说它是一款建模软件,倒不如说它是一款设计软件。与3ds Max相比较而言,SketchUp更利于在设计初期进行反复推敲和修改。在风景园林、城市规划、建筑设计中应用非常广泛。

2.6.5 Piranesi

Piranesi是由Informatix英国公司与英国剑桥大学都市建筑研究所针对艺术家、建筑师、设计师研发的三维立体专业彩绘软件。Piranesi表面上看起来像是一款普通的图形处理软件,实际上它将二维的图像当作是三维的立体空间来绘制。Piranesi拥有正确的透视关系和光影效果,是一种三维空间图形处理软件。它所处理的图形近大远小,会有逐渐消失的视觉效果。可以快速地为所选的对象绘制材质、灯光和配景。

2.6.6 Lumion

Lumion是由荷兰的Act-3D公司开发，它是一个实时的3D建筑可视化软件，用来制作电影和静帧作品，涉及的领域包括建筑、规划和设计。软件在图形渲染、景观环境、夜景灯光、材质表现和性能表现上都非常出色，人们通过Lumion能够直接在自己的电脑上创建虚拟现实，渲染速度非常快，可以大幅降低制作时间。用该软件能非常方便地制作园林设计视频，其中天空、水面的表现非常出色。

2.6.7 GIS

GIS是地理信息系统（geographic information system）的简称，是能提供存储、显示、分析地理数据功能的软件。主要包括数据输入与编辑、数据管理、数据操作以及数据显示和输出等。作为获取、处理、管理和分析地理空间数据的重要工具、技术和学科，得到了广泛关注和迅猛发展。

现代景观规划领域，GIS以其强大的空间分析功能为景观规划师提供了新的方法，增加了规划师对规划成果的视觉感受，从而使其能够准确地了解和把握自然景观状态，在景观规划及景观设计中提供新的思路。GIS系统在景观设计中具体有：用地适宜性分析评价、地势地形分析、坡度坡向分析、景观视线视域分析等。

常用的GIS软件有：ESRI公司的ArcGIS，MapInfo公司的MapInfo，中地数码公司的MapGIS，超图软件公司的SuperMap，中天灏景公司的ConversEarth，武大吉奥公司的GeoStar。

2.6.8 软件的综合运用

由于各软件针对的设计阶段不同，特色不一，以上软件需要综合运用。在方案表现阶段，经常有如下两种运用方式：

1. AutoCAD+3D Studio MAX+Photoshop

是针对平面设计、建模渲染、动画或后期的组合，广泛适合城市规划、建筑设计及风景园林领域。

2. AutoCAD+SketchUp+Lumion

这是一个更为针对风景园林的组合运用，更易于上手，其中的Lumion相比3D Studio MAX，制作风景园林动画方面更易为方便。

我们身处IT时代，软件的发展变化日新月异，好的软件层出不穷。这种变化自然易被青年学生接受，同学们应善于学习，早日掌握新的技术。

课后练习

以上大部分软件课堂上无法展开讲授，请同学们自学相应软件教程。

第3章 园林各要素的表现与设计

地形、水系、植物、建筑、园路是构成园林的5个基本要素。现代风景园林设计注重综合运用科学、技术和艺术手段来保护、利用和再造自然，创造功能健全、生态友好、景观优美、文化丰富、具有防灾避险功能的、可持续发展的环境，从而在物质文明和精神文明两方面，满足人对自然的需要，并协调人与自然、人与社会发展的关系。在这一前提下，风景园林设计要素的范围不断扩大，涉及自然、人文等领域的更多内容。除基本要素外，还包括景观照明与设施、天时景象，以及园林所服务的“人”等相关要素。

1. 地形

地形是构成园林的骨架，主要包括平地、土丘、丘陵、山峦、山峰、凹地、谷地、坞、坪等。地形要素的利用与改造，将影响到园林的形式、建筑的布局、植物配植、景观效果、给排水工程、小气候等诸因素，是园林设计过程中首要考虑的环境因素。在规则式园林中，地形一般表现为不同标高的地坪、层次，在自然式园林中，地形的起伏，形成平原、丘陵、山峰、盆地等地貌。地形地貌在平面、立面上的规划设计，在总体规划阶段称“地貌景观规划”，在详细规划阶段称“地形竖向设计”，在修建设计阶段称“标高设计”，在景观规划环境设计阶段称“地形（含地貌）设计”。

2. 水系

水是园林的灵魂，开拓了园林的平面疆域，给人以虚涵舒缓、宁镕幽深之美。中国园林中的水体模仿大自然中的江、河、湖、溪、瀑、泉等自然形态，体现了“虽由人作，宛自天开”的意境。西方园林中喷泉水渠的做法，彰显着对自然要素的艺术化处理思想。从形式上看，水体可以分成静水和动水两类。静水包括湖、池、塘、潭、沼等形态；动水常见的形态有滔、湾、溪、渠、涧、瀑布、喷泉、涌泉、壁泉等。另外，水声、倒影等也是园林水景的重要组成部分。水体中还形成堤、岛、洲、渚等地貌。

3. 植物

植物是园林设计中有生命的要素。植物在四季生长中，干、枝、叶、花、果的色彩、形态发生变化，展现出春华（以花胜）、夏荫（以叶胜）、秋叶（以色胜）、冬实（以果胜）的季相演替，体现出大自然变化无穷的自然规律，是园林造景的特色题材。植物要素包括乔木、灌木、攀缘植物、花卉、草坪地被、水生植物等。植物的四季景观与地形、水体、建筑、山石、雕塑等有机配植，形成优美、雅静的环境和艺术效果。

4. 建筑

园林中含建筑及建筑小品。园林建筑小品是指处于景色优美区城内，与景观相结合，具有较高观赏价值并直接与景观审美相联系的建筑环境。“可望、可游、可居”是其不同于一般建筑的特征。园林建筑小品与所处的环境紧密关联，其本身就是优美景色的组成部分之一。

传统的园林建筑包括亭、台、廊、榭等仍广泛采用，许多新类型的园林建筑小品类型不断涌现，如餐厅、茶室、展览馆、活动中心、游船码头、景观雕塑等。这些园林建筑小品与所在环境中的地形、植物、水体等共同组成丰富的自然和人文景观。

5. 道路

园林中的道路是观赏景观的行走路线，是观景的动线。园路的功能包括四方面：组织交通与引导游览、分隔空间、构成园景、为水电工程打好基础。根据宽度和功能来分，一般可将园林分为主要园路、次要园路和游憩小径。主要园路联系主要出入口与各景观区的中心和主要活动设施；次要园路连接景观区中的各个景点，对主要道路起到辅助作用；游憩小径是深入到山间、水际、林中、花丛，供人们漫步游赏的路。园路的设计要根据园林的地形、地貌、景点的分布等进行整体考虑，把握好因地制宜、主次分明、有明确方向性的基本原则。

6. 天时景象

运用大自然的四季更替和气象变化来营造独特景观，是风景园林设计的特色之一。景由时而现，时则由景而知。这里的"时"和"景"可以分为三类：春夏秋冬，一年之内有序交替的季相；晨昏晓夜，一天之中有序交替的时分；风雨烟云、霜雾冰雪，指天气现象。设计师可以通过植物、山石、水体营造"秋毛冬骨，夏荫春英"的季相美；可以采用题名匾额与景观的交感作用，让人体会蕴含在天时景观中的意境之美；也可以通过借景、对景、框景等造景手法，有意识地把变幻万千的天时景物纳入景观中来。

7. 景观照明与设施

景观照明(landscape lighting)有美化夜景、辅助夜间照明等作用。主要由一些灯具及设施组成。高的广场灯、庭院灯，低的草坪灯、水下灯，以及各种园林的照树灯及其他泛光照明与造型灯具，不一而足，它们点缀着园林的夜晚。

8. 人的行为和心理

"设计必须为人"，除了物质要素以外，满足各类人群生理和心理需求也是风景园林设计的关键。马斯洛将人基本需要分为5个层级，从对低级的生理需要到最高级的自我实现需要，为理解人在环境中的行为和心理提供了重要依据。风景园林设计必须从人类的心理精神感受需求出发，掌握人类在环境中的行为心理乃至精神生活的规律。设计中需要重点考虑5个方面：个人空间和个人距离；安全感和依靠感；领域性；瞭望和庇护；舒适度与生气感。

以下就地形、水系、植物、建筑、道路与人6个要素分别进行阐述。

3.1　园林地形的表现与地形设计

地形是园林景观的基础和骨架。所有园林要素都必须在不同程度上与地面相接触。某一特定环境的地形变化，就意味着该地区的空间轮廓、外部形态，以及其他处于该区域中的自然要素的功能变化。地形地貌在平面、立面上的规划设计，在总体规划阶段称"地貌景观规划"；在详细规划阶段称"地形竖向设计"；在修建设计阶段称"标高设计"；在景观规划环境设计阶段称"地形(含地貌)设计"。地形地貌设计是景观总体设计的主要内容，是对原有地形、地貌进行工程结构和艺术造型的改造设计。

3.1.1　地形的功能

地形的类型主要有平地、坡地、山地，主要功能包括景观与生态两方面，在园林中起到相应的作用。

1. 景观功能

地形直接联系着园林内的众多环境因素和功能作用，构成其他景观要素布局的依托和载体，有着极为重要的景观作用。如植物、水体、建筑物和构筑物等要素的布局与设计很大程度都依赖于地形，并相互联系。

地形造景设计便于为营造多种景观空间，有助于障景(screen view)、借景、夹景、抑景等多种造景手法的应用；利用地形高低起伏的自然变化可以提供给人们可游可赏的参与性空间，创建适合公园活动的多种娱乐项目，丰富空间的功能构成，并形成建筑所需的各种地形条件；为了不同特性的空间彼此不受干扰，可利用地形有效划分和组织空间，控制和引导人的流线和视线，影响导游路线和速度，组织空间秩序，形成景观空间序列，进而丰富整个游览过程的空间感受。例如，北海濠濮间（见图3-1）的一组建筑就是依山而建，并且曲尺形的爬山廊使视线在水平和垂直方向上都有变化。整组建筑若随山形高低错落，则能丰富立面构图。若借助于地形的高差建造水瀑或跌水，则具有自然感。如图3-2～图3-4所示。

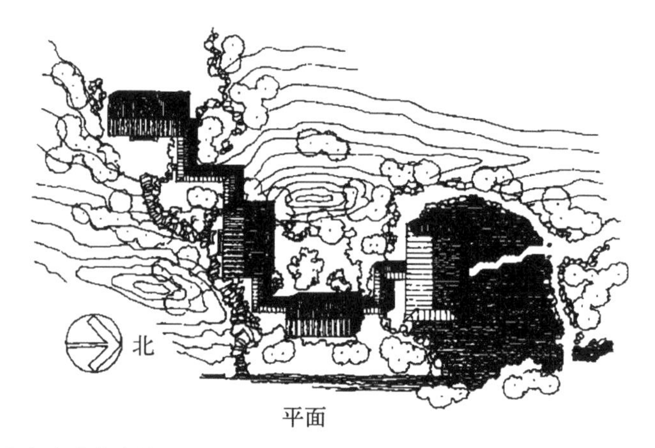

图3-1　依山而建的园林建筑

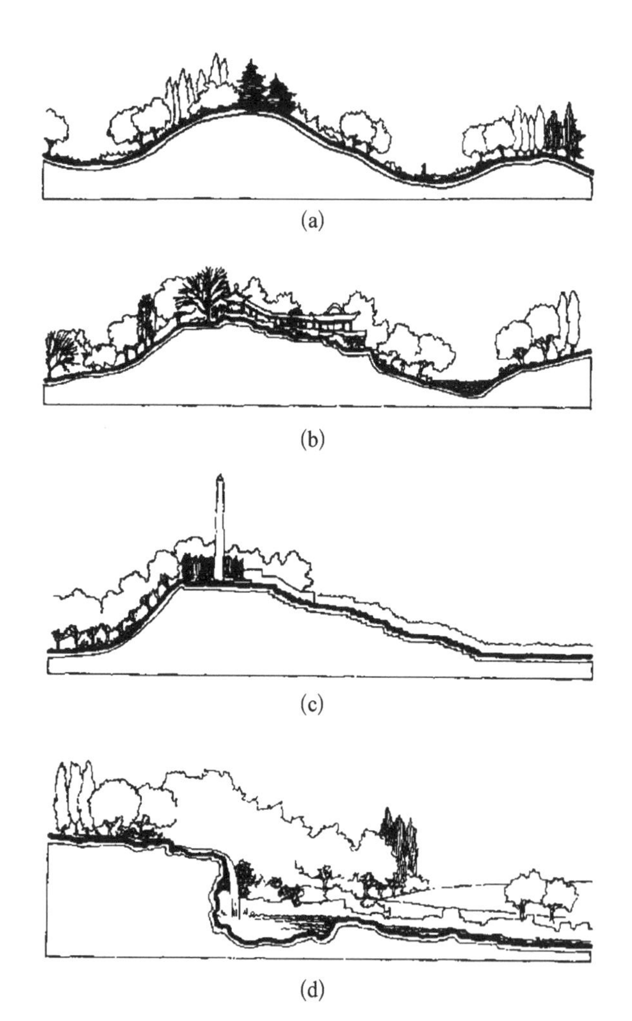

图3-2　以地形作为依托造景

(a) 地形作为植物景观的依托，地形的起伏产生了林冠线的变化；(b) 地形作为园林建筑的依托，能形成起伏跌宕的建筑立面和丰富的视线变化；(c) 地形作为纪念性内容气氛渲染的手段；(d) 地形作为瀑布山洞等园林水景的依托

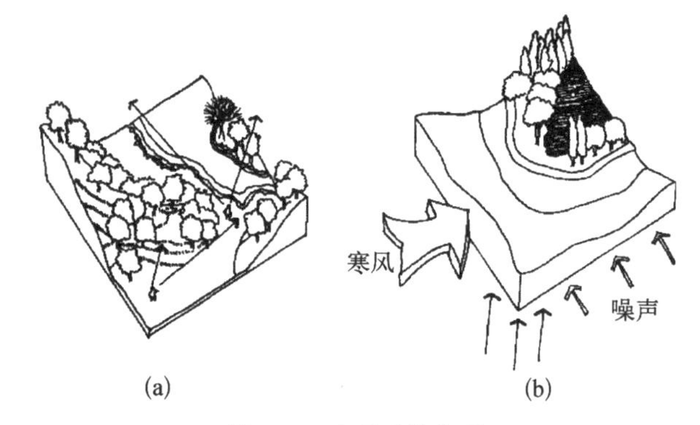

图3-3　地形的挡与引

(a) 视线的引与挡；(b) 不佳的景色

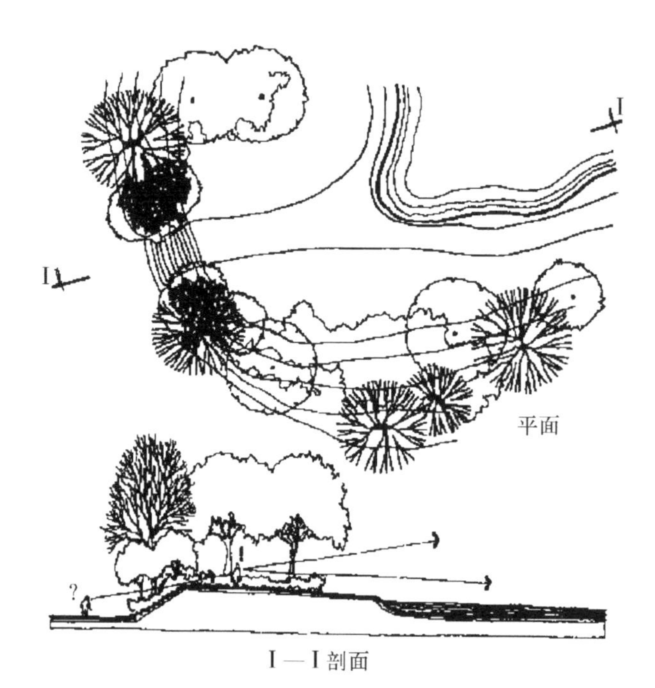

图3-4　利用地形高差阻挡视线的园景

2. 生态功能

1）营造宜人小气候条件（见图3-5）

地形经适宜改造后，产生地表形态的丰富变化，形成了不同方位的坡地，对改善园内的小气候产生积极的作用。地形的合理塑造可形成充分采光聚热的南向地势，从而使景观空间在一年中的大部分时间，都保持较温暖和宜人的状态，选择园中冬季寒风的上风地带堆置较高的山体，可以阻挡或减弱冬季寒风的侵袭；可利用地形来汇集和引导夏季风，改善通风条件，降低炎热程度。在夏季常年主风向的上风位置，营造湖泊水池，季风吹拂水面带来的湿润空气，对微气候的影响较为明显。

2）创造良好排水条件（见图3-6）

在公园绿地等景观环境的排水设计中，依靠自然重力即地表面排水是排水组织的重要组成部分，地形可以创造良好的自然排水条件。地形与地表的径流量、径流方向和径流速度都着密切的关系。地形过于平坦不利于排水，容易积涝；地形起伏过大或坡度不大但同一坡度的坡面延伸过长时，又容易引起地表径流、产生坡面滑坡。因此，创造一定坡度和坡长的地形起伏，合理安排地形的分水和汇水线，使地形具有较好的自然排水条件，对于充分发挥地形排水作用非常重要。

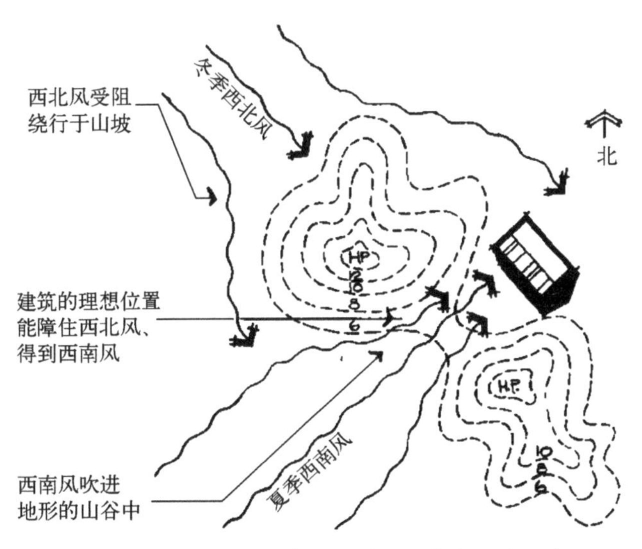

图3-5　地形用于使建筑得到风和障去风的效果

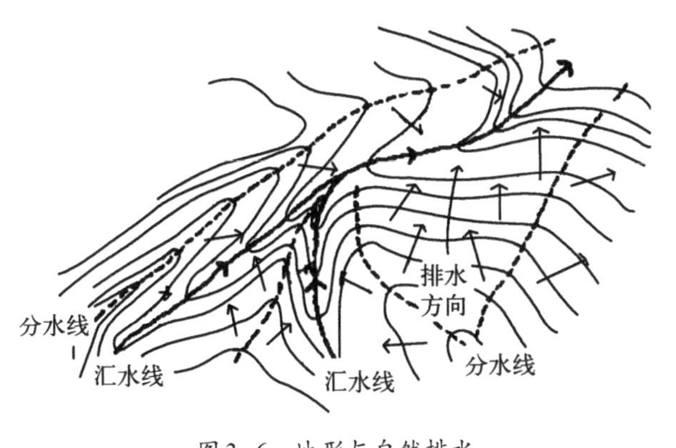

图3-6　地形与自然排水

3）改善种植环境

高低起伏、错落有致的地表形态较之平地或斜坡地，地表表面积和土壤容量会有明显的增加。因此，加大地形的处理量能有效增加绿地面积，还能为植物根系提供更为广阔的纵向生长空间，进而提高了植物的种植量和成活率。地形处理所产生的不同坡度特征能够形成了干、湿、水中以及阴、阳、缓坡等多样性环境基础，为园内各种不同生活习性的植物提供了适宜的生存条件，大为丰富了园内的植物种类。结合地形的种植设计会令景观形式更加多样，层次更为鲜明，不但能更好地美化和丰富园林景观，而且还有利于在园林内形成结构合理、稳定的植物群落，实现良好的景观生态格局。植物有了良好的生长状态和生存空间，才可更好地发挥其调节温度、提高湿度、净化空气以及保护环境等多种生态效益。

3.1.2　地形、山石的表现

1. 地形的表现

地形的表现主要分为平面表现、剖面表现及透视表现。用手绘透视甚至是鸟瞰图来表现地形是比较困难的，计算机的表现为我们提供另外一个思路。当然也可以将透视与剖面相结合，综合表现。

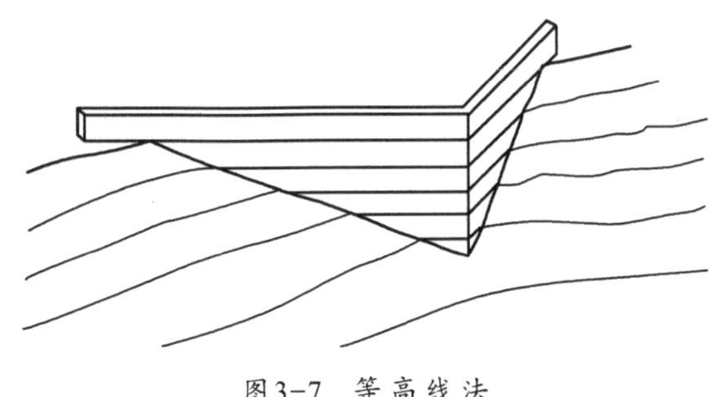

图3-7　等高线法

1）平面表现

平面的表现主要是高程标注法、等高线法。等高线表现可以用线条与明暗色彩相结合。

2）计算机绘图表现

三维计算机辅助设计与建模程序能够建立一个三维的场地模型。一种建模方式是创建一个三维的场地模型；另一种建模方式是创建一个层级阶梯状的模型，能够看到等高线及其间距；还有一种建模方式是建立一个弯曲的表明或者由多边形（通常是三角形）构成的网状底纹（见图3－8）。

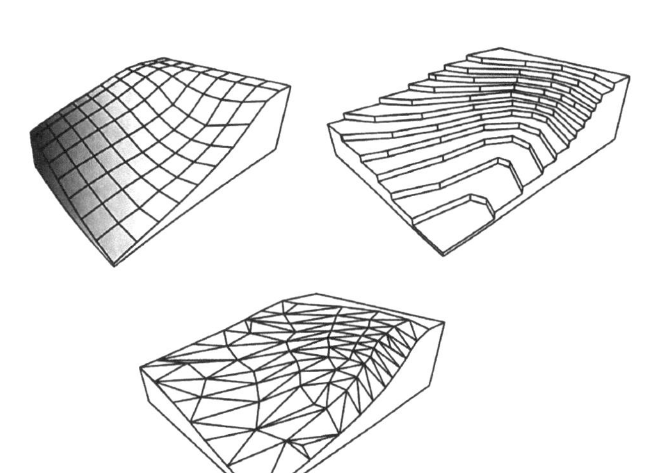

图3-8　计算机三维场地模型

3）剖面表现

地形剖面表现如图3－2所示。

4）综合表现

透视结合剖面表现，表面地形情况一目了然。图3－9透视剖面图表达了水边与陆地结合处场地与剖面关系。

2. 山石的表现

描绘山石时，主要在于线条的组织与表现。依据所绘山石的体量形状，线条表现或稳重，或刚毅，或棱角分明，或圆滑厚重。

表现山石时注意运笔要利落快捷，才能体现出山石的坚硬与棱角分明，无论使用何种绘画工具，都可以用线条的粗细与虚实对比来明确山石的结构，体现山石的体积感。

石头总是与水和草地等其他要素相互映衬，紧密相连。水边的石头形态扁圆，大小不一，表现时可少量描绘水晕效果，但没必要画倒影。石头的表现要圆中透硬，在石头下面加少量草地表现效果以衬托着地效果。石头不适合单独配置，通常成组出现，要注意石头大小相配的组群关系。

山石的表现如图3－10～图3－13所示。

图3-9　透视剖面示例

图3-10　山石的表现(1)

图3-11　山石的表现(2)

图3-12　山石的表现(3)

图3-13　山石的表现(4)

3.1.3 地形山石的设计

1. 地形设计的主要方法

地形设计包括平地造山及坡地改造两种情况。"横看成岭侧成峰，远近高低各不同。"是对山的形态的真实描述，也是我们对地形设计的要求。

1）平地造山

平地造山有两种方法，一种是从山顶到山脚的设计方法（见图3－14）；另一种就是从山脚到山顶的设计方法（见图3－15）。前者是先绘制山脊线，再逐步从制高点到山脚线绘制；后者是先绘制山脚线再绘制制高点。

2）坡地改造

不同功能的场地所处的最大坡度是不一样的。表3-1中列出了不同的情况。坡地改造是根据已有坡地，考虑设计的需求，如坡地建房，房脚处需要相对平坦，这就需要改造地形。绘图时需要区别已有地形与设计地形的区别，可分别用实线与虚线表示（见图3-16）。

表3-1　极限和常用的坡度范围

内　容	极限坡度/%	常用坡度/%	内　容	极限坡度/%	常用坡度/%
主要道路	0.5～10	1～8	停车场地	0.5～8	1～5
次要道路	0.5～20	1～12	运动场地	0.5～2	0.5～1.5
服务车道	0.5～15	1～10	游戏场地	1～5	2～3
边道	0.5～12	1～8	平台和广场	0.5～3	1～2
人口道路	0.5～8	1～4	铺装明淘	0.25～100	1～50
步行坡道	≤12	≤8	自然排水沟	0.5～15	2～10
停车坡道	≤20	≤15	铺草坡面	≤50	≤33
台阶	25～50	33～50	种植坡面	≤100	≤50

注：① 铺草与种植坡面的坡度取决于土壤类型；② 需要修整的草地，以25%的坡度为好；③ 当表面材料滞水能力较小时，坡度的下限可酌情下降；④ 最大坡度还应考虑当地的气候条件，较寒冷的地区、雨雪较多的地区，坡度上限应相应地降低；⑤ 在使用中还应考虑当地的实际情况和有关的标准。

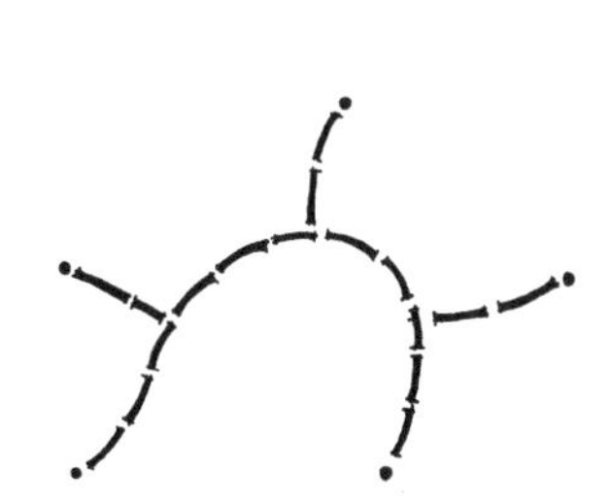

步骤1：绘制山脊线

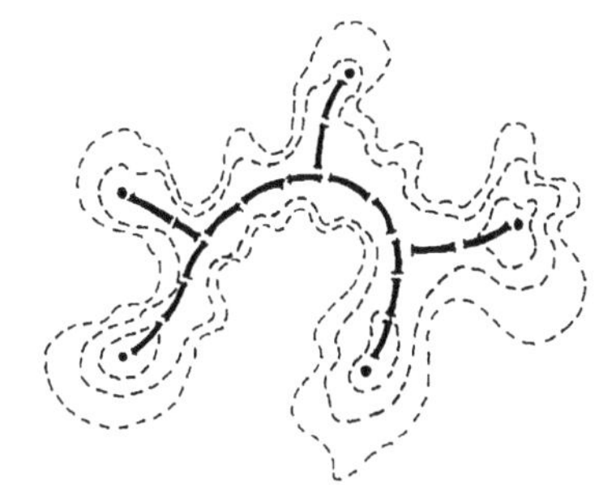

步骤2：绘制顶部部分等高线（等高距1 m）

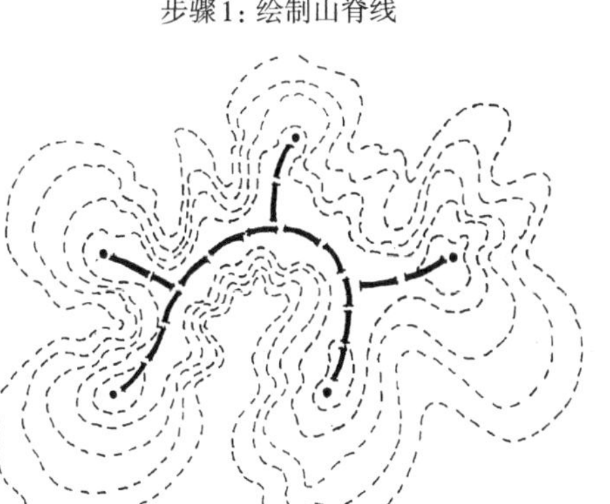

步骤3：绘制全部等高线

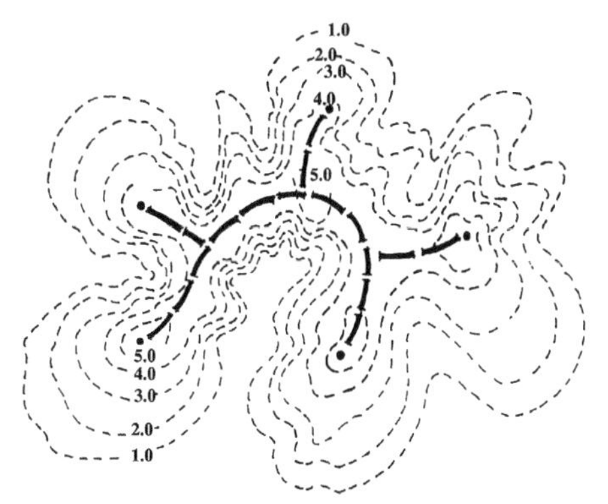

步骤4：标记高程，最终完成

图3－14　由山脊线开始绘制地形

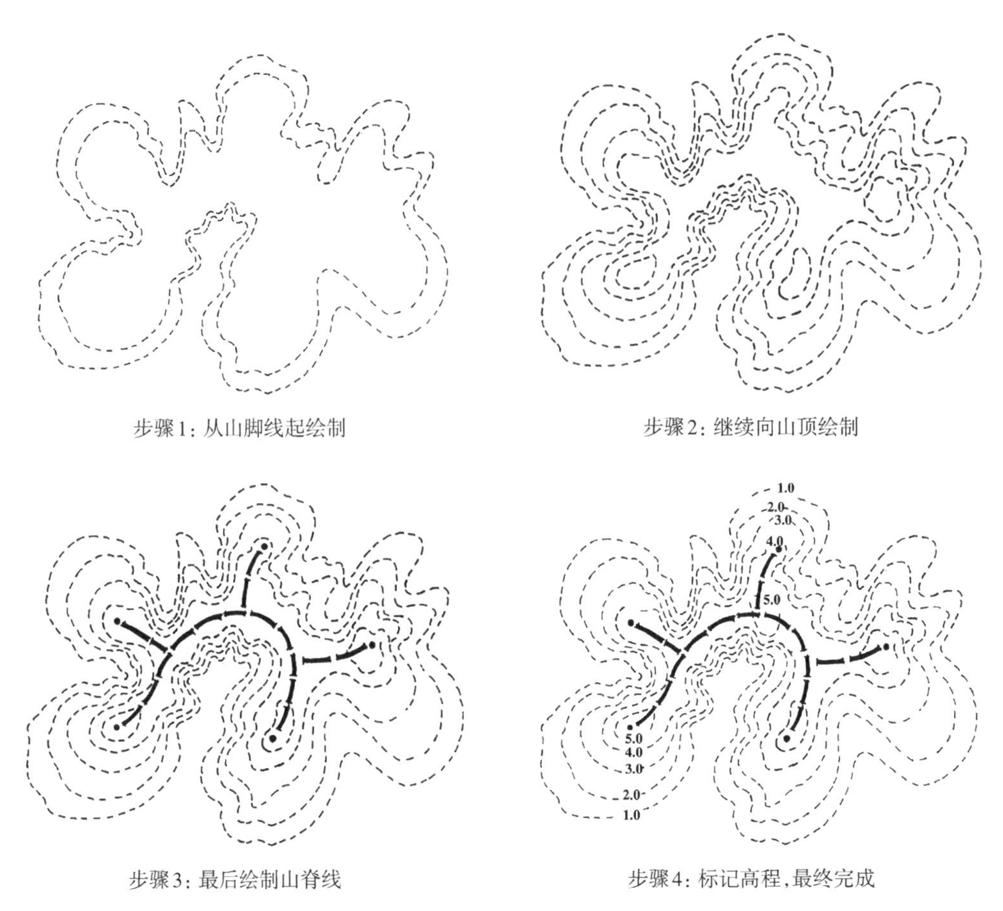

图3-15　由山脚线开始绘制地形

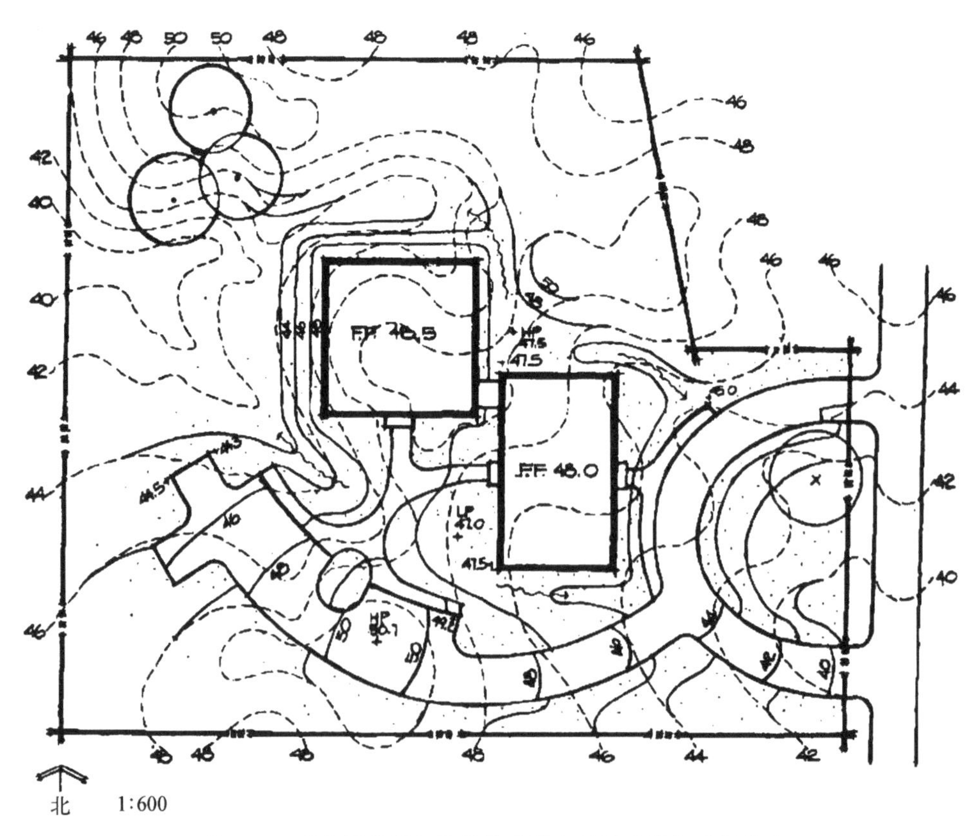

图3-16　现状等高线与设计等高线分别用实线与虚线表示

2. 地形营造设计的要点

1）分隔空间

利用地形可以有效地、自然地划分空间，使之形成不同功能或景色特点的区域。在此基础上再借助于植物则能增加划分的效果和气势。利用地形划分空间应从功能、现状地形条件和造景几方面考虑，它不仅是分隔空间的手段，而且还能获得空间大小对比的艺术效果（见图3－17）。

利用地形划分空间可以通过如下途径：

（1）对原基础平面进行挖方降低平面。

（2）在原基础上添加泥土进行造型。

（3）增加凸面地形上的高度使空间完善。

（4）改变海拔高度构筑成平台或改变水平面。

当使用地形来限制外部空间时，空间的底面范围、封闭斜坡的坡度、地平轮廓线三个因素在影响空间感塑造上极为关键，在封闭空间中都同时起作用，图3－18便是一个典型剖面。底面，指的是空间的底部或基础平面，它通常表示“可使用”范围。它可能是明显平坦的地面，或微起伏的并呈现为边坡的一个部分。斜坡的坡度与空间制约有着联系，斜坡越陡，空间的轮廓越显著。地平天际线，它代表地形可视高度与天空之间的边缘。地平轮廓线和观察者的相对位置、高度和距离，都可影响空间的视野，以及可观察到的空间界限（见图3－19）。

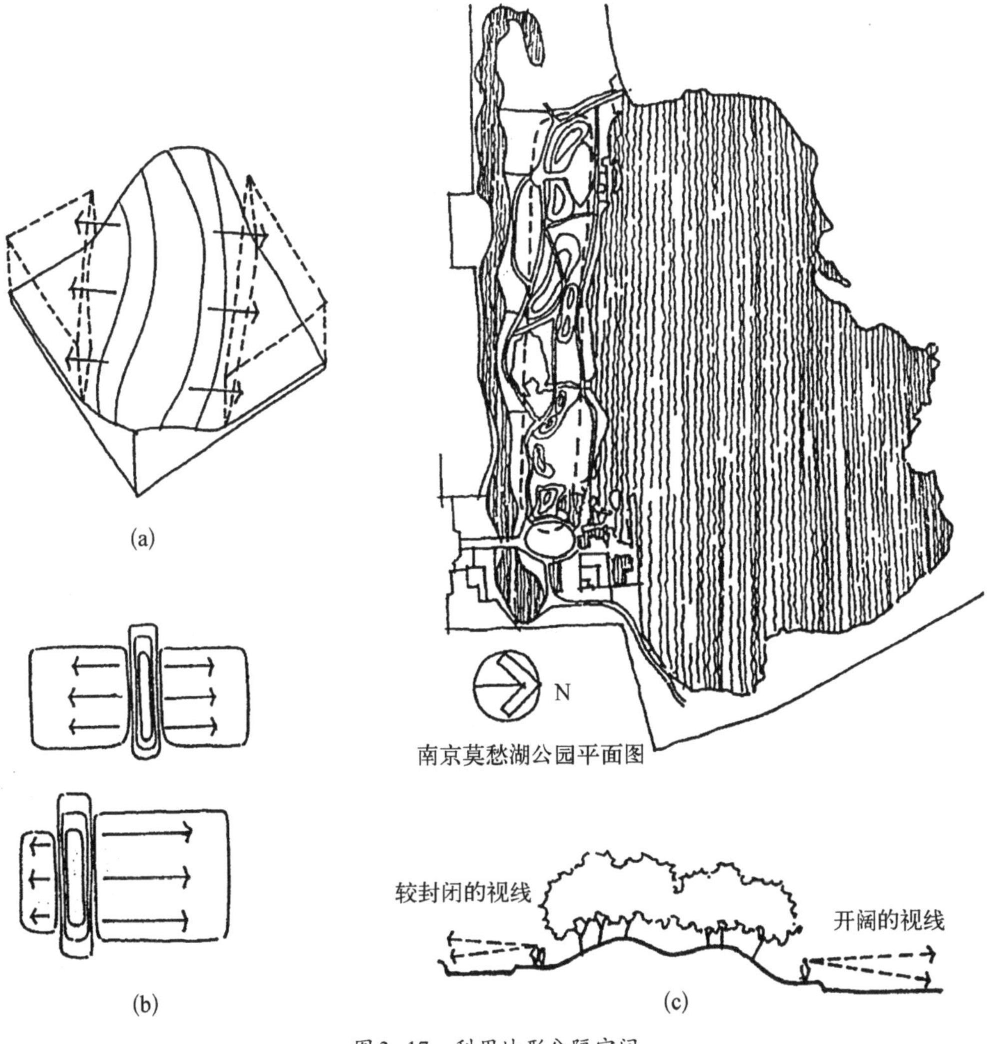

图3－17　利用地形分隔空间
（a）地形分割空间；（b）两种处理方式；（c）例子分析

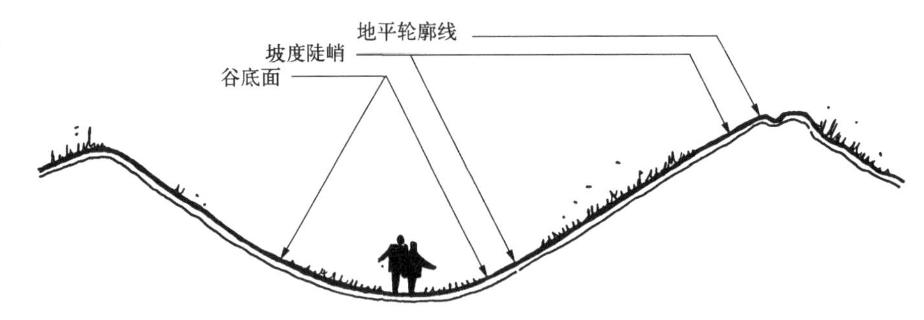

图3-18　地形的三个可变因素影响着空间感

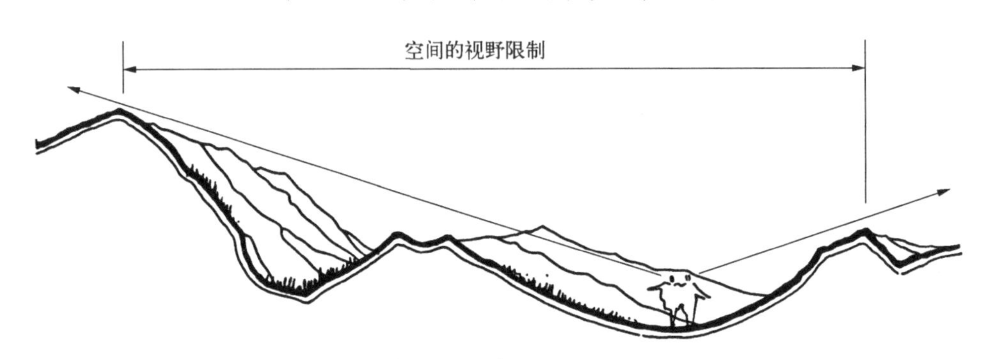

图3-19　地平轮廓线对空间的限制

2）控制视线

为了使视线停留在环境中某一特殊焦点上（见图3-20），可以根据不同的地形类型，安排主体景观的位置，巧妙地实现视线引导。平坦地形环境的主体景观视线开阔而连续、整体而统一，主要依靠垂直方向的构筑物或线型元素来形成视觉焦点，加强与水平走向的空间对比。在坡地地形和山水地形公园环境中，因地形起伏高程变化和朝向变化，游人有着多方位的观景角度和景观视线，能够产生不同景深的视觉效果。其中，凸地形和山脊明显高于周围的环境，视线则要开阔许多，易于形成丰富的赏景视点。凹地形和谷地形成的空间范围处于周围环境的低处，视线通常较为封闭，易于形成视线的聚集区域，因此该区域内以及组成凹地形和谷地的坡面都可精心地布置景物，使游人驻足细致观赏。

3）建立空间序列

地形建立空间序列，交替展现或屏蔽景物。当赏景者仅看到了一个景物的一个部分时，对隐藏部分就会产生一种期待感和好奇心，想尽力看到其全貌。设计师可利用这种心理去创造一个连续变化的景观来引导人们前进。如图3-21所示，在山顶上安置一引人注目的景物，吸引人向前探究。在前进过程中，山上的景物则忽隐忽现，直到抵达山顶才得知全景。

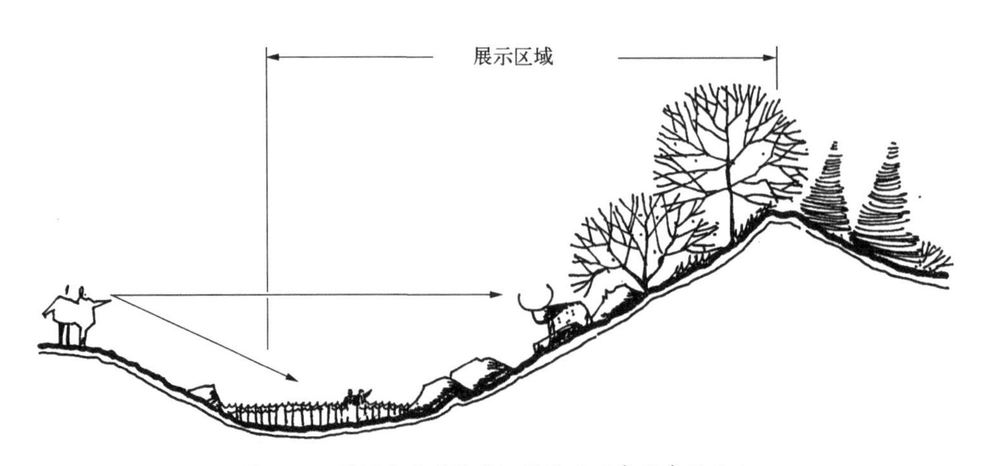

图3-20　斜倾的坡面是很好的展示观赏因素的地方

4）屏蔽不良景观

在大路两侧、停车场以及商业区，可以将地形改造成土坡的形式来屏蔽不良景观。这一手法适用于那些容许坡度达到理想斜度的空间。例如，要在一个斜坡上铺种草皮，并需要割草机进行护养的话，该斜坡坡度不得超过4∶1的比例。按此标准，土堆若高1.5 m，那么其整个区域宽度不得少于12 m（按4∶1的比例，每边需6 m）。

坡顶也可以设置屏障物来遮盖位于其坡脚部分的不良景观（见图3-22）。在大型庭院景观中，即可借助这种手法，一方面达到遮蔽道路、停车场或服务区域的目的；另一方面则维护较远距离的悦目景色。英式园林风格的景观，便运用了类似手法来遮蔽墙体和围栏。在田园式景观中，被称为隐墙的墙体，就设置在谷地斜坡顶端之下和凹地处。这样在某一高地势上，将无法观察到它们（见图3-23）。这种方式的使用，最终使田园风光成为一个连续和流动景色，并不受墙体或围栏的干扰（见图3-24）。

5）影响游览路线和速度

地形可被用在外部环境中，影响行人和车辆运行的方向、速度和节奏。一般说来，运行总是在阻力最小的道路上进行。从地形的角度来考虑，理想的建筑场所就是在水平地形、谷底或瘠地顶部。水平地形最适合进行运动。随着地面坡度的增加，或更多障碍物的出现，人们游览就必须使出更多力气，时间也就延长，中途的停顿休息也就逐渐增多。因此，步行道的坡度不宜超过10%。如果需要在坡度

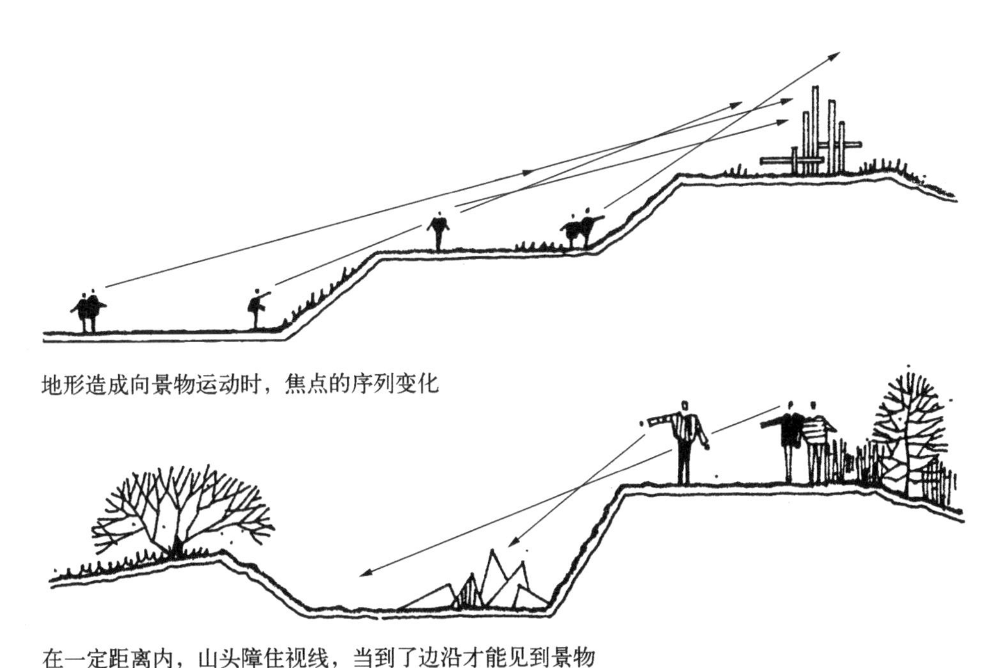

图3-21　焦点序列的变化

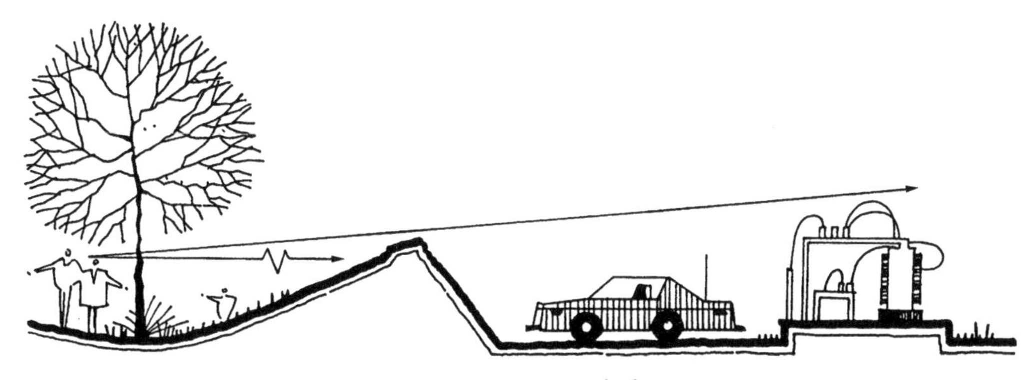

图3-22　土山遮挡不良景观

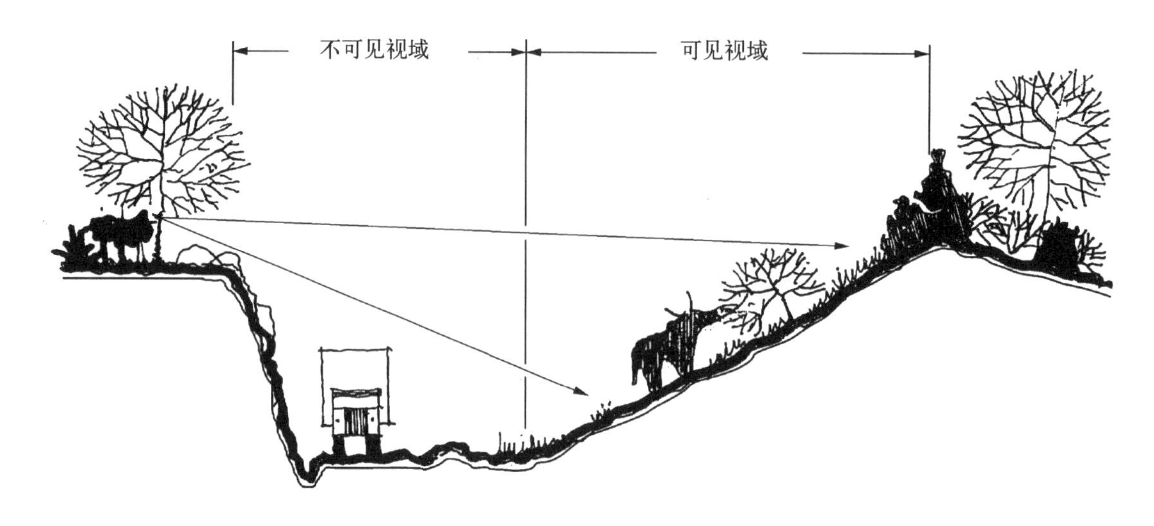

图3-23　山顶障住了看向谷底的景物

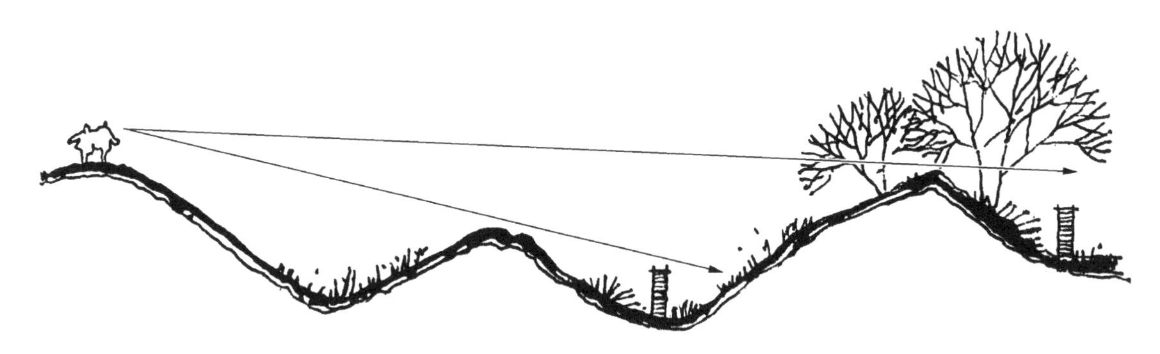

图3-24　矮墙的做法：墙、栅栏隐藏在谷中不被视线所见

更大的地面行进时，道路应斜向于等高线，而非垂直于等高线（见图3-25）。如果需要穿行山脊地形，最好应走“山洼”或“山鞍部’，是最省事的做法（见图3-26）。

地形设计中可以影响运动的频率（见图3-27）。如果设计要求人们快速通过的话，那么在此就应使用水平地形。而如果设计的目的是要求人们缓慢地走过某一空间的话，那么就应使用斜坡地面或一系列水平高度变化。当需要人们完全留下来时，那就会又一次使用水平地形。

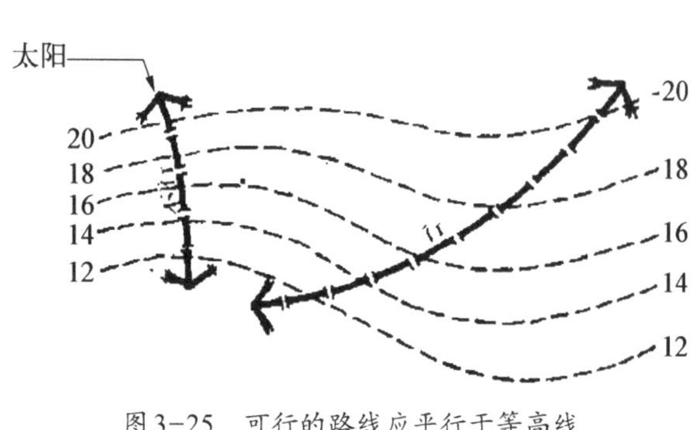

图3-25　可行的路线应平行于等高线

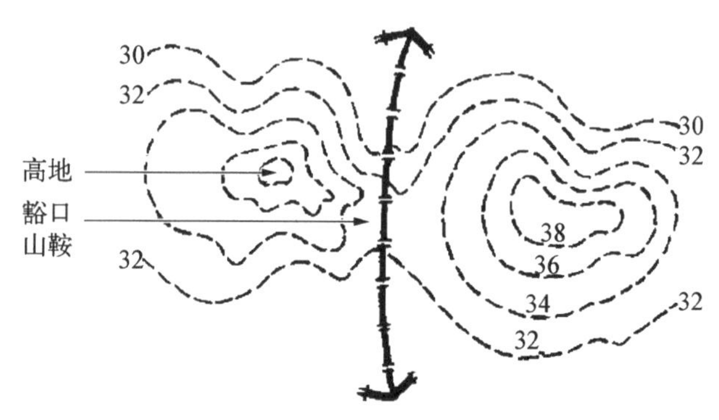

图3-26　穿越山地最好是从山鞍部通过

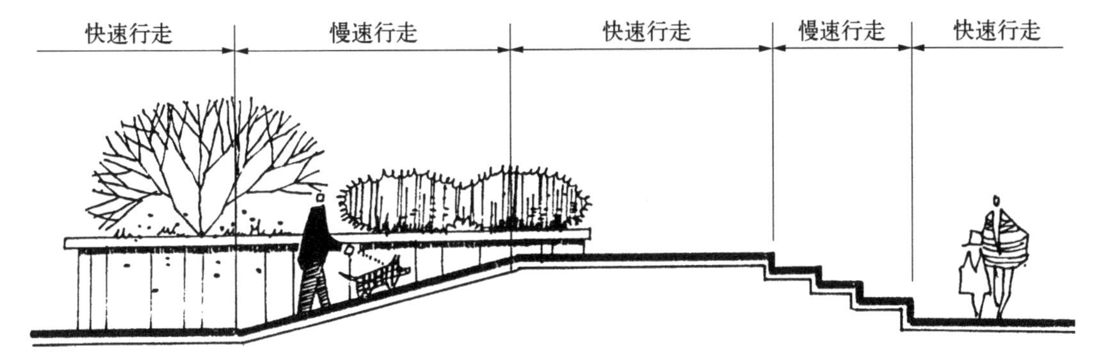

图3-27　行走的速度受地面坡度的影响

地形起伏的山坡和土丘可被用作障碍物，迫使行人在其四周行走以及穿越山谷状的空间。这种控制和制约的程度所限定的坡度大小，随情形由小到大规则变化。在那些人流量较大的开阔空间，如商业街或大学校园内，就可以直接运用土堆和斜坡的功能。

地形造景的尺度、坡度以及形态与总体设计的平面布局、功能分区、景观视线、排水有着密切的整体关系，景观总体设计因素很大程度上决定着地形的布局和造景形式。在规则式园林设计意图中，地形一般表现为不同标高的地坪层次；在自然式园林设计意图中，往往需要因地制宜、因景制宜，通过一定面积的挖、填方工程措施，来构建园内的山水骨架体系，实现自然山水的环境氛围。而在原有地形地貌形态丰富、景观特征明显的现状地形范围内，地形本身又决定着总体设计。

利用地表高低起伏的形态进行人工重新布局称为景观的地形设计。如地形骨架的塑造，山水的布局，峰、峦、坡、河、湖、泉、瀑等小地形的设置，它们之间的相对位置、高低、大小、比例、尺度、外观形态、坡度的控制和高程关系等都要通过地形设计来解决。

3.2　园林水体的表现与水景设计

3.2.1　水的基本功能和特点

1. 城市水体的功能

1）水体是景观的重要组成元素

水可能是所有景观设计元素中最具吸引力的一种，它极具可塑性，并有可静止、可活动、可发出声音、可以映射周围景物等特性，所以可单独作为艺术品的主体，也可以与建筑物、雕塑、植物或其他艺术品组合，创造出独具风格的景观。在有水的景观中，水是景致的串联者，也是景致的导演者，水因其不断变化的表现形式而具有无穷的迷人魅力：水声与倒影扩展了景致的多角度空间；水体的聚散、荡漾、潋滟化无声为有声；听大海波涛、流水潺潺、瀑布轰鸣、泉水叮咚，看湖光山色、池塘鱼草都使人心情愉快或舒适或激昂。

2）水体能改善环境，也是理想生境

水具有很强的生态作用，对改善城市环境质量，调节微气候非常重要。水体达到一定数量、占据一定空间时，由于水体的辐射性质、热容量和导热率不同于陆地，而改变了水面与大气间的热交换和水分交换，使水域附近湿度增加，气温降低、尘埃减少，使局部小气候变得宜人健康。清洁的水体、水陆交汇的多样环境也为各种动植物提供了理想的生境，为生物多样化提供了有利条件。

水体能用于控制噪声，特别是在城市中汽车、人群的嘈杂不可避免。利用瀑布或流水的声响来减少噪声干扰，能营造一个相对宁静的气氛。

另外，水体本身都有雨水径流的蓄积能力和自净能力，即河道、湿地能调蓄地表径流和降水，补给地下水，提高区域水的稳定性，并对一些进入水体的污染物质，通过一系列生物吸收和降解得以减少或消除，从而净化水环境。

3）提供休闲娱乐条件

水具有独特的魅力、动人的质感、不仅能给人们提供良好的生活环境，还可以为娱乐活动和体育竞赛提供场所。人们喜欢在水边散步、慢跑、观景，在水中划船、游泳、垂钓、漂流、冲浪。在休憩环境和居住环境的选择上，以水为主题的环境普遍受到人们的青睐。

2. 水的观赏特性

1）水型之美

“水随器而成其形”，我国古代就已认识到水的易塑形，只要运用得当这个“器”——水景中的水榭、步道、假山、驳岸等设施，延其长则可为溪，聚其深则可为池、可柔可刚，依需要将水雕琢出不同的型，就能充分发挥水的美。

2）动静之美

水景有动静之分，水景中多以亭、榭、桥、假山来映衬静水。水面波平如镜，将周围远近景观尽皆映入镜中。主要表现形式为湖、池、泉等。水景中的动，主要有涌泉、瀑布等形式，以水的动表现水景的生气。“飞流直下三千尺，疑是银河落九天”就是对庐山瀑布最好的写照。

3）水声之美

水景中利用水声，营造鸟鸣山更幽那样的意境，以水声来衬托静。如无锡寄畅园的八音涧，水流沿假山堆叠的水道流转，水流过处，泉水叮咚，比之丝竹乐器之音有过之而无不及，使人越发感受园林景观的清幽。也可用水声来激发人的情绪，如瀑布的轰鸣，未见其形，先闻其声。仿如惊雷大作，又仿如万马齐喑。又如听雨轩、听涛阁，借雨打芭蕉、卧听涛声之音成景，从另一个层面表现出水声之美。

4）映射之美

宁静的水面具有形成倒影的能力，园林中，日月之辉、山石之形、亭台楼榭之相尽皆映射在水中，景中有水，水中亦有景，增加了水的观感。如王勃在《滕王阁序》所描绘的“落霞与孤鹜齐飞，秋水共长天一色”，写的正是滕王阁边的这段南昌赣江，借来晚霞的色和飞鸟的动映射出水面广阔旷达之美。

3.2.2 水景的基本类型和特质

自然界的水有江河、湖泊、瀑布、溪流、泉涌等各种形式。景观设计师法自然，又不断创新，应用于园林中的水主要有四种基本形式——静水、流水、落水、压力水。

1. 静水

静水一般是指园林中以片状汇聚的水面为景观的水景形式，如湖、池等。其特点就是宁静、祥和、明朗。它的作用主要是净化环境、划分空间、丰富环境色彩，增加环境气氛。静水主要欣赏水的色彩、波纹和倒影。

2. 流水

流水包括河、溪、涧以及各类人工修建的流动水景。如运河、输水渠，多为连续的、有急缓深浅之分的带状水景。有流量、流速、幅度大小的变化。其蜿蜒的形态和流水的声响使环境更富有个性与动感。

3. 落水

落水是指水源因蓄水和地形条件的影响而产生跌落，发生水高差的变化。水由高处下落，受落水口、落水面构成的不同影响而呈现出丰富的下落形式。

4. 压力水

压力水是水受压后，以一定的速度、角度、方向喷出的一种水景形式。喷泉、涌泉、溢泉、间歇泉等都呈现出动态美，水姿千姿百态，具有强烈的情感特征，也是欢乐的源泉。

3.2.3 世界园林水景特点与发展概述与现代城市水景设计与营建

3.2.3.1 中国传统理水

1. 对水的认识

中国古典园林之所以被称为自然山水园，主要是以自然山水为范本，并结合山水诗、山水画发展形成。所以“理水”是中国古典园林理法中极为重要的一环。不论北方皇家的大型苑囿，还是小巧别致的江南私家园林，凡条件具备都必然要引水入园。即使无水可引也要千方百计地以人工方法引水开池，以点缀空间环境。

2. 风水文化

在中国，有一门延续了几千年有关环境生态观和自然观的学问，那就是中国传统的“风水学”。“风水”作为一个专门术语，最早见于《葬书》。书中说：“气乘风则散，留水则止，古人聚之使不散，行之使有止，故谓之风水。”又曰：“风水之说，得水为上，藏风次之。”首次提出了明确的以“藏风”“得水”为条件的“风水”概念，又称“堪舆”。风水是一种独特的中国文化现象，是古代中国人在长期的生产实践中总结而成的关于“环境选择”的学问，风水的基础模式实际上是一种理想的环境模式，这种模式除人文的要素（如隐喻、象征和防御等）影响之外，主要强调小环境内部各种综合环境要素（如地质、地貌、土壤、植被、气候、水文）等的相互协调。

水是“风水学”中的一个至关重要的因素。明代乔项在其著作“风水辩”中是这样看待“风水”中用“水”的：“所谓水者，取其地势之高燥，无使水近夫亲肤而已；若水势屈曲而环向之，又其第二义也。”古人在修宅选址上要求“背山面水”，在有关“面水”的选址上，认为建筑要选择不易被水浸蚀的高地，如果水流能在此形成弯曲环抱的水势，那就更好了。中国传统园林中理水讲求弯曲环抱，最忌直去无收，以及水口园林的营造，无不都是受到风水学说的影响。

中国风水的形成发展至少有5 000多年的历史。从大量的考古和文献中证实，中国风水是随着中华民族的形成而发生发展的，大致可分为6个阶段：原始聚落时期“卜宅”“相宅”的朴素择地阶段；春秋战国时期“地理”“阴阳”的风水萌芽阶段；秦汉魏晋时期“形法”“图宅”“堪舆”的风水形成阶段；唐宋时期风水理论的发展阶段；明清时期风水理论的阐释与总结阶段；民国以后，近现代科学文化对风水的冲击阶段。

3. 理水手法

1）集中与分散

中国传统园林用水，从布局上可以分为集中和分散两种形式。

集中而静的水面能使人感到开朗宁静。一般中小庭院多采用这种理水方法。其特点是整个园以水池为中心，沿水池四周环列建筑，从而形成一种向心内聚的格局［见图3－28(a)］。集中用水原则同样也适用于大型皇家苑囿，如北海公园、颐和园以及圆明园中的福海，就是大面积集中用水的典型。园冶所谓“纳千顷之汪洋，收四时之烂漫”只有在这样的环境中才能领略［见图3－28(b)］。

与集中用水相对的则是分散用水，其特点是用化整为零的方法把水面分割成互相连通的若干小块，水的来去无源给人以隐约迷离和不可穷尽的幻觉。分散用水还可以随水面变化而形成若干大大小小的中心——凡水面开阔的地方都可因势利导地借亭台楼阁或山石配置而形成相对独立的空间；而水面相对狭窄的溪流则起到沟通连接的作用。这样，各空间既自成一体，又互相连通，从而形成一种水陆萦回、岛屿间列和小桥凌波的水乡气氛［见图3－28(a)］。

2）来历去由

古人认为园中一池清水与天地中的自然之水是相互贯通的。引江河湖海的“活水”入园当然是最为理想的方式。但在一些面积小，又无自然水源的园林则讲究通过对水源与水尾的处理体现水流不尽之意境，运用“隐”“藏”等处理手法，形成幽深曲折的多层次水体空间。

对水源的处理，《园冶》中提出以下步骤：水源处理首先要隐藏在深邃之处，强调“入奥疏源，就低凿水”；然后疏浚一湾长流；再跨水横架桥梁“引蔓通津，缘飞梁而可度”。如苏州留园的水口（见图3－29）结合两侧的假山相夹之势，作水涧的处理，并通过架设在不同水平层面的两座桥和水口前的岛屿形成多层次立体化的深远空间，使水源处理幽深迷

图3-28　集中与分散的理水手法

(a) 苏州拙政园；(b) 北京北海公园

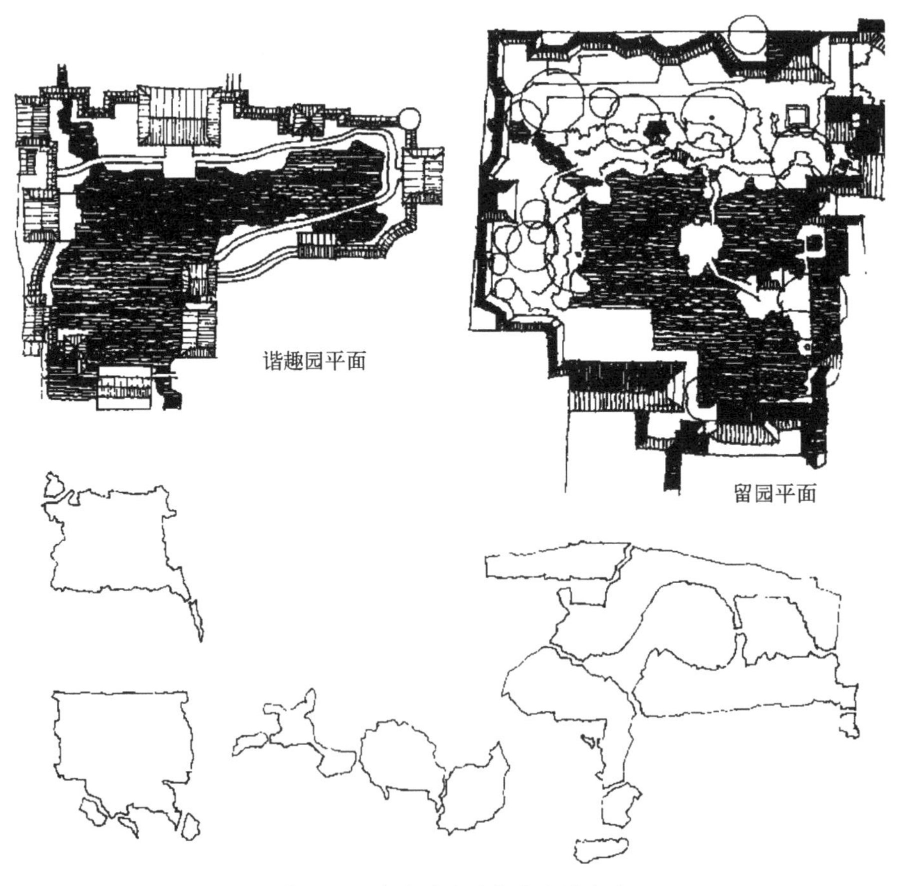

图3-29　中国园林用水曲幽深为胜

远，似通江河。

园中理水，其水尾不能露出尽端的水岸线，需要对水尾处的水体分段，并在分段处通过架桥进行遮挡，增加水面空间层次，体现出水流蜿蜒无尽之意。如谐趣园、留园水尾的处理（见图3-29），通过在水池池岸的前端架设折桥来增加水面空间，同时在折桥前设置出挑的石矶，又增加了景深。这样由桥和石矶形成的两层空间，拓展了水尾处的空间层次，使人不能一眼看到池边驳岸，水似经由折桥流向园外，令人动“江流天地外”之情。

3）曲折有情

总体上讲，东方重视意境，手法自然。例如，中国古典园林就要求具有“虽由人作、宛自天开”的效果，因此，水要以“环湾见长”，越幽越深越有不尽之意。

4）水与其他要素的映衬

A. 掇山与理水

中国古典园林崇尚自然，自然界的景致一般是有山有水，因而形成了中国古典园林的基本形式——山水园。山水相依构成园林，无山也要叠石堆山，多种山体类型与水体紧密结合在一起，形成变化无穷的园林特征。

B. 一池三山的传统模式

自秦代有去东海求仙的史实以来，海中三仙山就以“东海”“蓬莱”“方丈”“瀛洲”之名引入园林中，体现追求长生不老的神仙思想。汉代建章宫太液池、北京三海、颐和园等各朝大型园林沿用这种山水模式，意味着人们对美好愿望和理想的一种追求。

C. 山石与水景

计成在《园冶》中推崇池上理山为“园中第一胜也”，强调假山的变化“若大若小，更有妙境”，以及山水结合带来的效果。对涧、瀑布和曲水与山石的关系也都做了论述。如理“涧”之法强调了与假山相结合的方式；理“瀑布”之法追求“素入镜中飞练”的意境，指出瀑布要结合地形地势、建筑屋檐等雨水汇集之处；理“曲水”之法则是“上理石泉，口如瀑布，亦可流觞，似得天然之趣”。

D. 建筑与理水

建筑是中国古典园林中主要的造园元素，“卜筑贵从水面”，即建筑选址最好在水畔，结合水中的倒影，形成最美的视觉效果。不同建筑类型选址与水的关系各不相同，如“楼阁”的选址宜“立半山半水之间”，“亭”的选址要“水际安亭”，“榭”的选址“或水边，或花畔，制亦随态”。

3.2.3.2 外国传统理水

随着14世纪文艺复兴的开始，欧洲传统园林继承发扬了古希腊、古罗马时期的成就，在不断发展的文化艺术和科学技术的推动下，形成了独特的理水形式。

此时欧洲园林和理水设计的基本思想是使大自然景观、地形、水流都按人为的数学比例（黄金分割）和几何对称的形式应用于造园上。将圆形、三角形、梯形等几何形组成的花坛平台、坡道在对称轴线上布置渠道，在最高处布置亭子，并用水体串联起来，用乔木、灌木、攀援植物做出界定，以加强由理水的水平界面组成的主体造型效果。

1. 意大利的喷泉与瀑布

意大利水景艺术在古希腊及古罗马的基础上创造性地发展，以形式各异的规模不同的喷泉和叠落瀑布闻名遐迩。意大利是一个半岛兼台地国家，地形高差大，山泉水丰富。其园林特点为中轴对称，依山就势，分成段级，故称台地园。园林因地制宜地利用地形斜坡与高差，精心设置“多级叠落瀑布”、水池、瀑布、喷泉、壁泉作层层跌落，并配以石楠、黄杨、珊瑚等常绿乔木和规则花坛、绿篱、树坛等，形成壮观的园林水景。罗马城附近的埃斯特庄园（Villa d'Este）是16世纪最为壮观的园林景观之一。设计者用600 m长的管道将安澜河引至高处，形成高位水库，首次实现了77.2 m^3/min的巨大水流量，满足了园内50处水景工程的水量之需。其中最著名的水景工程有百流喷泉、海神喷泉及自然之泉等。尤其海神喷泉利用地形高差分成数层台阶，引水层层叠落而下，泻入各泉池，并配以壮观的喷水效果，景象十分震撼。

2. 法式的运河式水景(图3-30)

17—18世纪法国的园林理水继承并发展了意大利文艺复兴时期的理水艺术。为表现至高无上的皇权思想,园林水景的营建采用强烈的几何轴线和对称的平面布置,大规模的运河造成无限深远的透视感、气势宏大的喷泉与精美雕塑结合,成为法国园林的明显标志。水成了整个园林的点睛之物,理水的历史在这里闪烁出耀眼的光辉。

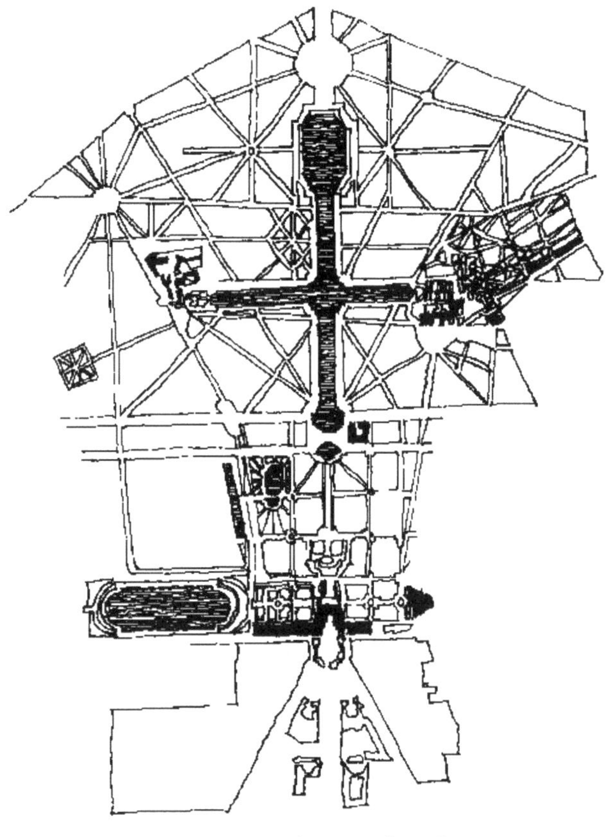

图3-30 法式的运河式水景

3. 英式自然野趣水景

英国为岛国,大地肥沃.气候温和湿润,植物种类繁多。18世纪30年代,受浪漫主义影响,英国进入"自然风景园"时期。英式自然风景园单纯追求自然野趣,如画风景。蛇形的园路、起伏的草坪、孤植的大树,水景则以自然蜿蜒的池塘溪流形式出现,一派自然沉静的田园风光。设计师将自然形式的水体布置在风景构图的中心,让游人的视线落在晶莹闪亮的水面上,向人们展示——美不总是存在于数学的黄金分割比例中,美也是具象而感性的。

3.2.3.3 现代水景设计

1. 更自由丰富的形式

19世纪以来,随着现代主义和生态学的发展,人们对保护自然环境的认识不断提高。19世纪后半叶发生了"城市公园运动",20世纪30年代后,现代派园林设计兴起。现代派园林设计主要运用不对称的形和线创造空间;以面、流动的线、弯化的材质,大胆地运用现代材料(玻璃、波瓦、广场地砖)创造新风格。在理水艺术上出现将水做成流线型或"S"型平面构图中心。混凝土水池边铺上地板或台级,使形式、材质、高差等产生强烈的对比。

水景设计(waterscape design)在手法上也异常丰富,形成了将形与色、动与静、秩序与自由、限定与引导等水的特性和作用发挥得淋漓尽致的整体水环境设计,既改善了城市小气候、丰富了城市环境,又可供观赏、鼓励人们参与。例如哈普林事务所(Lawrence Halprin and Associates)设计的波特兰市系列广场(见图3-31)和费里德伯格(Paul Friedberg)设计的明尼伯里斯皮维广场(Peavy Plaza)都是十分典型的例子。这一系列广场由三个主要节点组成,从爱悦广场开始,经历博地哈罗夫公园最后到演讲堂广场,他用象征性的峭壁而创造的喷泉和瀑布成为城市的重要名片,增强了波特兰的吸引力,对波特

图3-31 演讲堂南广场及瀑布

兰市现代在水文利用方面的声誉做出了贡献。

2. 生态化的功能

随着全球生态环境问题的加剧，用景观的方法来解决城市所面临的水资源短缺、水环境污染问题，已成为景观设计师面临的重要问题。各种生态水景，如雨水花园、人工湿地、可持续利用水景观等，不但能创造优美城市景观，而且对于控制水污染、雨洪资源利用、改善城市微环境具有不可缺少的作用。因此，向生态化方向发展，兼顾环境保护和景观优美是现代水景区别于传统理水的重要特点。

柏林伯茨坦广场水园（Water Garden in Potsdamer Platz, Berlin）的水系统设计是一个利用水循环处理技术将区域的水质综合治理，并且将景观用水和城市市政用水相结合来考虑的城市景观设计，设计师用水为主题，以公共建筑前的景观水池作为蓄水池，将雨水、下水道水、地下水收集净化，并再生利用。一部分水流过种有植物的生活小区，既可以过滤水体，稳定水质，也给城市营造富有自然气息的城市环境。总数量2 600 m^3水量的5个地下蓄水池，其中900 m^3用于急需，保证了整个系统的稳定持久，并有足够能力缓解城市排水的压力。

雨水花园出现于20世纪90年代的美国，是一种新型的以有效利用雨水、节约水资源为目的的花园形式。通常是自然形成或人工挖掘的浅凹绿地，被用于汇聚并吸收来自屋顶或是地面的雨水，是一种生态可持续的理水手法。美国俄勒冈州波特兰市Nesiskiyou绿色街道中的雨水花园就具有很多功能，如有效地去除径流中的悬浮颗粒、有机污染物及重金属离子、病原体等有害物质；通过合理的植物配置，可以为昆虫与鸟类提供良好的栖息环境；通过植物的蒸腾作用可以调节气温等。

湿地是一类介于陆地和水域之间过渡的生态系统。“湿地”作为一类特殊的生境的研究，始于20世纪 70年代初“拉姆萨国际湿地公约”的缔结之时。湿地公园的概念类似于小型保护区但又不同于自然保护区和一般意义公园的概念。随着城市的急剧扩张，更多的湿地被划入了城市区域，英国伦敦湿地公园（London Wetland Center）是城市湿地中令人瞩目的佼佼者。伦敦湿地公园共占地42.5 hm^2，由湖泊、池塘、水塘以及沼泽组成，中心填埋土壤40万m^3土石方，种植树木2.7万株。良好的绿化和植被引来了大批的生物，使公园成了湿地环境野生生物的天堂，每年有超过170种鸟类、300种飞蛾及蝴蝶类前来此处；同时，公园也给伦敦市区的居民提供了一个远离城市喧嚣的游憩场所，营造出了大都市中的美丽绿洲，改善了周围都市的景观环境。

3. 现代技术的运用

由于科技的发展，新材料与新技术的应用，现代水体景观的设计在表现形式上更加宽广与自由。

在当代科技的支持下，喷泉可以根据不同的需求来塑造不同的水体形态，在现代景观中运用广泛。常见的喷泉类型包括普通喷泉、程控喷泉、水幕激光电影、水珍珠喷泉、游戏喷泉、跳跳喷泉等。由埃里克森（Arthur Erickson）设计的罗宾逊广场（Robson Square），水池、瀑布水景与省政府办公大楼融为一体。水景与屋顶公园就像现代的空中花园，宏伟、壮观，展现了人工的力量。约翰逊设计的休斯敦落水，为18 m高的大水墙，每秒有700 L水量，可以在城市中感受到巨瀑飞流的轰鸣，这是在科技力量支持下才能达到的夸张尺度。圣荷塞广场公园旱喷泉有雾喷（见图3-32）及树冰喷水（见图3-33）几种变化的景观。

图3-32　圣荷塞广场公园旱喷泉雾喷

图3-33　圣荷塞广场公园旱喷泉树冰喷

3.2.4　水景的表现

3.2.4.1　水体平面的表示方法

在平面上，水面表示可采用线条法、等深线法、平涂法和添景物法，前三种为直接的水面表示法，最后一种为间接表示法。

1. 线条法

用工具或徒手排列的平行线条表示水面的方法称为线条法。作图时，既可以将整个水面全部用线条均匀地布满，也可以局部留有空白，或者只局部画些线条。线条可采用波纹线、水纹线、直线或曲线。组织良好的曲线还能表现出水面的波动感。

水面可用平面图和透视图表现。平面图和透视图中水面的画法相似，只是为了表示透视图中深远的空间感，对于较近的则表现得要浓密，越远则越稀疏。水面的状态有静、动之分，它的画法如下所述。

静水面是指宁静或有微波的水面，能反映出倒影，如宁静时的海、湖泊、池潭等。静水面多用水平直线或小波纹线表示，如图3-34所示。

动水面是指湍急的河流、喷涌的喷泉或瀑布等，给人以欢快、流动的感觉。其画法多用大波纹线、鱼鳞纹线等活泼动态的线型表现，如图3-35所示。

2. 等深线法

在靠近岸线的水面中，依岸线的曲折作二三根表示深浅的曲线，这种水面下的等高线，称为等深线。通常形状不规则的水面用等深线表示，如图3-36所示。用三根线可分别表示最高水位、常水位及最低水位。

3. 平涂法

用水彩或墨水平涂表示水面的方法称为平涂法。用水彩平涂时，可将水面渲染成类似等深线的

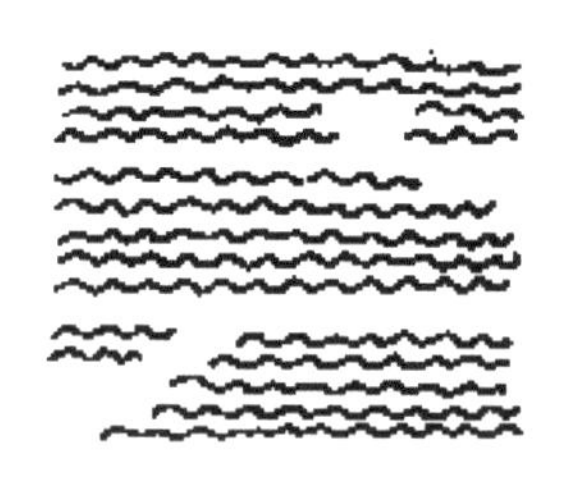

图3-34　静水水面的画法

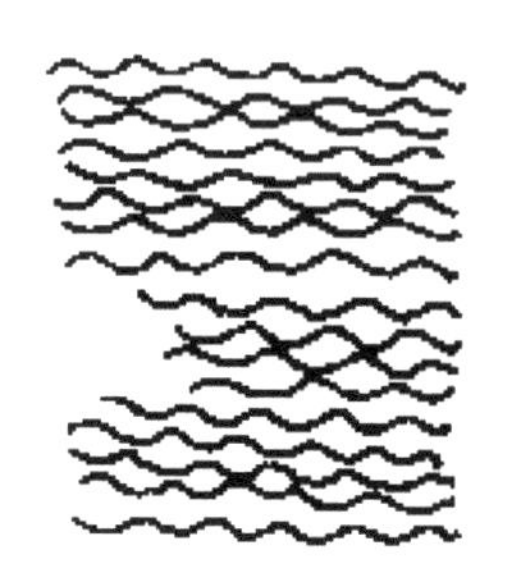
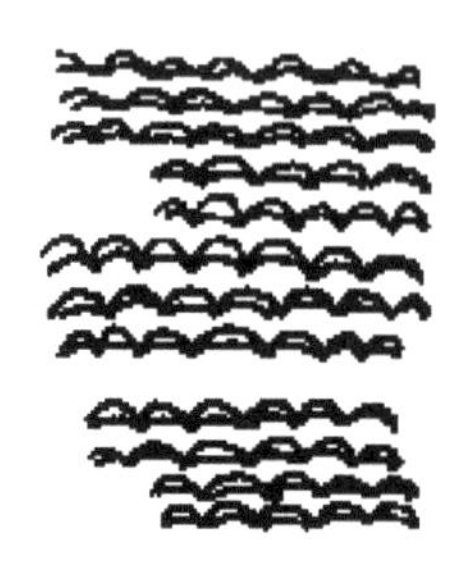

图3-35　动水水面画法

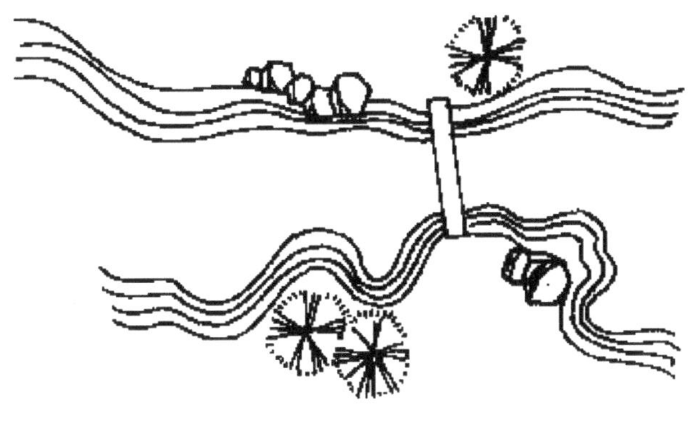

图3-36　等深线法

效果。先用淡铅作等深线稿线，等深线之间的间距应比等深线画大些，然后再一层层地渲染，使离岸较远的水面线较深。也可以不考虑深浅，均匀涂黑。

4. 添景物法

添景物法是利用与水面有关的一些内容表示水面的一种方法。与水面有关的内容包括一些水生植物（如荷花、睡莲）、水上活动工具（船只、游艇等）、码头和驳岸、露出水面的石块及其周围的水纹线、石块落入湖中产生的水圈等。

3.2.4.2　水体的立面表示方法

在立面上，水体可采用线条法、留白法、光影法等表示。

1. 线条法

线条法是用细实线或虚线勾画出水体造型的一种水体立面表示法。线条法在工程设计图中使用得最多。用线条法作图时应注意：线条方向与水体流动的方向保持一致；水体造型清晰，但要避免外轮廓线过于呆板生硬。

跌水、叠泉、瀑布等水体的表现方法一般也用线条法，尤其在立面图上更是常见，它简洁而准确地表达水体与山石、水地等硬质景观之间的相互关系。

用线条法还能表示水体的剖（立）面，如图3-37所示。

2. 留白法

留白法就是将水体的背景或配景画暗，从而衬托出水体造型的表示手法。留白法常用于表现所处环境复杂的水体，也可用于表现水体的洁白与光亮。

3. 光影法

用线条和色块（黑色和深蓝色）综合表现出水体的轮廓和阴影的方法称为水体的光影表现法。

留白法与光影法主要用于效果图中（见图3-28）。

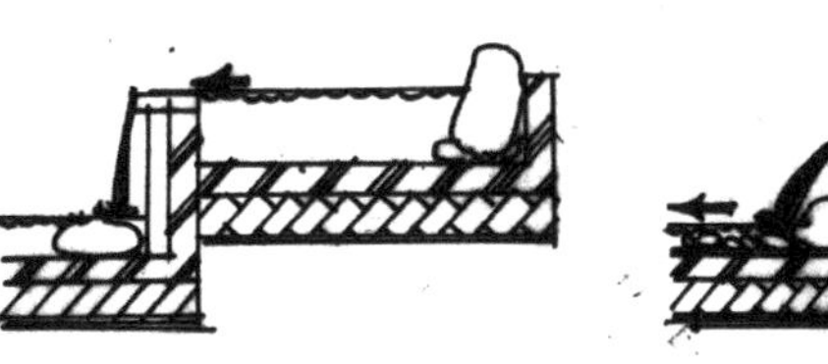

图3-37　跌水、叠泉、瀑布

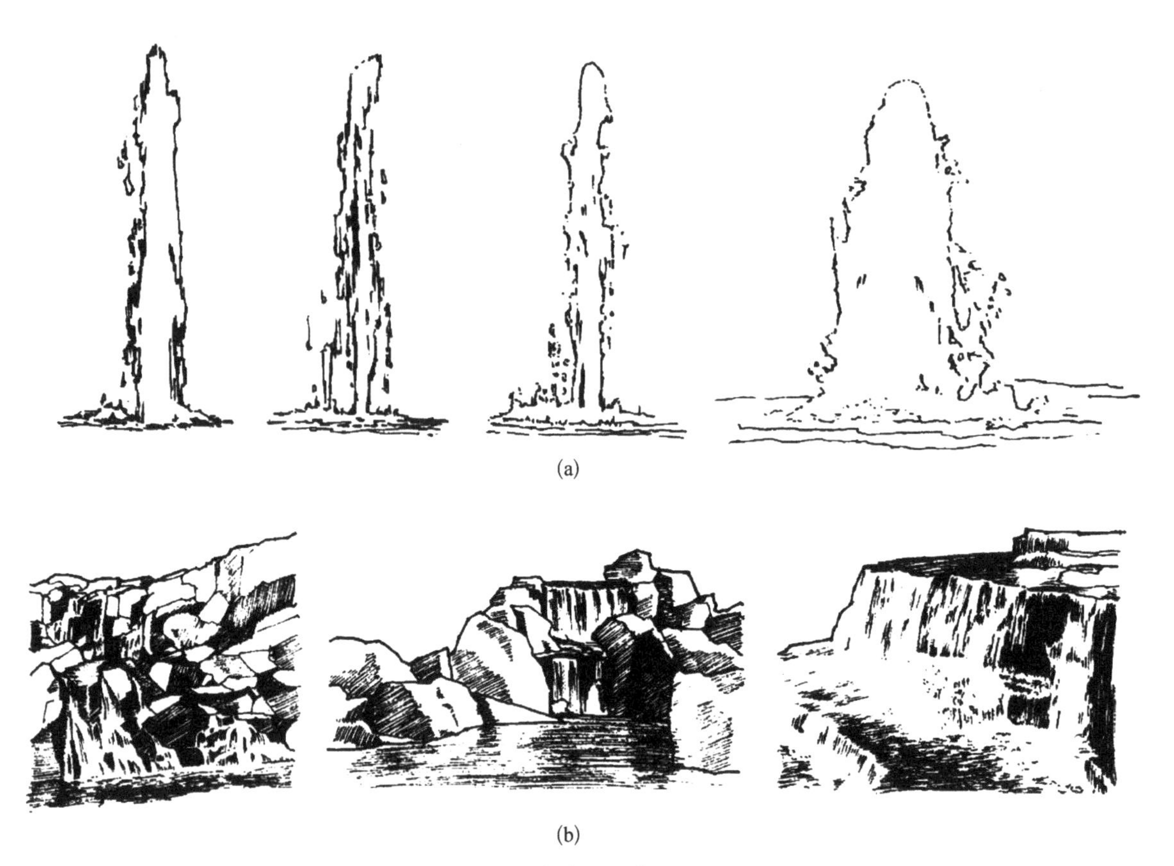

(a)

(b)

图3-38　光影法的表示方法

(a) 水体的立面留白表示法；(b) 水体的立面光影表示法

3.2.4.3　水景的设计

1. 基本原则

1）体现水的自然本体性

水体本身是一种大自然的物体，水体景观的创造，就是将大自然水的美，或更好地呈现于自然风景，或再现于人工的景观中。人们营造景观环境的目的，就是使我们的生存环境更加舒适、优美、自然，故以大自然的水态为蓝本进行水体景观的设计，是一个基本原则。自然陆地表面的水是从源头流向汇水盆地，泉、跌水、小溪、瀑布、湖泊、池塘、沼泽、河流等各种类型的水体以连续性和彼此相互影响的关系存在于流域之内。水景营造要首先考虑不破坏水体自然形态，使景观水体仍继续表现出自然形态特征，符合自然水体形态、形成与演变的规律，符合自然客体形态、构造特征。

2）生态性

随着1992年里约热内卢联合国环境与发展会议的召开，追求人类社会的可持续发展已逐渐成为时代的最强音，未来景观用水的态度将是在首先符合生态原则的基础上表现其景观功能。

水体环境是围绕它并对其产生影响的分布于地表空间所有水域组成的有机系统。该系统中的各要素，如水体、植被、驳岸、道路、建筑等之间既相对独立的，又相互影响，它们共同作用于水体景观环境的美学和生态质量。只有协调的水体景观环境系统，才能实现水资源的最优化利用，使景观中的水体环境系统具有最大的美学和生态质量。

水是生和命之源，世界各国都非常重视水资源的开发和节约利用，节水型园林是实现景观可持续发展的必由之路。城市污水和雨水都是城市稳定的淡水资源，净化水污染、充分利用天然雨水资源，减少对自然水的需求都是未来水景设计，创造可持续城市环境的重要措施。

3）亲水性和参与性

水是充满生气的元素，水体景观设计时除了客观的物——水体本身的特性而外，还须注意观赏者

(人)的特性——亲水。

人们希望悠闲地沿着河流或湖泊漫步或旅游,在水边休息以享受其声其景,或穿过水面到达彼岸,人们愿意围绕水体来进行多种带有趣味性的活动,有水的空间给人的场所感增强。因此,应充分利用水体的吸引力和近水的优越性,从游人的角度来设计亲水、赏水,设计不同性质的水景来激发、砥砺及引发人们的思想感情,揭示人们的内心世界,从而引起共鸣,得到一种艺术的感受与欢乐。

2. 设计内容

1) 水景的风格

作为景观环境中的一部分,水景的设计首先应从整体环境考虑,选择与环境相协调的风格特点。

A. 水景的大小尺度

水景的大小与周围环境景观的比例关系是水景设计中需要慎重考虑的内容。小尺度的水面较亲切怡人,适合于宁静、不大的空间,例如庭院、花园、城市小公共空间;尺度较大的水面烟波浩渺,适合于大面积自然风景、城市公园和大的城市空间或广场。

水面的大小也是相对的,同样大小的水面在不同环境中所产生的效果可能完全不同。例如,苏州的怡园和艺圃两处古典宅第园林中的水面大小相差无几,但艺圃的水面明显地显得开阔空远,与网师园的水面相比,怡园的水面虽然面积要大出约三分之一,但是,大而不见其广,长而不见其深,相反,网师园的水面反而显得空旷幽深(见图3-39)。

无论是大尺度的水面,还是小尺度的水面,关键在于掌握空间中水与环境的比例关系。

B. 水景的位置

(1) 位置欣赏:在决定了水景的风格和大小比例之后,就应当考虑从什么位置观赏此景。水池可以建在整体环境的中心,成为园林景观中的焦点(见图3-40);或作为一个铺设区域的主要装饰;或作为休息区域的一个重要补充。倚围墙而建的高台水池或下沉式的水池,可以通过安设一个镶嵌在墙上的喷泉装饰使之更加夺目。

(2) 视角与视距:用水面限定空间、划分空间有一

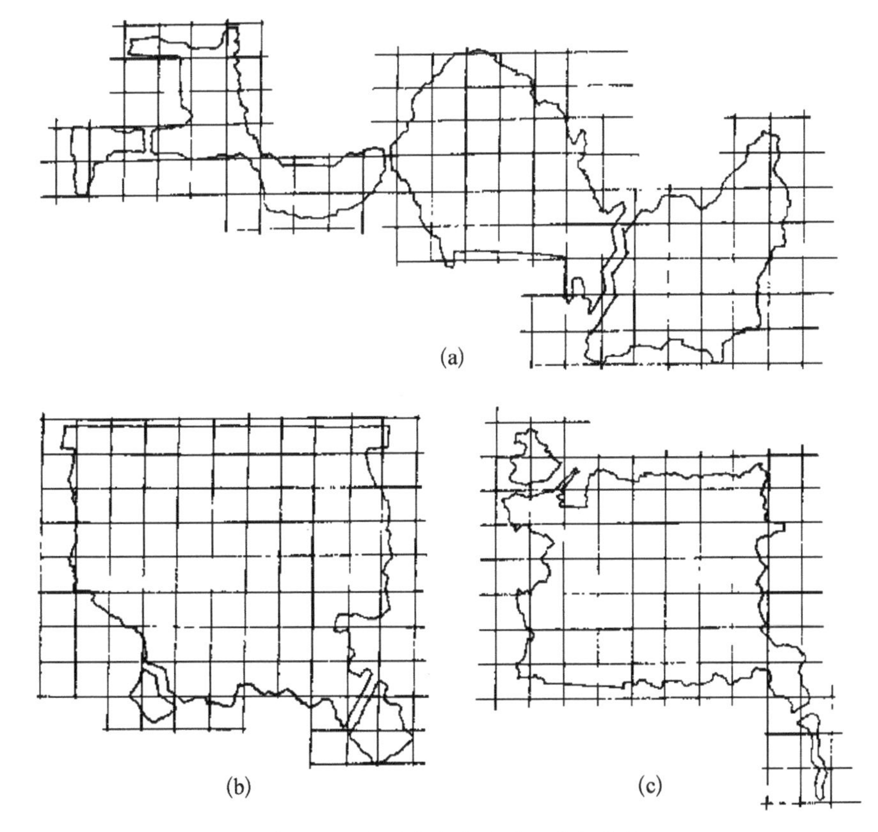

图3-39　相同大小水面的尺度与比例

(a) 怡园;(b) 艺圃;(c) 网师园

图3-40　平均深度的水池能作为雕塑和其他焦点物的中性基座

种自然形成的感觉，使得人们的行为和视线不知不觉地在一种较亲切的气氛下得到了控制，这无疑比过多地、单纯地使用墙体、绿篱等手段生硬地分隔空间、阻挡穿行要略胜一筹。由于水面只是平面上的限定，人们的视线常常在不知不觉中得到了控制，但视觉连续性和通透性不受阻碍，因此用水面比简单使用墙体、绿地等实体元素更适合限定空间、划分空间。水景分割空间控制视距应特别考虑景观、水面和观景点三者的距离和视角。适当的距离和角度有助于形成完美的倒影，对丰富空间，渲染水景的艺术效果非常重要（见图3-41）。

（3）划分空间：园林中的水体设计中，常通过划分水面，形成水面大小的对比，使空间产生变化，增加空间层次感。如颐和园中通过万寿山将水体分成辽阔坦荡的昆明湖和狭窄幽静的后湖，两者风格迥异，对比鲜明（见图3-42）。

以水景为特色的杭州西湖，总面积约5.6 km^2，为了避免单调，增加景观的层次与深远，从大处布局着手，构筑两条大堤横贯湖的南北（苏堤）和东西（白堤），把全湖分割成外湖、里湖、岳湖、西亘湖和小南湖五个大小不同的水面，外湖水面构筑三潭印月、湖心亭和阮公墩三个小岛，互为鼎足呼应。这样的总体分割布局，就为西湖景观各子体景观间的互借其景奠定了基础。五个湖面，外湖最大，里湖、西里湖较小，岳湖、小南湖更小，这样的分割，使湖面景色变化多彩，不感单调。

2）不同类型水景的设计

水景的设计主要有规则式与自然式两类。

A. 规则式水池

所谓规则式水池是指人造的蓄水容体，其池边缘线条挺括分明，池的外形为几何形，但并不限于圆形、方形、三角形和矩形等典型的纯几何图形。

在设计中，水池的实际形状，当然是以其所在的位置及其他因素来决定。水池用于室外环境中有以

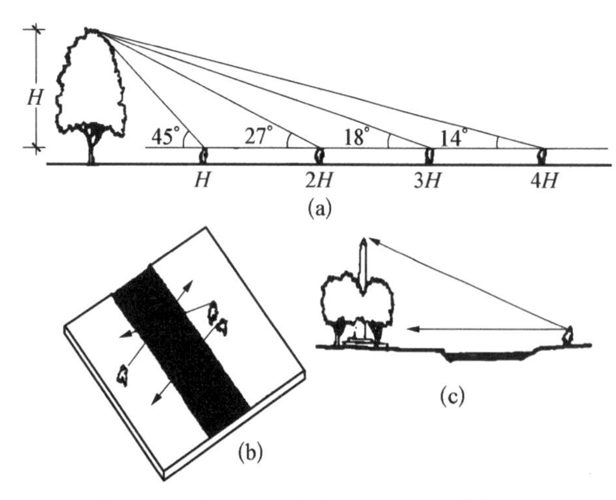

图3-41　利用水面获得的较好的观景条件

(a) 视角与景的关系；(b) 水面限定了空间但视觉上渗透；(c) 控制视距，获得较佳视角

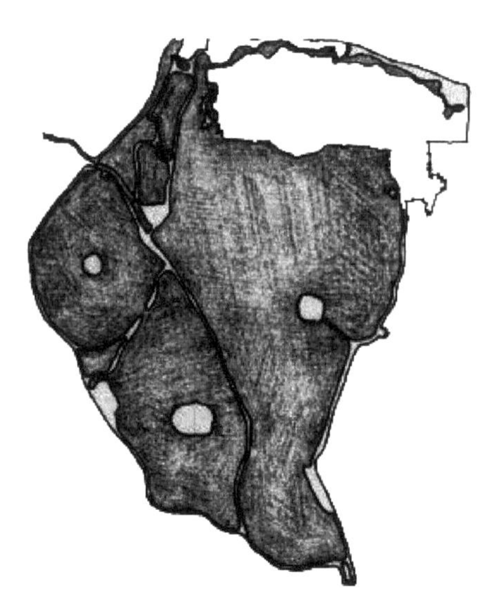

图3-42　颐和园——大小对比的水面

下几种目的。

平静的水池可以映照出天空或建筑、树木、雕塑和人。水里的景物如真似幻，给观景者提供了一新的透视点。水池水面的反光也能影响着空间的明暗。这一特性要取决于天光、池面、池底以及观景者的角度。

有许多因素可以增强水的映射效果。首先，从赏景点与景物的位置来考虑水池的大小和位置。对于单个的景物，水体应布置在被映照的景物之前，观景者与景物之间，而长宽取决于景物的尺寸和所需映照的面积多少而定。所要得到的倒影大小可借助于剖面图，还可运用视线到水面的入射角等于反射角的原则。

另一应考虑的因素是水池的深度和表面色调。水面越暗越能增强倒影。要使水色深沉，可以增加水的深度，加暗池面的色彩。要达到变暗的有效方法，是在池壁和池底漆上深蓝色或黑色。当池水越浅或容体内表面颜色明亮，水面的反射效果就越差。

另一要考虑的因素是水池的水平面和水面本身的特性。要使反射率达到最高，水池内的水平面应相对地高些，并与水池边沿高度造成的投影以及水面的大小和暴露程度有关。同时有倒影的水池要保持水的清澈，不可存有水藻和漂浮残物。最后一点是保持水池形状的简练，不至于从视觉上破坏和妨碍水面的倒影。

如果水池不是做反射倒影之用，那么可以特殊地处理水池表面，以达到观赏的趣味性。水池的内表面，特别是水池的底部，可以使用色彩和质地引人注目的材料，并设计成吸引人的式样。

B. 自然式水塘

自然式水体在设计上比较自然或半自然，可以是人造的，也可以是自然形成的。外形通常由自然的曲线构成，这种形象最适合于乡村或大的公园。

池塘是面积较小的自然式水景，水面较方整，池水几乎不流动，一般不布置桥梁和岛屿，池水浅且清澈见底，水中适宜栽植荷花属、莲属观赏类植物或放养观赏鱼，还可配合汀步，满足人们的亲水性。

湖泊水域面积较宽，流速较缓，常作为园林景观的中心。水源常以自然河、泉水为主，或者本身即是水库。水面宜时阔时窄，曲曲折折。湖的倾泻之口宜隐秘，使游人难辨其源。当然，园林水景中的湖，比自然界中的湖要小得多，只算是个自然式的大水池。因湖的相对空间较大，岸边可做成坞、港湾、半岛等，湖中设岛屿（假山），故湖常与假山相联系。

自然式水塘的大小与驳岸的坡度有关，同面积的水塘，驳岸较缓、离水面近看起来水面就较大，反之则水面就感觉较小。就其本质而言，池塘的边沿就像空间的边沿一样，对空间的感觉和景点有相同的影响。

C. 流水

流水是任何被限制在有坡度的渠道中的，由于重力作用而产生自流的水，如自然界中的江河、溪流等。流水作为一种动态因素，用来表现具有运动性、方向性和生动活泼的室外环境。流水的特征取决于水的流量、河床的大小和坡度，以及河底和驳岸的性质。

河床的宽度及深度不变，而用较光滑且细腻的材料做河床，则水流也就较平缓稳定，适合宁静悠闲的环境。要形成较湍急的流水，就得改变河床前后的宽窄，加大河床的坡度，或河床用粗糙的材料，如卵形毛石，这些因素阻碍了水流的畅通，使水流撞击或绕流这些障碍，导致了湍流、波浪及声响。

河流是常见的流水形式，常采用狭长形水体来表现，也常被用来划分景观空间。水上可供泛舟，其周边适宜搭配各种临水景观，如水榭、步道、观水平台、桥等，甚至于水景中配置规模相对较大的洲、岛等。由于水流速平缓，水体表面积较大，水道延绵较长，园林上常与沿岸景观相互映衬，周边的实景配上水中的虚景，相映成趣。

D. 瀑布

瀑布是流水从高处突然落下而形成的，常作为室外环境的视觉焦点。瀑布可分为以下三类：

（1）自由落瀑布：自由落瀑布顾名思义，这种瀑布是不间断地从一个高度落到另一高度。自由落瀑布的设计特别要认真研究瀑布的落水边沿，才能达到所要求的效果，特别是当水量较少的情况下，不同边沿产生的效果也就不同。完全光滑平整的边沿，瀑布宛如一匹平滑无皱的透明薄纱，垂落而下。边沿粗糙，水会集中于某些凹点上，使瀑布产生皱褶。当边沿变得非常粗糙而无规律时，阻碍了水流的连续，便产生了水花，瀑布呈白色。

适合于城市环境的变形瀑布称为水墙瀑。通常用泵将水打上墙体的顶部，而后水沿墙形成一连续的帘幕从上往下挂落，这种在垂面上产生的光声效果是十分吸引人的。水墙的例子可以在曼哈顿的巴特利公园中见到，还有芝加哥的石油公司大厦。巴特利公园中的瀑布为小公园提供了很好的景观，其产生的水声也减少了城市中不和谐的噪声。

（2）叠落瀑布：叠落瀑布是在瀑布的高低层中添加一些障碍物或平面，使瀑布产生短暂的停留和间隔。控制水的流量、叠落的高度和承水面，能创造出许多趣味和丰富多彩的观赏效果。合理的叠落瀑布应模仿自然界溪流中的叠落，不要过于人工化。

（3）滑落瀑布：水沿着一斜坡流下。水量多少对滑落瀑布非常重要。对于少量的水从斜坡上流下，其观赏效果在于阳光照在其表面上显示出的湿润和光的闪耀，水量过大其情况就不同了。斜坡表面所使用的材料也影响着瀑布的表面。滑落瀑布的例子在波士顿科普利广场的中心水池中能见到。水从中心喷泉喷出，落在放射状池面上，顺坡而流回池底循环使用。

必要时，可在一连串的瀑布设计中，综合使用以上三种类型的瀑布方式，彼此之间相互补充，形成多样化的造型。

E. 喷泉

喷泉是利用压力，使水通过喷嘴喷向空中。喷泉的水喷到一定高度后便又落下。大多数的喷泉由其垂直变化加上灯光，配合小品、雕塑设计，一般放置于园林中轴线上、景观园的入口、花坛中央、广场和重要建筑前。喷泉的设计关键取决于喷泉的喷水量和喷水高度。喷泉能从一条水柱到各种大小水量和喷水形式的、组合多变的喷泉。大多数喷泉都设在静水中，依其喷射形态特征，喷泉可分为四类：单射流喷泉、喷雾式泉、充气泉、造型式泉。

（1）单射流喷泉：单射流喷泉是一种最简单的喷泉，水通过单管喷头喷出。单管喷泉的高度取决于水量和压力两因素。当喷出的水落回池面时，会造成独特的水滴声，故独特的单管喷泉适合安排在幽静的花园中和安静休息区。单管喷泉也可以多个组合在一起形成丰富的造型，作为引人注目的中心。

（2）喷雾式泉：喷雾泉由许多细小雾状的水和气通过有许多小孔的喷头喷出，形成雾状喷泉。喷雾泉外形较细腻，看起来闪亮而虚幻，可用来表示安静的情绪。喷雾泉也能作为增加空气湿度和作为自然空调因素布置在室外环境中。

（3）充气泉：充气泉与单管喷泉相似，一个喷嘴只有一个孔，区别在于充气泉喷嘴孔径非常大，能产生湍流水花，翻搅的水花在阳光下显得耀眼而清新，特别吸引人。充气泉适合安放在景观中的突出景点。

（4）造型泉：造型式喷泉是由各种类型的喷泉通过一定的造型组合而形成的，“闪耀晨光”和“蘑菇形”是两种普遍的造型式喷泉。在设计造型喷泉时要对其所放置的位置特别注意，适合于安放在有造型要求的公共空间内，而不适于悠闲空间。

课后思考题

1. 比较中西方传统理水手法在空间结构、水景类型上的异同。

2. 比较现代水景设计与传统理水的在设计理念、设计手法上的区别。

作业任务书

作业：水体平面绘制与“一池三山”设计

1. 设计目标

（1）掌握水体平面绘制方法与上色技巧。

（2）熟练区分最高水位、常水位、最低水位线型差别与绘制技巧。

（3）掌握“一池三山”平面绘制技巧。

（4）掌握图纸图框图签绘制，字体大小等相应标准。

2. 设计任务

用素描纸或白卡纸在A1幅面上绘制如下内容：

（1）自绘图框和图签。

（2）抄绘图3-13下2排。

（3）绘制一处群山，体现“次山拱伏，主山始尊”的特点。注意山脊线与山谷线的变化。地形以表现山景与水景为主，可适当点缀石景，但不要添加建筑、道路和绿化。

（4）“一池三山”设计。

3. 考核

1）考核标准

（1）石山绘制美观。

（2）等高线绘制合理，山形设计体现“次山拱伏，主山始尊”的特点。注意山脊线与山谷线的变化。

（3）“一池三山”布局合理。

（4）图纸尺寸、布局、字体大小规范，图面整洁。

2）成绩组成

（1）山石图例清晰美观，占20%。

（2）等高线绘制美观，山脊线与山谷线的变化合理，占40%。

（3）“一池三山”布局合理，占30%。

（4）图纸尺寸、布局、字体大小规范，图面整洁，占10%。

4. 进度安排

时间为一周。

3.3 园林种植的表现与种植设计步骤

3.3.1 植物的功能和特点

3.3.1.1 功能

1. 植物的生态功能

植物的生态环保功能主要体现在两个方面：① 保护和改善环境；② 环境监测和指示植物。植物通过自身生理机制和形态结构净化空气、防风固沙、保持水土、净化污染。各种植物对污染物抗性差异很大，有些植物在很低浓度污染下就会受害，而有些在较高浓度下也不受害或受害很轻。因此，人们可以利用某些植物对特点污染物的敏感性来监测环境污染状况。由于植物生活环境固定，并与生存环境有一定的对应性，所以某些指示植物可以对环境中的一个因素或某几个因素的综合作用具有指示作用。图3－43为植物的生态环保功能示意图。

2. 植物的空间构筑功能

空间感构筑是指由地平面、垂直面以及顶平面单独或共同组合成的具有实在或暗示性的范围围合。植物可以用于空间的任何一个平面、在地平面上，以不同高度和不同植物来暗示空间边界，构成空间。如图3－44～图3－48所示。

3. 植物的美学功能

植物的美学观赏功能就是植物美学特性的具体展示和应用，其主要表现为利用植物美化环境，构成主景，形成框景等。

1）主景

植物本身就是一道风景，尤其是一些形状奇特、

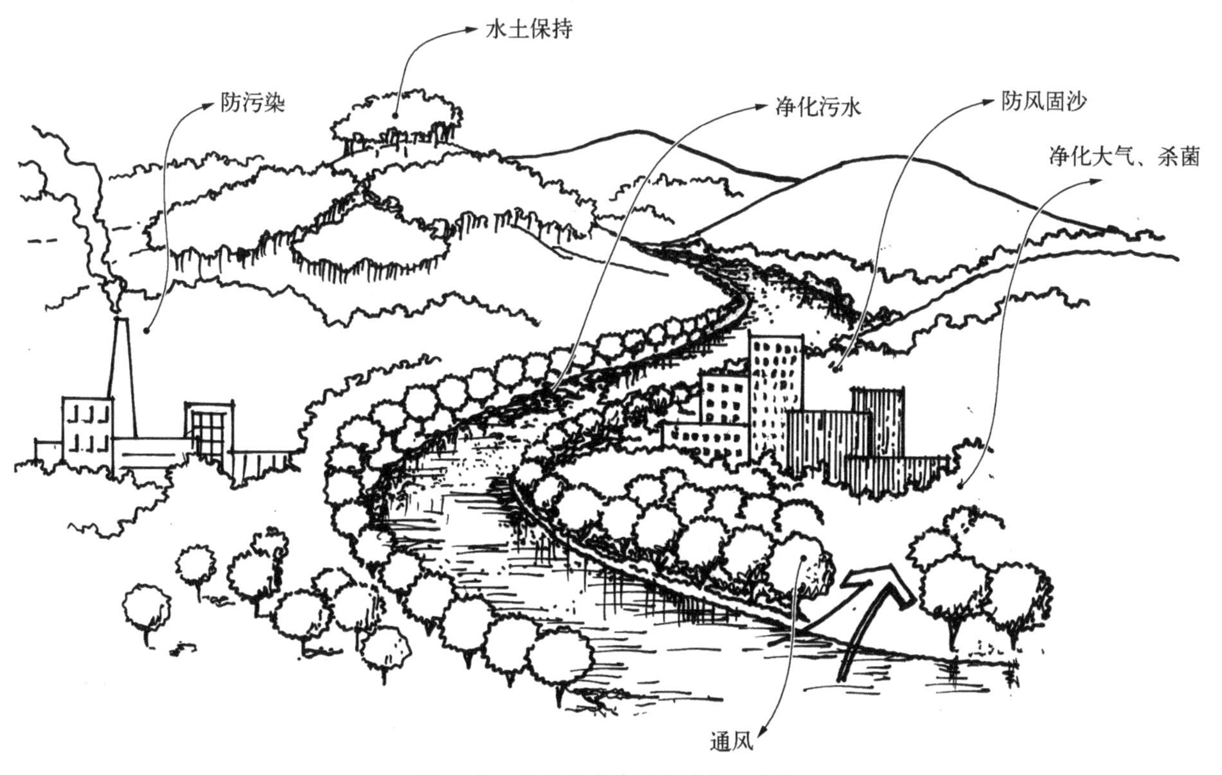

图3－43 植物的生态环保功能示意图

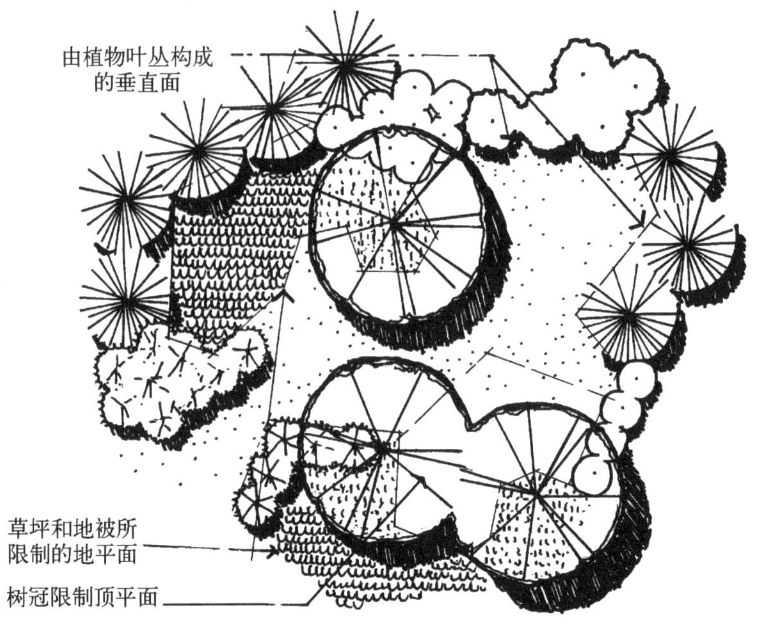

图3-44　由植物材料限制的室外空间

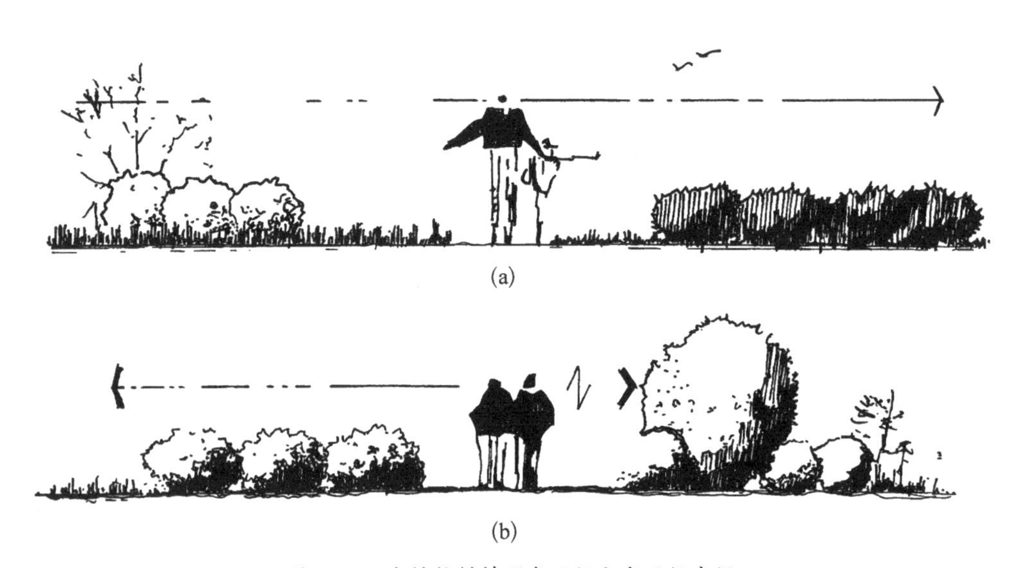

图3-45　由植物材料形成开敞和半开敞空间
（a）低矮的灌木和地被植物形成开敞空间；（b）半开敞空间视线朝向敞面

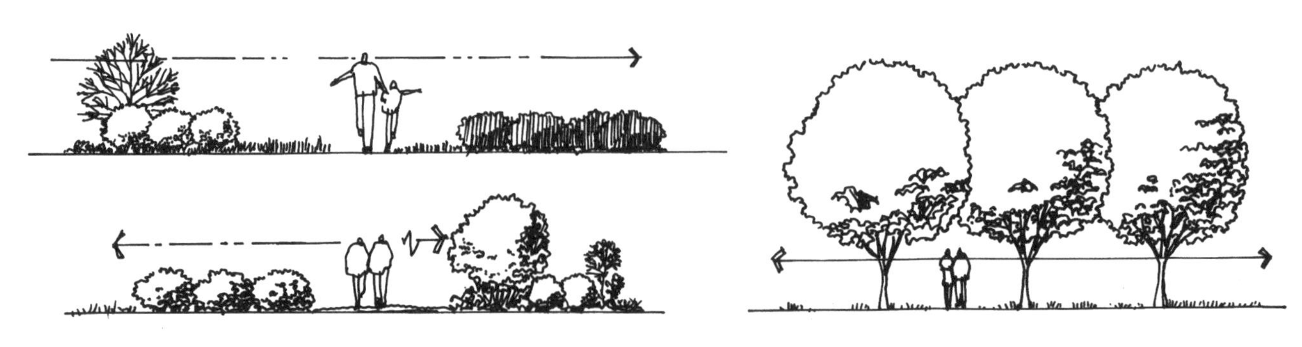

图3-46　处于地面和树冠下的覆盖空间

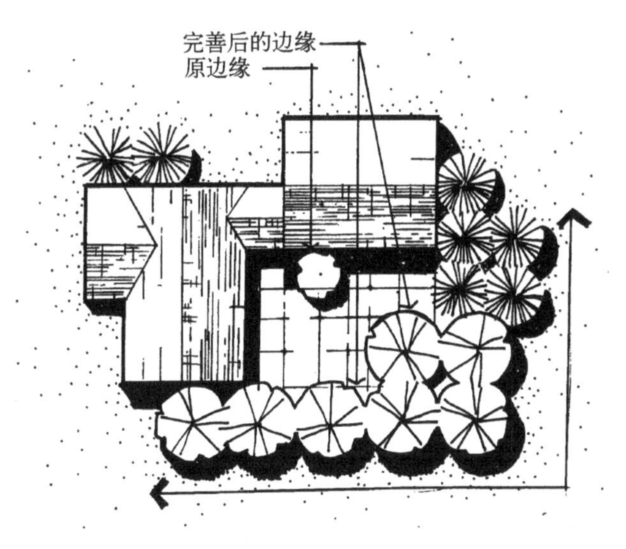

图3-47 植物的封闭作用

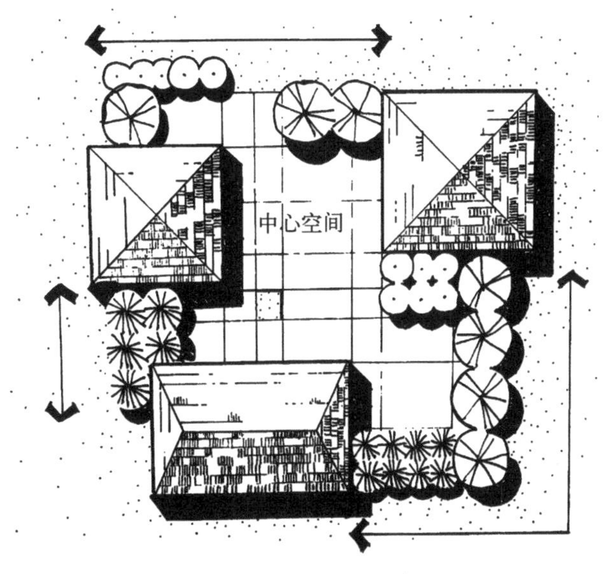

图3-48 植物的连接作用

色彩丰富的植物更会引起人们的注意，如图3-49所示，在空地中一株高大乔木自然会成为人们关注的对象、视觉的焦点，在景观中成为主景。但是并非只有高大乔木才具有这种功能，应该说，每一种植物都拥有这样的潜质，问题是设计师是否能够发现并加以合理利用。比如在草坪中，一丛花满枝头的紫薇就会成为视觉焦点，在瑞雪过后，一株红瑞木会让人眼前一亮：在阴暗角落，几株玉簪会令人赏心悦目等。

2）障景和引景

古典园林讲究“山穷水尽、柳暗花明”，通过障景，使得视线无法通达，利用人的好奇心，引导游人继续前行，探究屏障之后的景物，即所谓引景。其实障景的同时就起到了引景的作用，而要达到引景的效果就需要借助障景的手法，两者密不可分。比如图3-49所示，道路转弯处栽植一株花灌木，一方面遮挡了路人的视线，使其无法通视；另一方面这株花灌木也成为视觉的焦点，构成引景。

在景观创造的过程中，尽管植物往往同时担当障景与引景的作用，但面对不同的状况，某一功能也可能成为主导，相应的所选植物也会有所不同。比如在视线所及之处景观效果不佳，或者有不希望游人看到的物体，在这个方向上栽植的植物主要承担障景的作用，而这个“景”一般是“引”不得的，所以应该选择枝叶茂密、阻隔作用较好的植物，并且最好是“拒人于千里之外”的，一些常绿针叶植物应该是最佳的选择，比如云杉、桧柏、侧柏等就比较适合。如图3-50所示，某企业庭院紧邻城市主干道，外围有立交桥、高压电线等设施，景观效果不是太好，所以在这一方向上栽植高大的桧柏，以阻挡视线。

与此相反，某些景观隐匿于园林深处，此时引景的作用就更重要了，而障景也是必要的，但是不能挡得太死，要有一种“犹抱琵琶半遮面”的感觉，此时应该选择枝叶相对稀疏、欣赏价值较高的植物，如油

图3-49 植物的碍景和引景功能

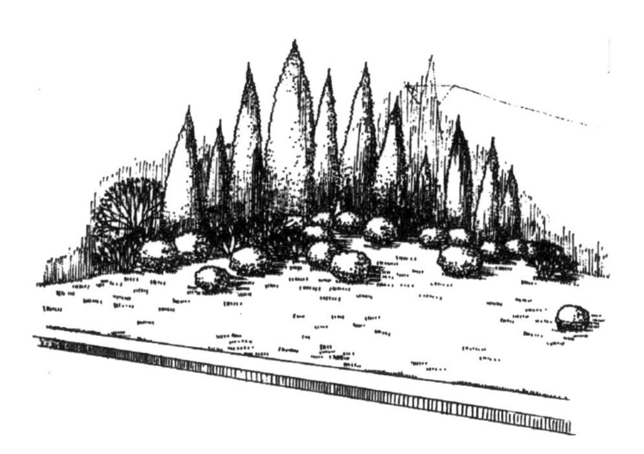

图3-50 利用植物屏障遮挡不佳的景观

松、银杏、栾树等。

3）框景与透景

将优美的自然景色通过门窗或植物等材料加以限定，如同画框与图画的关系，这种景观处理方式称为框景。框景常常让人产生错觉，疑似挂在墙外的图画，所以框景有"尺幅宙，无心回"之称，古典园林中框景的上方常常有"回中游"或者"别有洞天"之类的匾额。利用植物构成框景在现代园林中非常普遍，如图3-51所示，高大的乔木构成一个视窗，通过"窗口"可以看到远处优美的景致。植物框景也常常与透景组合，如图3-52所示，两侧的植物构成框景，将人的视线引向远方，这条视线则称为"远景线"。

构成框景的植物应该选用高大、挺拔的植物，透景植物则要求比较低矮，不能阻挡视线，可选形状规整的植物，比如龙柏、侧柏、油松等。而具有较高的观赏价值的，可选一些草坪、地被植物、低矮的花灌木等植物，前景要通透，形成透景。

4）植物的统一和联系功能

景观中的植物，尤其是同一种植物，能够使得两个无关联的元素在视觉上联系起来.形成统一的效果。如图3-53所示，临街的两栋建筑之间缺少联系，而在两者之间栽植上植物之后，两栋建筑物之间似乎构成联系，整个景观的完整性得到了加强。再如图3-54所示，图3-54(a)中两组植物之间缺少联系，各自独立，没有一个整体的感觉，而图3-54(b)中在两者之间栽植低矮的球形灌木，原先相互独立的两个组被联系起来，形成了统一的效果。其实要想使独立的两个部分（如植物组团、建筑物或者构筑物等）产生视觉上的联系，只要在两者之间加入相同的元素，并且最好呈水平延展状态，比如扁球形植物或者匍匐生长的植物（如铺地柏、地被植物等），从而产生"你中有我，我中有你"的感觉，就可以保证景观的视觉连续性，获得统一的效果，如图3-55所示。

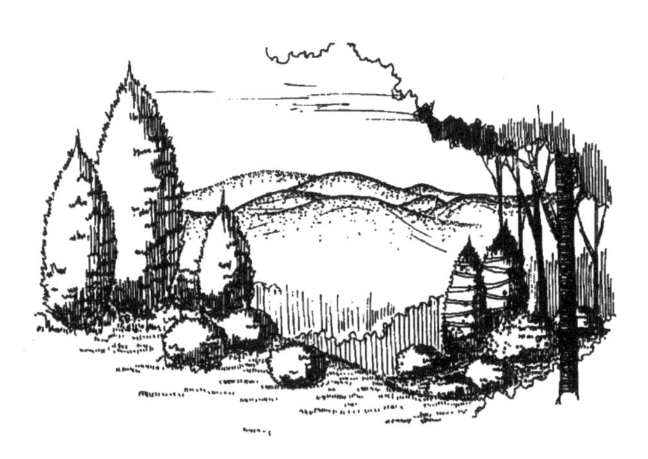

图3-51　利用植物构成框景效果

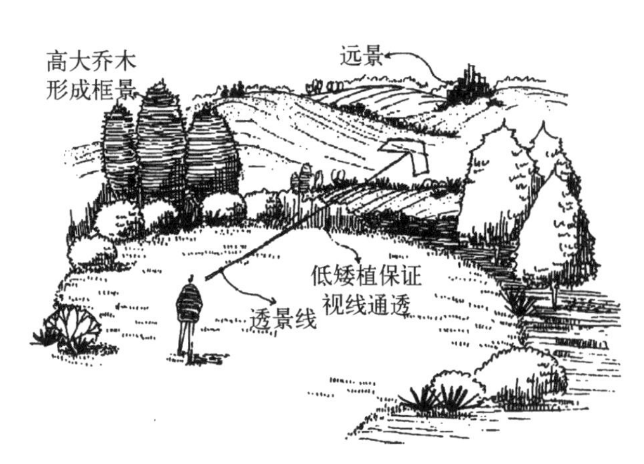

图3-52　植物形成的框景和透景

图3-53　利用植物加强两栋建筑物之间的联系

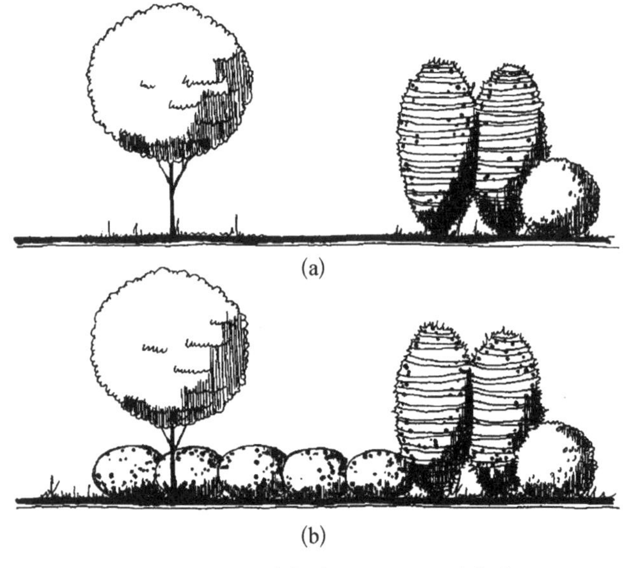

图3-54　利用灌木将两个组团联系起来
(a) 两组植物间缺少联系；(b) 栽植低矮球形灌木，联系两组植物

图3-55 利用地被植物形成统一的效果

4. 植物的强调和标示功能

某些植物具有特殊的外形、色彩、质地，能够成为众人瞩目的对象，同时也会使其周围的景物被关注，这一点就是植物强调和标示的功能。在一些公共场所的出入口、道路交叉点、庭院大门、建筑入口等需要强调、指示的位置，合理配置植物能够引起人们的注意。比如居住区中由于建筑物外观、布局和周围环境都比较相似，环境的可识别性较差，为了提高环境的可识别性，除了利用指示标牌之外，还可以在不同的组团中配置不同的植物，既丰富了景观，又可以成为独特的标示，如图3-56所示。

园林中地形的高低起伏，可使空间发生变化，也易使人产生新奇感。利用植物材料能够强调地形的高低起伏，如图3-57(a)所示，在地势较高处种植高大、挺拔的乔木，可以使地形起伏变化更加明显，与此相反，如果在地势凹处栽植植物，或者在山顶栽植低矮的、平展的植物可以使地势趋于平缓，如图3-57(b)所示。在园林景观营造中可以应用植物的这种功能，形成或突兀起伏或平缓的地形景观，与大规模的地形改造相比，可以说是事半功倍。

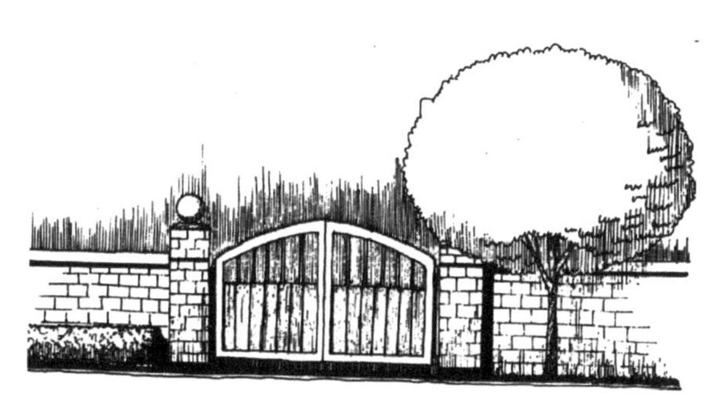

图3-56 植物的强调、标示功能

5. 植物的柔化功能

植物景观被称为软质景观，主要是因为植物造型柔和、较少棱角，颜色多为绿色，令人放松。因此在建筑物前、道路边沿、水体驳岸等处种植植物，可以起到柔化的作用。如图3-58所示，建筑物墙基处栽植的灌木、常绿植物软化了僵硬的堵塞线，而建筑之前栽植的阔叶乔木也起到同样的作用，图中表现的是冬季景观，尽管落叶之后，剩下光秃秃的树干，但是在冬季阳光的照射下，枝干在地面上和堵面上形成斑驳的落影，树与影、虚与实形成对比，也使得整个环境变得温馨、柔和。但需要注意的是，建筑物

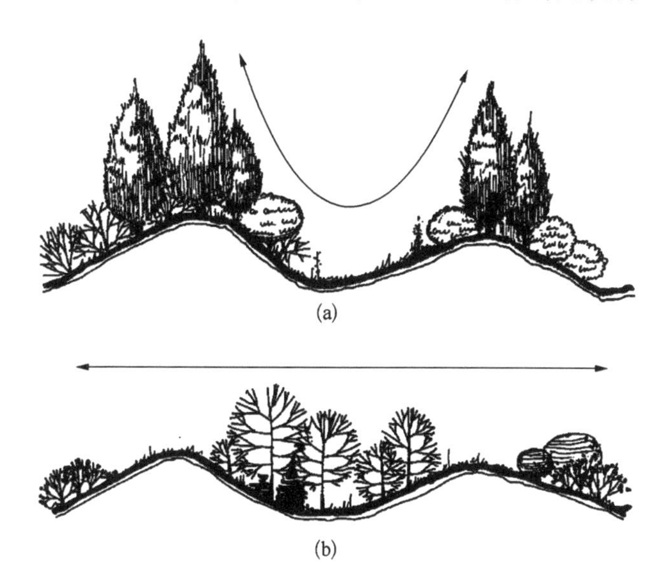

图3-57 利用植物强调或削弱地形变化
(a) 地势高处；(b) 地势凹处

图3-58 植物的柔化功能

前面不要选择曲枝类植物，比如龙爪桑、龙爪柳等，因为这些植物的枝干在墙面上投下的影子会很奇异，令人感觉不舒服。

6. 植物的经济功能

无论是日常生活，还是工业生产，植物一直都在为人类无私地奉献着，植物作为建筑、食品、化工等主要的原材料，产生了巨大的直接经济效益；通过保护、优化环境，植物又创造了巨大的间接经济效益。如此看来，如果我们在利用植物美化、优化环境的同时，又能获取一定的经济效益，这又何乐而不为呢。当然，片面地强调经济效益也是不可取的，园林植物景观的创造应该是在满足生态、观赏等各方面需要的基础上，尽量提高其经济效益。

植物设计应该在掌握植物观赏特性和生态学属性的基础上，对植物加以合理利用，从而最大限度地发挥植物的效益。

3.3.1.2　植物形态

在空间设计中，植物的总体形态——树形，是构成景观的基本因素之一。不同树形的树木经过妥善的配置和安排，可以产生韵律感、层次感等种种艺术组景的效果，可以表达和深化空间的意蕴。树形由树冠和树干组成。自然生长状态下，植物的外形常见类型有：圆柱形、尖塔形、圆锥形、伞形、圆球形、半圆形、卵形、广卵形、匍匐形等，特殊的有垂枝形、拱枝形、棕榈形等（见图3-59）。

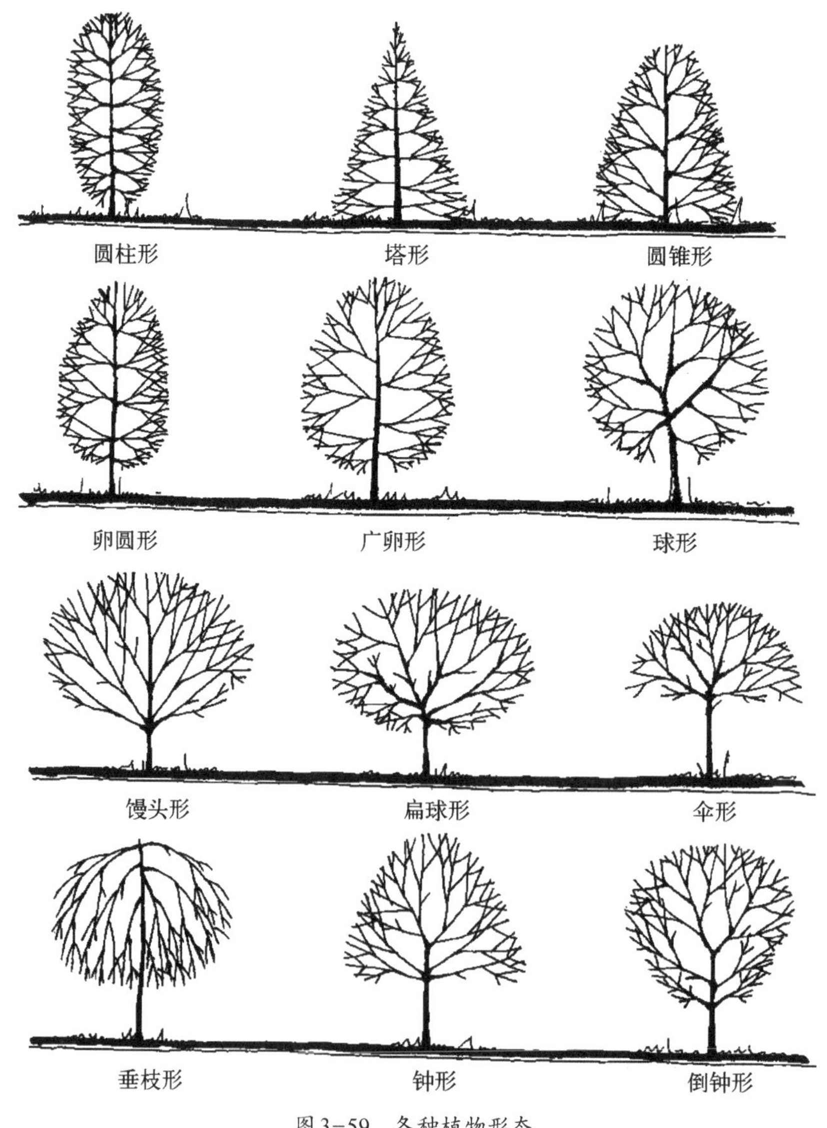

图3-59　各种植物形态

3.3.1.3 植物的大小

按照植物的高度、外观形态可以将植物分为乔木、灌木、地被三大类，如果按照植物的高矮再加以细分，可以分为大乔木、中乔木、小乔木、高灌木、中灌木、矮灌木、地被等类型，如图3-60所示。

1. 乔木

在开阔空间中，多以大乔木（tree）作为主体景观，构成空间的框架。中小乔木作为大乔木的背景，也可以作为较小空间的主景。

2. 灌木

灌木（shrub）无明显主干，枝叶密集，当灌木的高度高于视线，就可以构成视觉屏障。所以一些较高的灌木常密植或被修剪成树墙、绿篱，替代僵硬的围墙、栏杆，进行空间的围合。对于低矮的灌木尽管也可以构成空间的界定，但更多的时候是被修剪成植物模纹，广泛地运用于现代城市绿化中。

3. 地被植物

高度在30 cm以下的植物都属于地被植物（herbaceous plant）。由于接近地面，对于视线完全没有阻隔作用，所以地被植物在立面上不起作用，但是在地面上地被植物却有着较高的价值，同室内的地毯一样，地被植物作为“室外的地毯”可以暗示空间的变化，在草坪与地被之间形成明确的界限，确立了不同的空间。地被植物在景观中的作用与灌木、乔木是不同的。

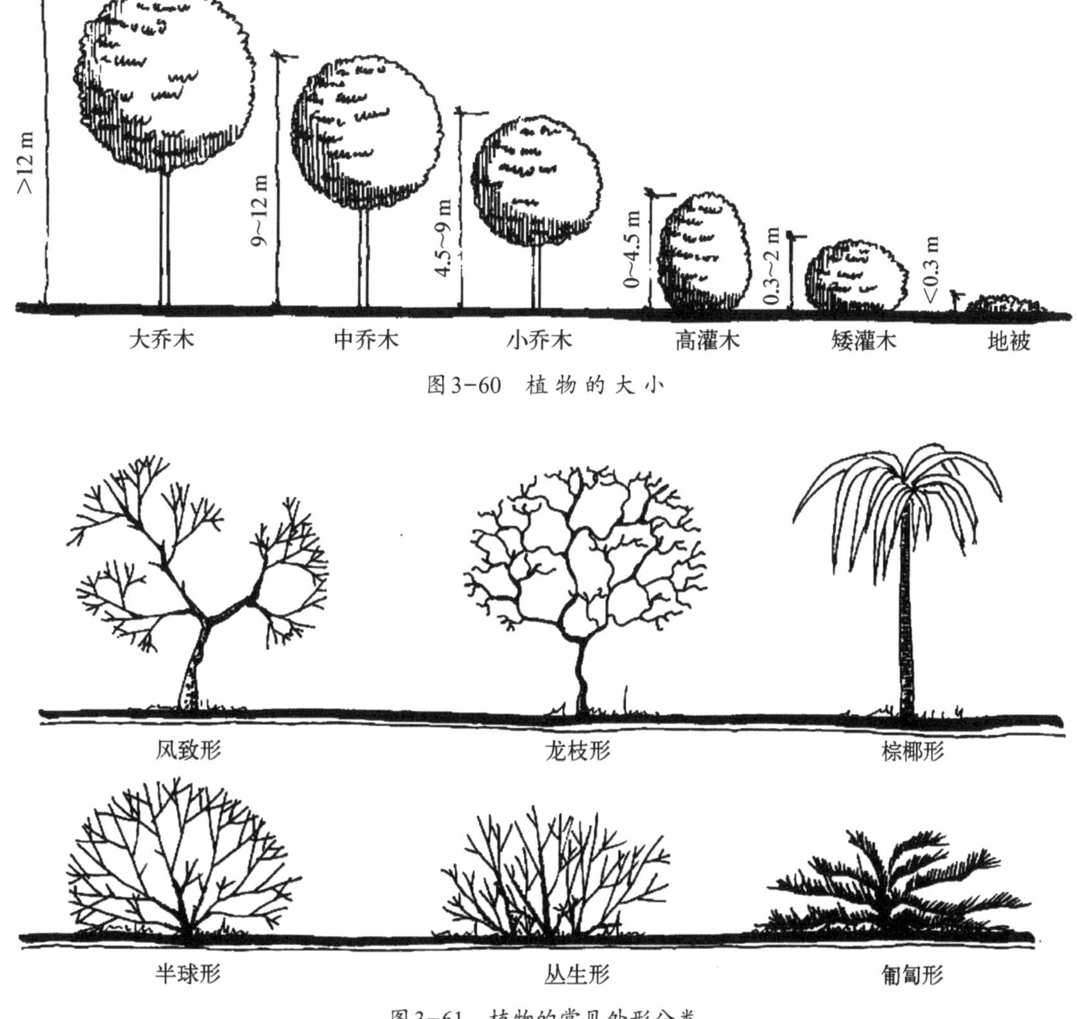

图3-60 植物的大小

图3-61 植物的常见外形分类

3.3.2 植物表现

3.3.2.1 乔木

1. 平面

1）单株树木平面的表示方法

树木的平面表示可先以位置为圆心、树冠平均半径作出圆，再加以表现。其手法非常多，变化也非常大。主要采取以下四种方法：轮廓型、分枝型、枝叶型、质感型来表示。

轮廓型：树木平面只用线条勾出轮廓。

分枝型：用线条的组合表示树枝或枝干分叉。相当于树木在落叶后的水平投影图。

枝叶型：既表示分枝也表示冠叶。相当于树冠在中间水平剖切后的水平投影图。

质感型：只用线条的组合或排列表示树木质感。相当于树木在枝繁叶茂时的水平投影图。

在绘制的时候为了方便识别和记忆，树木的平面图例最好与其形态特征相一致，尤其是针叶树种与阔叶树种应该加以区分。如图3－62～图3－64所示。

2）群组和大片树林

尽管树木的种类可用名录详细说明，但常常仍用不同的表现形式表示不同类别的树木。例如，用分枝型表示落叶阔叶树，用加上斜线的轮廓型表示常绿树等。各种表现形式当着上不同的色彩时，就会具有更强的表现力。图3－64为不同类型的树木平面团，有些树木平面具有装饰图案的特点，作图时可参考。当表示几株相连的相同树木的平面时，应互相避让，使图面形成整体（见图3－65）。当表示成群树木的平面时可连成一片；当表示成林树木的平面时可只勾勒林缘线（见图3－66）。

3）树冠的避让

为了使图面简洁清楚、避免遮挡，基地现状资料图、详图或施工图中的树木平面可用简单的轮廓线表示，有时甚至只用小圆圈标出树干的位置。在设计图中，当树冠下有花台、花坛、花境或水面、石块和竹丛等较低矮的设计内容时，树木平面也不应过于复杂，要注意退让，不要挡住下面的内容（见图3－67）。但是，若只是为了表示整个树木群体的平面布置，则可以不考虑树冠的避让，应以强调树冠平面为主（见图3－68）。

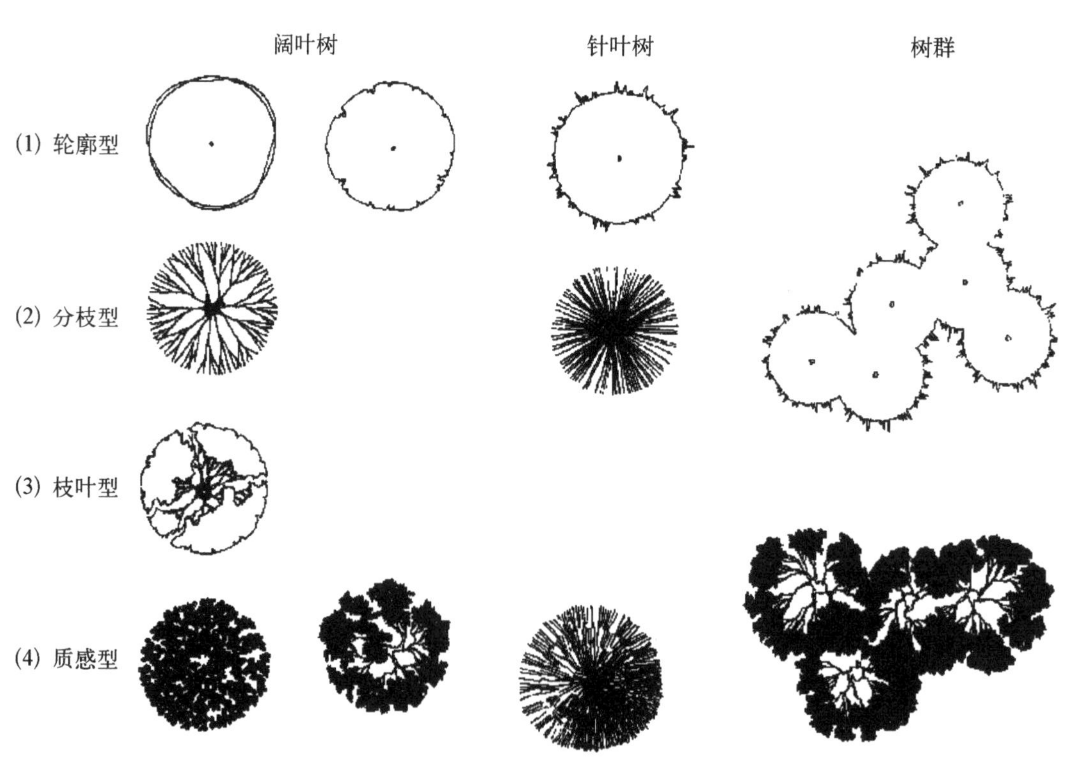

图3－62 树木平面的四种表示类型

图3-63　平面图例绘制

图3-64　不同类型的树木

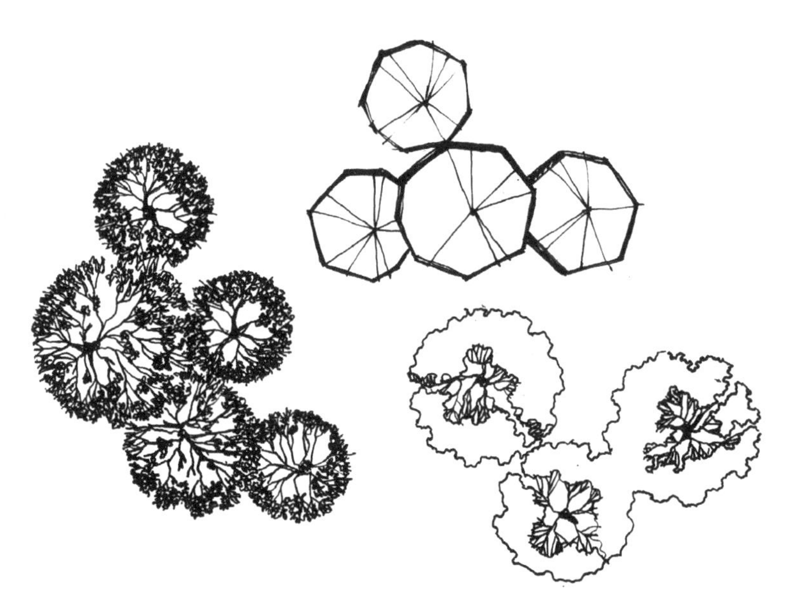

图3-65　几株相连树木的组合画法

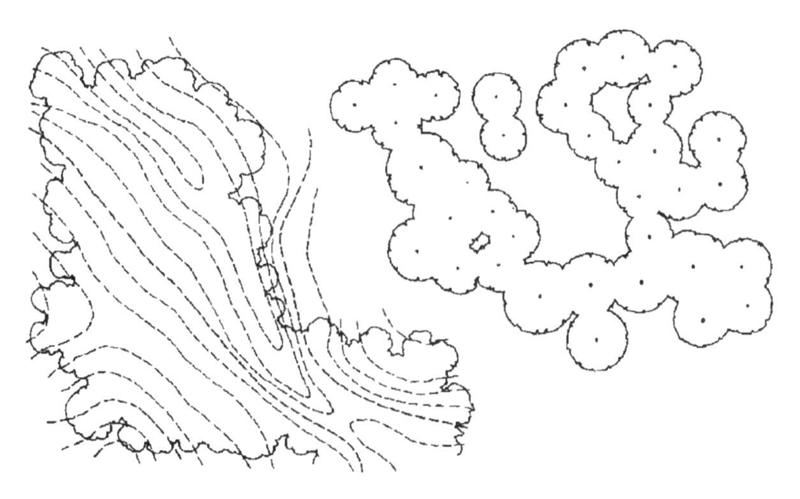

图3-66　大片树木的平面表示法

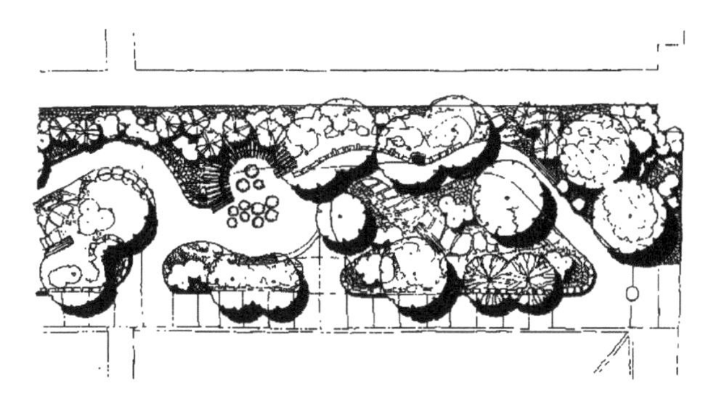

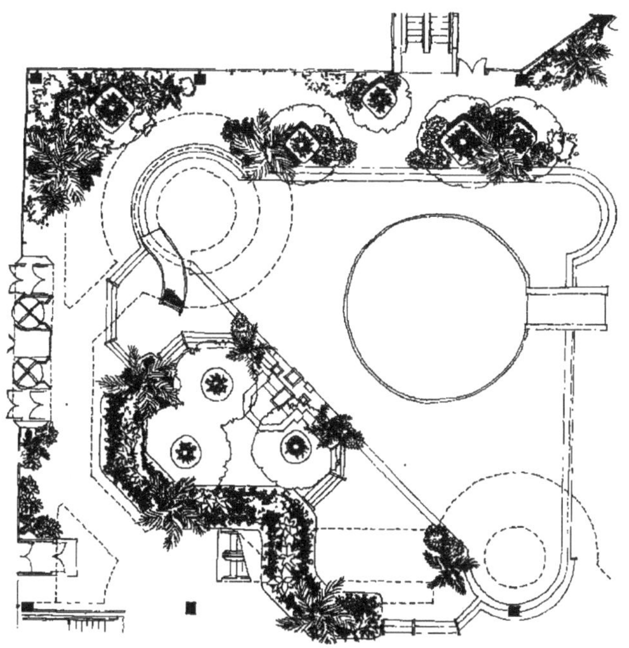

图3-67　树冠避让举例

4）树木的平面落影

树木的落影是平面树木重要的表现方法，它可以增加图面的对比效果，使四面明快、有生气（图3-69）。树木的地面落影与树冠的形状、光线的角度和地面条件有关，在园林图中常用落影图表示，有时也可根据树形稍稍做些变化。

作树木落影的具体方法可参考图3-70。先选定平面光线的方向，定出落影量，以等圆作树冠圆和落影圆，然后擦去树冠下的落影，将其余的落影涂黑，并加以表现。

2. 立面

树木的立面表示方法也可分成轮廓型、分枝型和质感型等几大类型，但有时并不十分严格（见图3-64、图3-71）。

3. 平立面统一

树木在平面、立（剖）面图中的表示方法应相同，表现手法和风格应一致，并保证树木的平面冠径与立面冠幅相等、平面与立面对应、树干的位置处于树冠圆的圆心。这样作出的平面、立（剖）面图才和谐（见图3-72）。

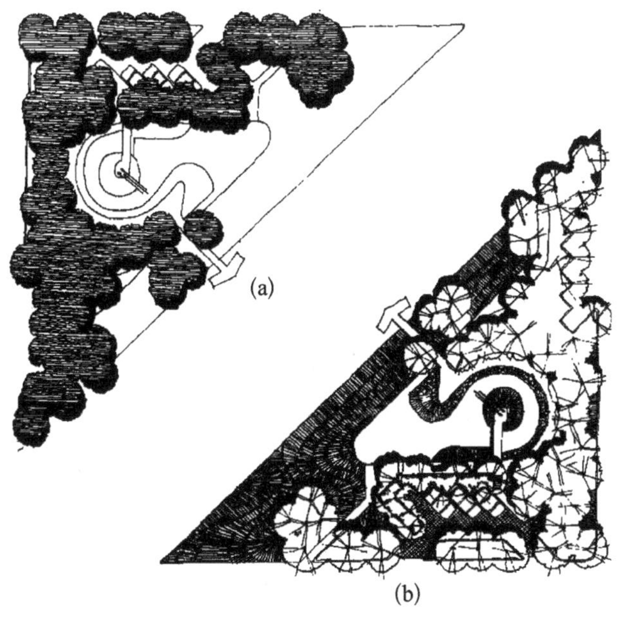

图3-68　树木平面和树冠避让
（a）强调树冠；（b）树冠避让

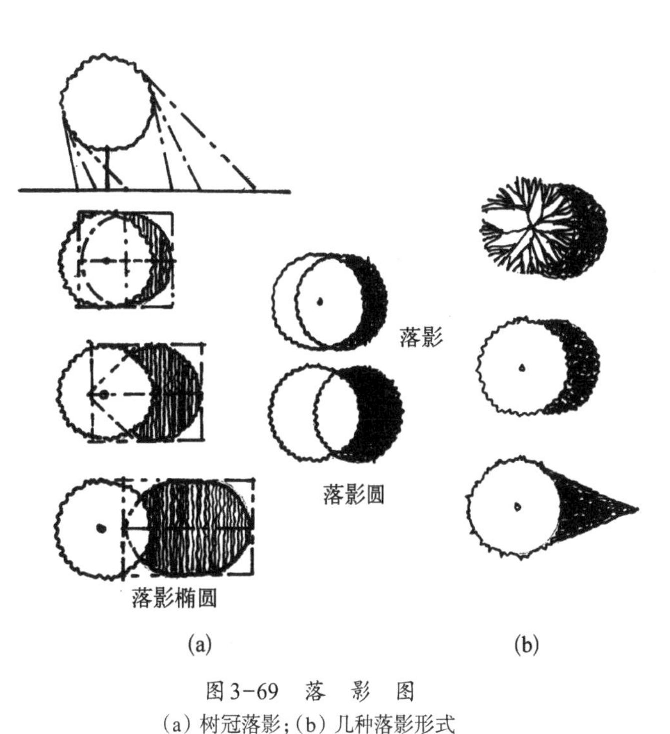

图3-69　落　影　图
（a）树冠落影；（b）几种落影形式

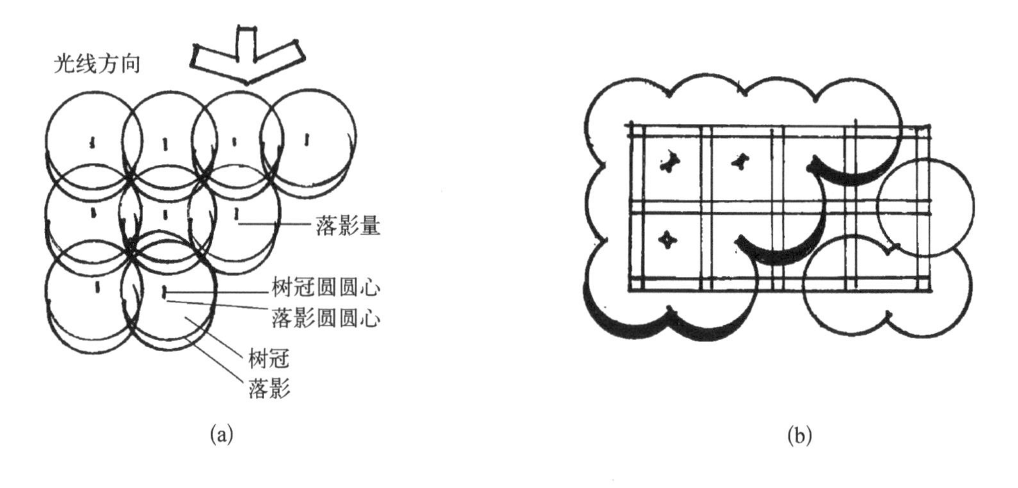

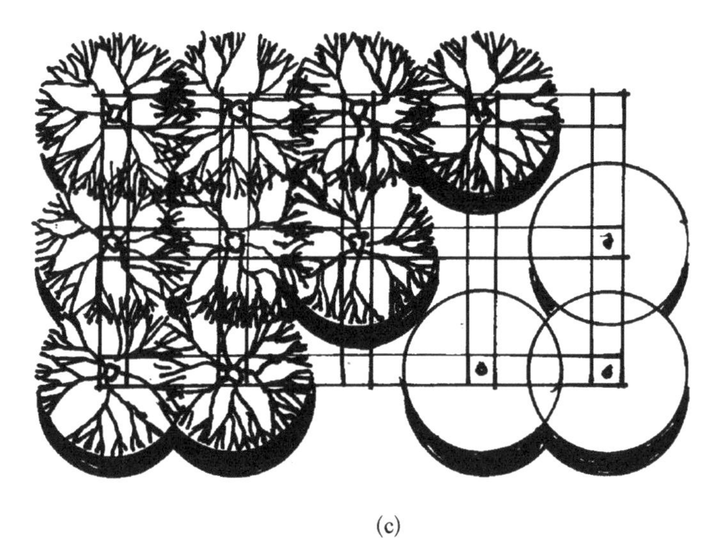

图3-70　树木落影的作图步骤
（a）草稿；（b）擦除树冠下的落影；（c）表现图

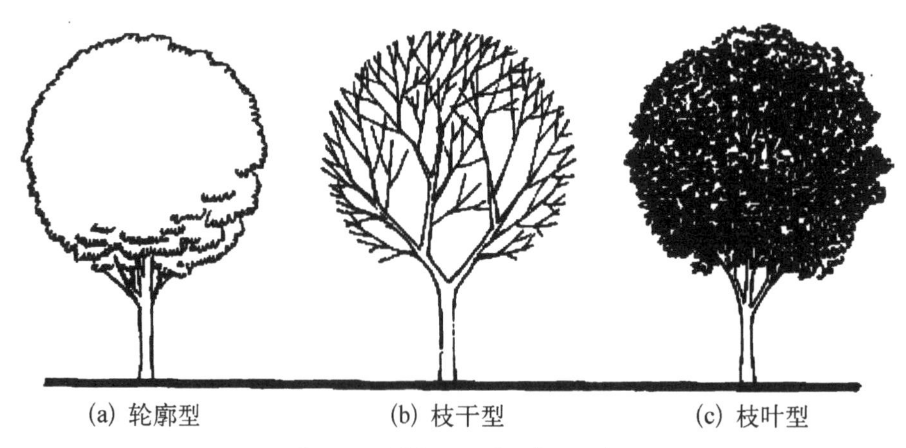

图3-71　树木立面图例表现形式

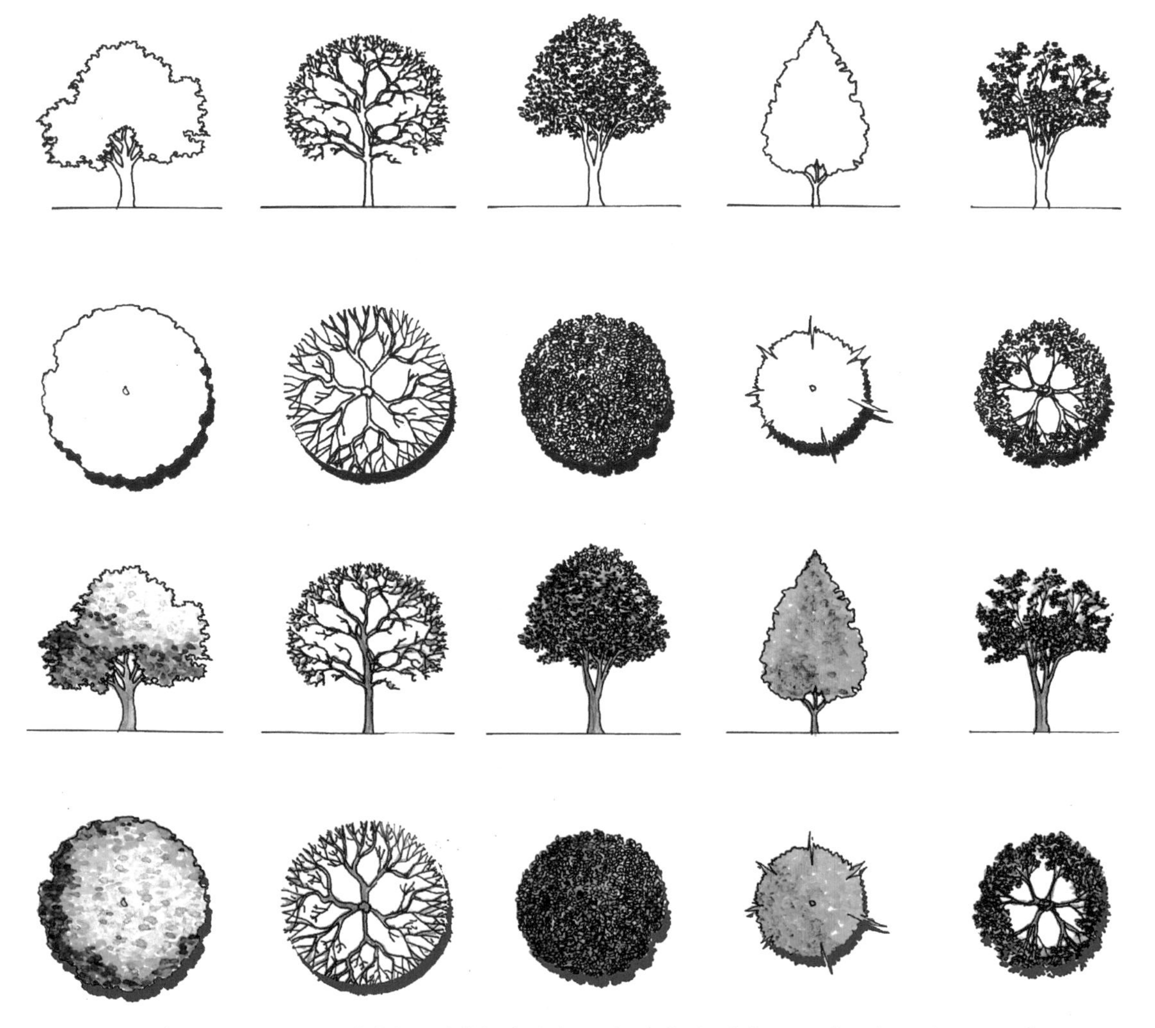

图3-72　平立面的对应与上色［轮廓型（阔叶）、质感型、质感型、轮廓型（针叶）、枝叶型］

3.3.2.2　灌木和地被

平面图中，单株灌木的表示方法与树木相同，如果成丛栽植可以描绘植物组团的轮廓线，如图3－73所示，自然式栽植的灌丛，轮廓线不规则，修剪的灌丛或绿篱形状规则或不规则但圆滑。地被一般利用细线勾勒出栽植范围，然后填充图案，如图3－74所示。

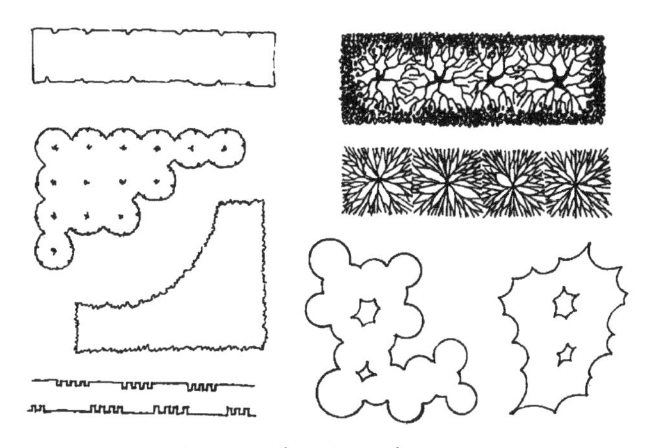

图3-73　灌丛的平面表现示例

灌木的立面或立体效果的表现方法也与乔木相同，只不过灌木一般无主干，分支点较低，体量较小，绘制的时候应抓住每一品种的特点加以描绘，如图3－75所示。

3.3.2.3　草坪

在园林景观中草坪（lawn）作为景观基底占有很大的面积，在绘制时同样也要注意其表现的方法，最为常用的就是打点法。

打点法：利用小圆点表示草坪并通过圆点的疏密变化表现明暗或者凸凹效果，并且在树木、道路、

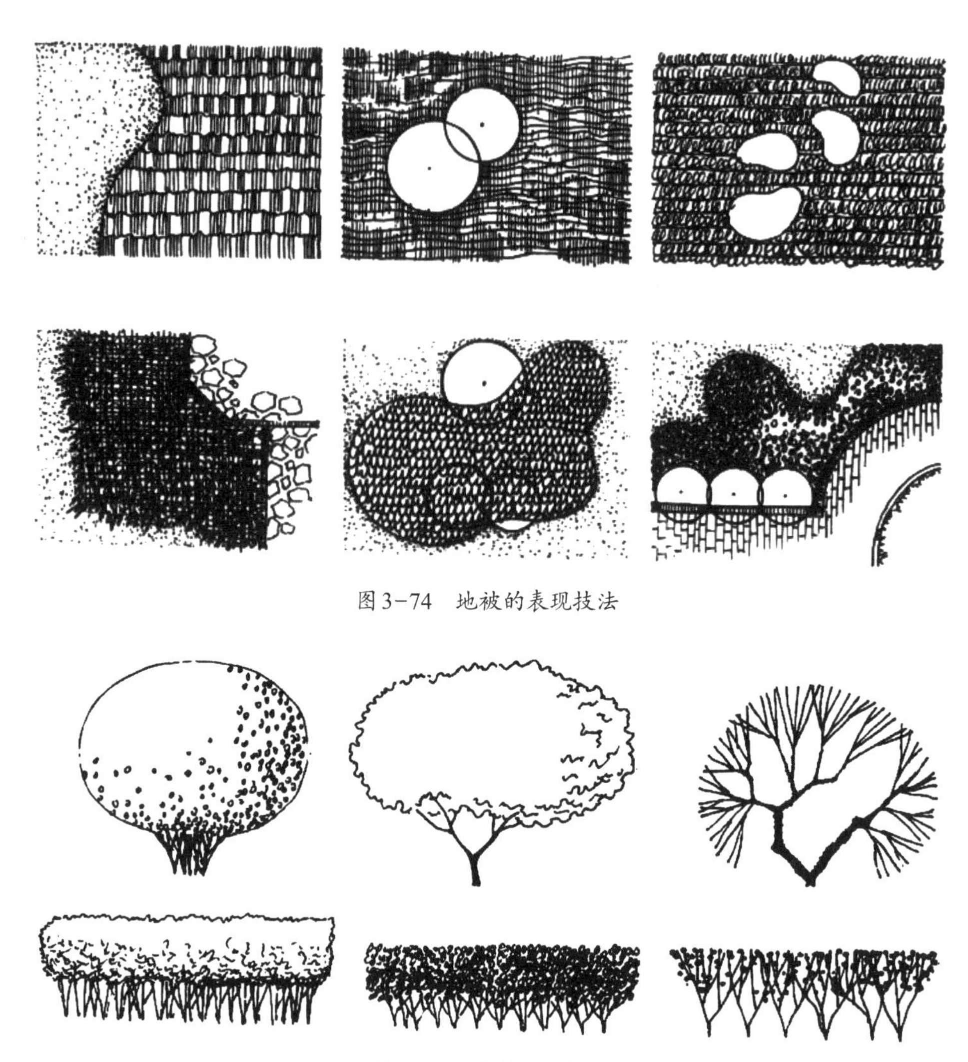

图3-74　地被的表现技法

图3-75　灌木立面

建筑物的边缘或者水体边缘的圆点适当加密，以增强图面的立体感和装饰效果。

线段排列法：线段排列要整齐，行间可以有重叠，也可以留有空白，当然也可以用无规律排列的小短线或者线段表示，这一方法常常用于表现管理粗放的草地或者草场。

此外，还可以利用上面两种方法表现地形等高线，如图3-76所示。

3.3.2.4　植物种植结构与空间营造

1. 种植结构

植物是园林要素中丰富多变，且唯一具有生命力的要素。如何通过园林植物和其他设计要素相结合共同构筑园林的整体空间结构是种植设计的本质体现。

植物种植结构层次在空间上主要分为平面结构类型和垂直结构类型两大类。平面结构类型侧重的是植物景观在平面构图上的疏密通透以及前景、中景、远景的合理搭配和林缘线的组织，而垂直结构类型侧重的则是植物景观的林冠线的起伏和上层景观、中层景观、下层景观的纵向复合或单一模式的种植形式。

2. 平面结构类型

一般来说，根据人们视线的通透程度可将植物构筑的空间分为开敞空间、半开敞空间及封闭空间。设计师应将不同形态、规格及观赏特性的植物在平面形成的不同的空间围合形式、长宽比等空间关系，进而构成不同的空间类型。

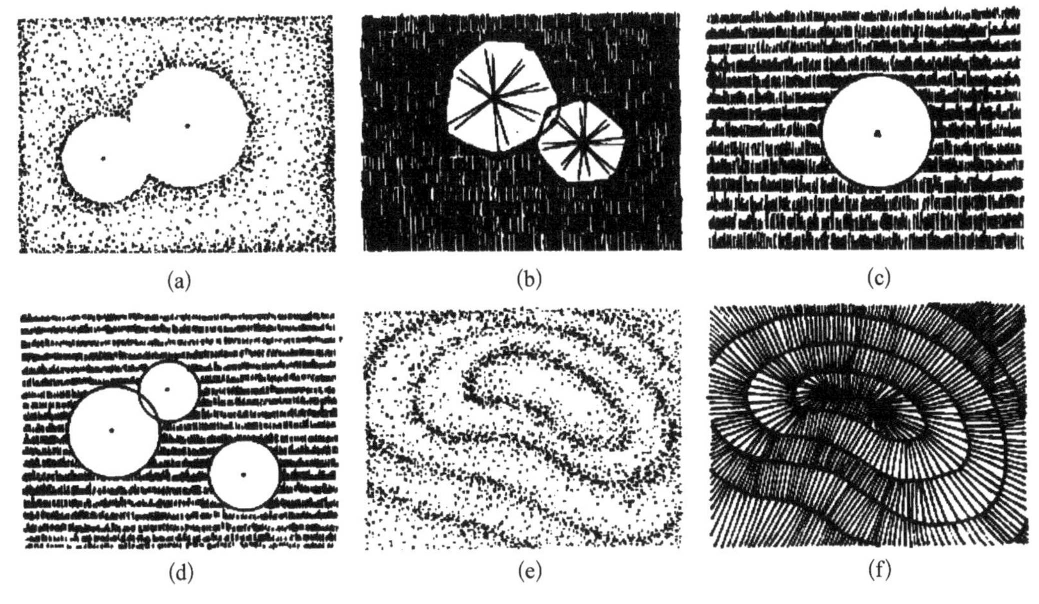

图3-76 草坪的表现技法

(a) 打点法;(b) 线段排列(行间不留白);(c) 线段排列(线段长留白);(d) 线段排列(线段短留白);(e) 打点法(等高线处适当加密);(f) 等高线加线段垂直排列

园林植物形成的开敞空间是指在一定区域范围内,由植物作为主要空间构成要素的,人的视线高于四周景物的空间,如大草坪。这类空间视线通透、开朗旷达、无私密性。草坪、地被、低矮灌木都是构成开敞空间的天然基底植物,通过不同的高度和不同种类的基底植物来界定空间,暗示空间的范围能够形成典型的开敞空间。

半开敞空间就是指在一定区域范围内,四周围不完全开敞,而是有部分视角用植物阻挡了人的视线,人的视线时而通透,时而受阻,富于变化。

封闭空间是空间各界面均被植物封闭,人的视线受到完全屏蔽。空间封闭,具有极强的隔离感。

3. 垂直结构类型

在园林植物设计中,植物群落的立体层次配置对形成功能合理、景观优美的植物景观非常重要。在垂直界面上,植物通过几种方式限制着空间和影响着空间感。垂直结构上,种植层次可分为上木、中木、下木,上木的树冠和树干限制着空间范围,中木则在垂直面内完成空间围合或连接作用,常常形成较好的视线闭合环境,形成私密性。垂直观赏面构图中起决定作用的是植物的形状、大小、选用的树种和植物构图方式。

在植物景观中,立面景观是一个很重要的观赏面。由不同种类的植物组成的林冠线形成了丰富多样的景观结构类型,而且上木、中木、下木能复合种植,为了便于叙述,本书依据最上层为上木、中木及下木的复合种植分别称为上区、中区、下区及草区(见表3-2)。

表3-2 垂直结构层次的类型

类型	层次	典型结构	种植形式
木本	上区	上中下结构	乔木+中木+低灌
		上下结构	乔木+低灌
		单上木结构	孤植
	中区	中下结构	中木+低灌
		单中木结构	孤植
	下区	单下木结构	球类孤植、模纹
草本	草区	地被	花境、草坪、草花
		草坪	

在不同的绿地类型中,通过合理地选择丰富的植物品种来形成多层次的复合结构的植物景观,也可以通过选择简单的一种或几种植物品种来形成简洁的植物景观,主要根据不同的空间条件及与周围其他园林要素的有机结合情况,形成一个相融相辅、丰富多彩的景观环境。

3.3.3 种植设计的程序

本节主要阐述种植设计的程序，并分别以办公区及居住区环境为例，讲述不同类型绿地设计，便于同学们体会其差异。

1. 种植设计程序

种植设计程序，由分析问题开始，需要进行功能的分区，进而进行种植的规划，再进行单体植物的布置。这是一个由粗到细、由表及里的思维过程。

第一步：分析问题。

分析场地，认清问题和发现潜力，以及审阅工程委托人及总体方案设计师的要求，确定需要考虑何种因素与功能，需要解决什么困难以及明确预想的设计效果。

第二步：功能分区图。

植物主要起到障景、蔽荫、限制空间以及视线焦点。准备一张用抽象方式描述设计要素和功能的工作原理图，粗略地用图、表、符号来表示：室外空间、围墙、屏障、景观以及道路。这一阶段，主要研究大面积种植的区域，关心植物种植区域的位置和相对面积。一般不考虑需要使用何种植物，或各单独植物的具体分布位置。特殊结构、材料或工程细节在此阶段均不重要。为了估价和选择最佳设计方案，往往需要拟出几种不同的、可供选择的功能分区草图（见图3-77）。

第三步：种植规划图。

使分区图完善合理后，才能考虑加入更多的细节和细部设计，称为“种植规划图”。

这一阶段主要考虑区域内部的初步布局，应将种植区域分划成更小的、象征各种植物类型、大小、形态的区域。例如可标明如高落叶灌木、矮针叶常绿灌木、观赏乔木等。也应分析植物色彩和质地间的关系，但也无须立即费力安排单株植物或确定具体种类，这样能更好地运用基本方法，在不同的植物观赏特性之间勾画出理想的关系图（见图3-78）。

在分析一个种植区域的高度关系时，应用立面草图，以概括的方法分析各不同植物区域的相对高度。在考虑不同方向和视点时，应尽可能画出更多的立面组合图，以便从各个角度全面地进行观察立体布置（见图3-79）。

本阶段的设计关键就是要群体地而不是单体地处理植物素材。原因之一是一个设计中的各组相似因素都会在布局内对视觉统一感产生影响，这是适

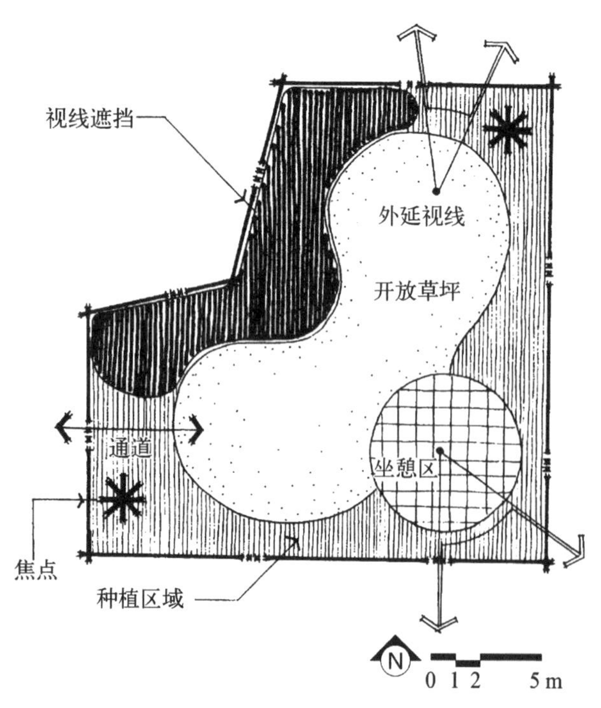

图3-77 构 思 图

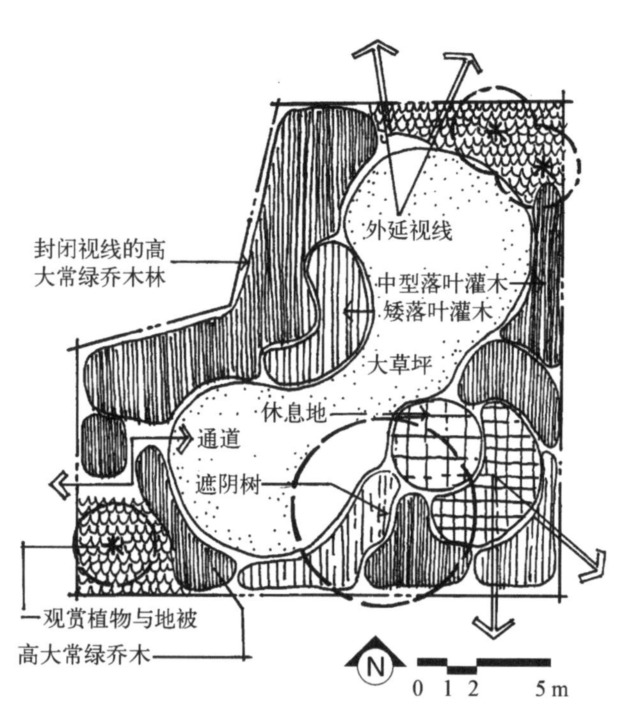

图3-78 种植规划图

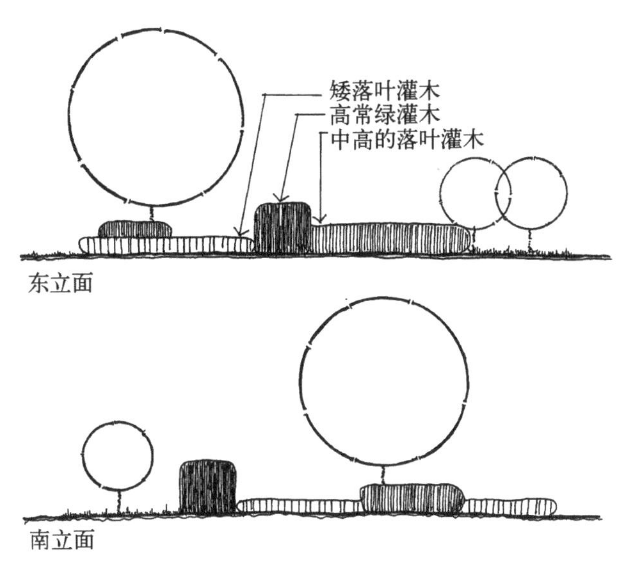

图3-79　不同角度的立体图

图3-80　在开敞草坪上单株树木可作为标本树

图3-81　标本植物在植物丛中作为主景树

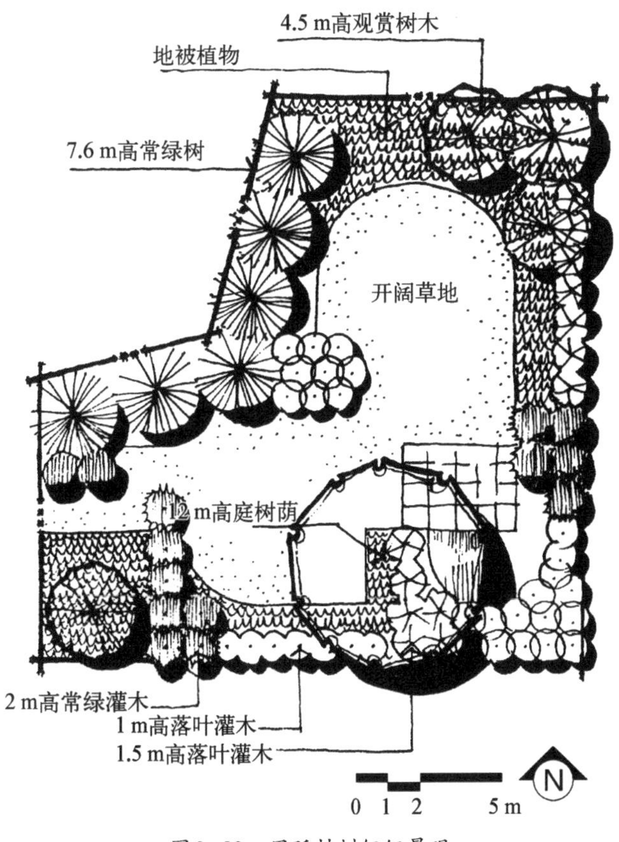

图3-82　用孤植树组织景观

用各种设计的一条基本原则。当设计中的各个成分互不相关各自孤立时，那么整个设计就可能在视觉上分裂成无数相互抗衡的对立部分。但在另一面，群体或“浓密的集合体”则能将各单独的部分联结成一个统一的整体。其次，植物在自然界中几乎都是以群体形式存在，就其群落结构方式而言，有一个固定的规律性和统一性。

唯一需要将植物作为孤立、特殊因素置于设计中的，应是希望将其当作一个独立因素加以突出时才用到。别致的孤植树应该安置于一个开放的草坪内，如同一件从各个角度都能观赏到的生动雕塑作品。当然，孤植树也可被置于一群较小植物中，充当这个植物布局中的主景树。但是，在一个设计中，孤植树不宜太多，否则将注意分散在众多相异目标上。如图3-80～图3-82所示。

第四步：布置单体植物。

完成了植物群体的初步组合后，在这一阶段中可以着手开始各基本规划部分，并在其间排列单株植物。当然，此时的植物主要仍以群体为主，并将其排列来填满种植规划各个区域。在布置单体植物时，应记住以下几点：

（1）在群体的单株植物设计时，植物的成熟程度应在75%～100%，而不是局限于眼前的幼苗来设计。为避免建园初期景观不佳的麻烦，应将幼树相互分开，以使它们具有成熟后的间隔。随着时间的推移，各单体植物的空隙将会缩小，最后消失。对设计师来说，重要的是要了解植物的幼苗大小，以及最终成熟后的外貌，以便在一个种植设计中，将单体植物正确地植于群体中。

（2）在群体中布置单体植物时，应使它们之间有轻微的重叠。为视觉统一的缘故，单体植物的相互重叠面，基本上为各植物直径的1/4～1/3。

（3）排列植物的原则是将它们按奇数，如3、5、7等组合排列，每组数目不宜过多。奇数之所以能产生统一布局的效果，皆因其成分相互配合，相互增补。由于偶数易于分割，因而互相对立。如果是三株一组，人们的视线不会停留在任何一单株上，而会将其之作为一个整体来观赏。如是偶数，视线易于在两者间移动。偶数排列还要求一组中的植物在大小、形状、色彩和质地上统一，以保持冠幅的一致和平衡。如果一株死亡，也难于补充大小形状相似植物。以上植物排列的要点在7棵植物或少于该数目时尤为有效，对人眼来说，难以区分奇数或偶数。如图3－83所示。

完成了单株植物的组合后，应该考虑组与组或群与群之间的关系。在这一阶段，单株植物的群体排列原则同样适用（见图3－84）。各组植物之间，应如同一组中各单体植物之间一样，在视觉上相互衔接，各组植物之间所形成的空隙或“废空间”（见图3－85）

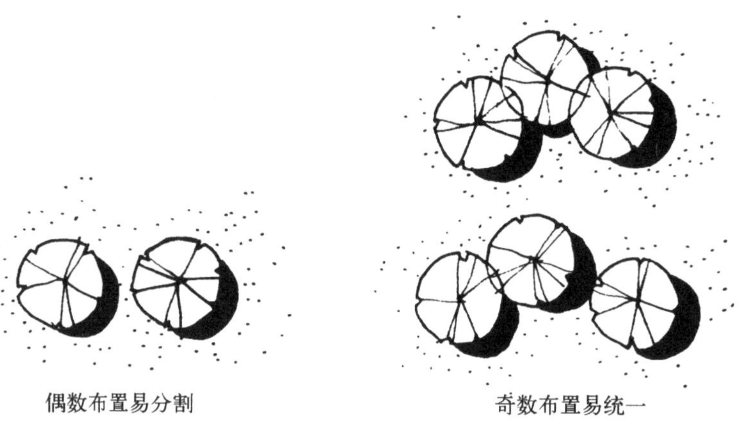

图3－83　奇数和偶数植株效果

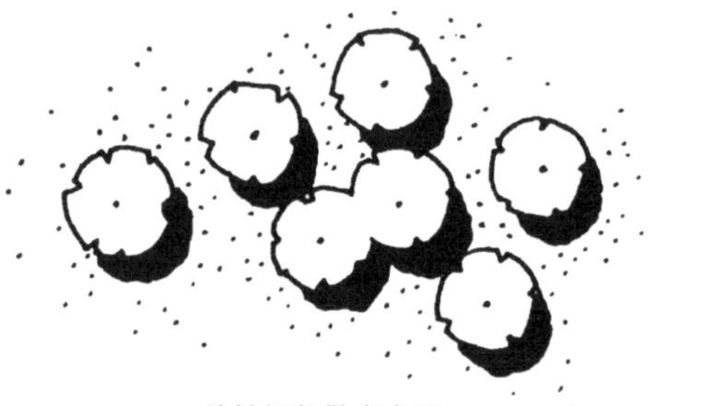

单株植物散点布置

单株植物群体布置

图3－84　单株植物的布置

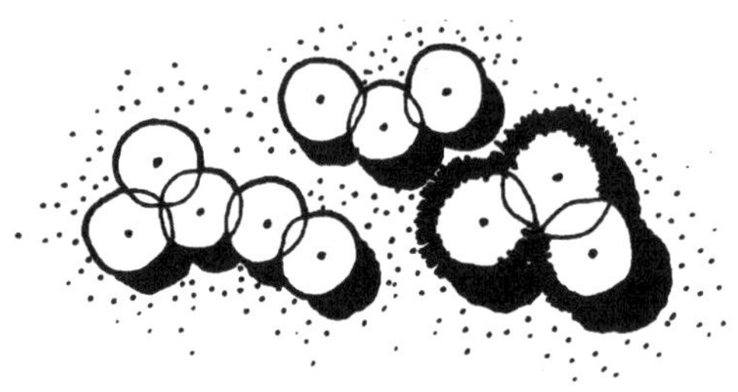

废空间由植物丛之间的空隙造成

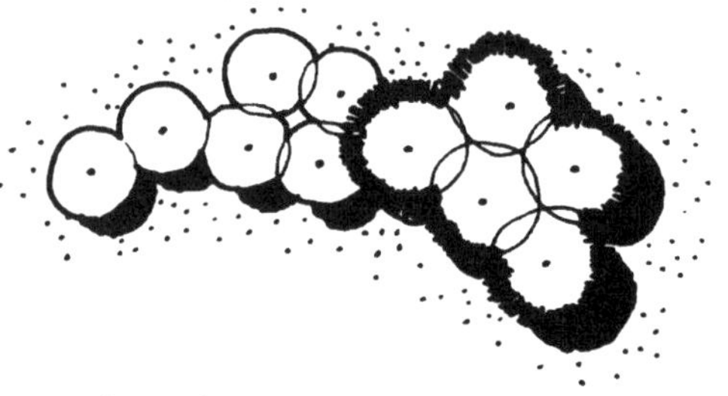

每组植物紧密结合在一起、消除废空间

图3－85　植物丛之间的废空间及其消除

应予以彻底消除，因为这些空间既不悦目，又会造成杂乱无序的外观，且极易造成养护的困难。

在考虑植物间的间隙和相对高度时，决不能忽略树冠下面的空间。无经验的设计师往往认为在平面上所观察到的树冠向下延伸到地面，从而不在树冠的平面边沿种其他低矮植物。这无疑会在树冠下面形成废空间，破坏设计的流动性和连贯性（见图3-86）。应在树冠下面种些较低的植物。当然，特意在此处构成有用空间则另当别论。

在设计中植物的组合与排列，除了与该布局中的其他植物相配合外，还应与其他要素和形式相配合。种植设计应该涉及地形、建筑、围墙以及各种铺装材料和开阔的草坪。例如，一般说，植物应该与铺装边缘相辉映。植物在呈直线的铺地材料周围也排列成直线形（见图3-87），或在有自由形状特征的布局中呈曲线状。

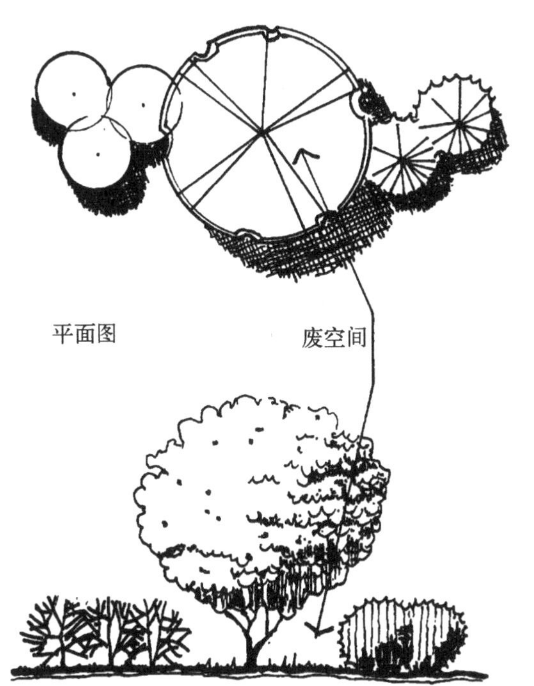

树冠下的废空间

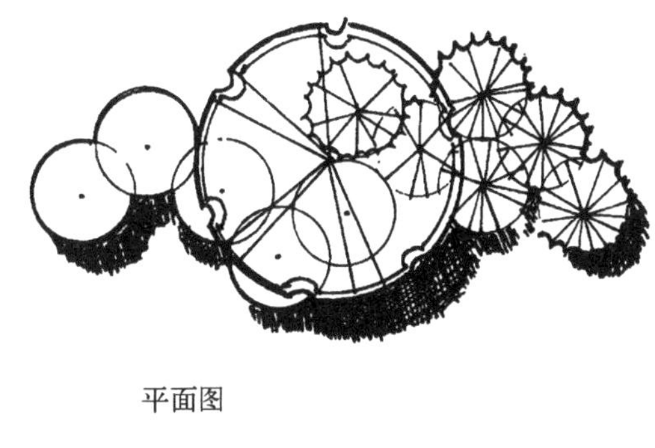

灌木占有树冠底部充实了空间

图3-86 树冠下废空间及其利用

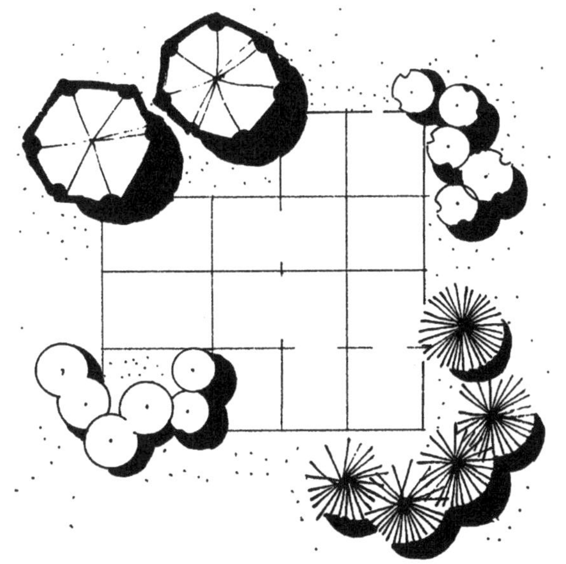

植物没有很好地结合铺地形式

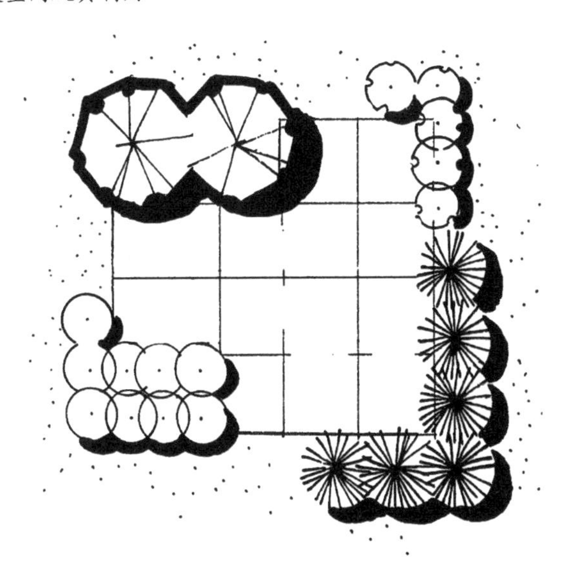

植物突出强调了铺地形式

图3-87 植物与铺地形式的关系

第五步，选择使用植物种类。

在布局中以群植或孤植形式配置植物的程序上，也应着手分析在何处使用何种植物种类。选取植物种类应遵循一些原则：① 必须与初步设计阶段所选择的植物大小、体形、色彩以及质地等相近似；② 设计时应考虑阳光、风及各区域的土壤条件等因素；③ 布局中，应有一种普通种类的植物，以其数量占支配地位，从而确保布局的统一性（见图3-88）。这种普通的植物树种应该在树形上呈圆形，具有中间绿色叶以及中粗质地结构。这种具有协调作用的树种应该在视觉上贯穿整个设计。然后，在设计布局中加入不同植物种类，以产生多样化的特性。但是在数量和组合形式上都不能超过原有的这种普通植物，否则将会使原有的统一性毁于一旦。

种植设计程序是从总体到具体，最后确定设计中的植物具体名称有助于帮助设计师在注意布局的某一具体局部之前，研究整个布局及其之间的各种关系。相反，如果首选选取植物种类，并试图将其安插进设计中，通常会造成植物与整个设计脱节。

2. 基于种植结构层次的不同绿地植物设计程序

不同场地规模应有不同的植物设计方法和程序。大型项目占地面积大、空间尺度大，种植设计应体现整体性，追求植物形成的空间尺度、反映地域特征和整体景观效果。而不应局限于单纯展示植物形体、姿态、花果、色彩等个体美，或堆积大量植物品种。

不同的绿地如居住区、公园、办公区的种植设计，其开敞与封闭的要求是不一样的，对私密性的要求也不一样。对建筑内外而言，白天室外的光比室内强，因而室内易于观察室外；夜晚室内光照比室外强，因而从室外易于观察室内。这个原因导致居住建筑需要较强的私密性，而办公建筑则不需要强烈的私密性。我们在设计室外环境时，居住区绿化特别是宅旁绿地常常用多层种植的方法形成较强的私密性，种植结构上更多采用包含中木的种植结构，如上中下结构、中下结构；而办公环境，则较少采用包含中木的种植结构。公园虽然不同功能区的私密性要求不同，但总体上私密要求不高。在公园中过强的私密性反而会使某些区域安全性成为问题，这是我们在设计时需要避免的。当然，居住区中也包含居住区公园、居住小区公园，这要按公园设计要求来。表3-3列出了常见的公园种植、居住区宅旁种植及办公区种植差异。

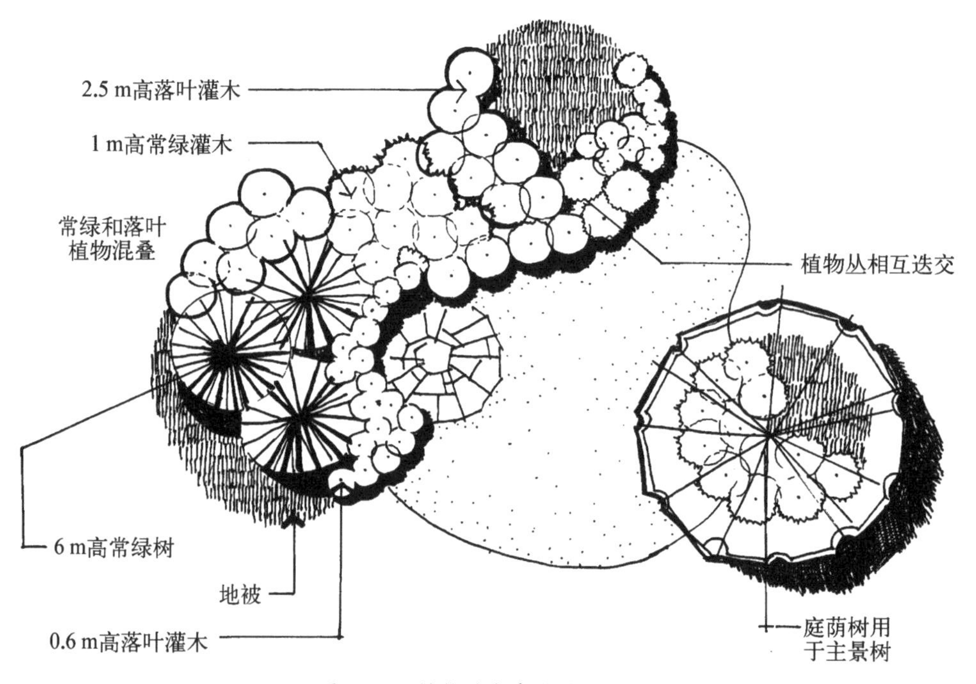

图3-88　植物种类布局的统一性

表3-3 几种常见类型绿地种植设计

类　型	空间设计要求	垂直结构类型			
		上木区	中木区	下木区	草坪区
办公区种植	开敞	上下结构/单上木	种植极少	单下木	草坪/地被
居住区宅旁种植	半私密/私密	上中下结构	中下结构/单中木	单下木	草坪/地被
公园种植	开敞/半私密，依功能区定	上下结构/单上木	面积相对较小	单下木	草坪/地被

3.3.4 种植结构层次在不同类型绿地中的应用

下面分别阐述办公区种植、居住区种植及公园种植设计方法，注重其种植结构设计。

1. 办公区种植设计

种植设计的关键在于将植物元素合理地搭配，最终形成一个有序的整体。办公区种植结构中木较少。以下实例主要是上下结构的种植设计方法。在植物种植结构层次理论的基础上，植物设计应遵循以下四个步骤：

1）设计草本

先划分草本和木本的区域，在平面构图中先将其各自区域的界限划分出来。整体上把握植物在平面上的空间组合变化，因为草本的边界形状，决定了划草本区域的大小，与木本植物的衔接暗示了空间的组合与变化关系。其次再在草本中划分地被和草坪区域，地被、草坪能划分不同形态的地表面而暗示空间边缘。

在此设计步骤中，应注意场合不同，其设置也不同，根据地形起伏状况、水面与道路的曲直变化，考虑空间组织、视觉效果和场地使用功能等因素，合理地设计草区的范围。要注意开合关系、旷奥关系的变化。草坪常常结合建筑和地形共同围合空间，地面造型在草坪装饰下，或出现起伏的微地形处理，或呈现人工几何立体造型，营造出空间变化。地被植物则在颜色和季相上富有更多的变化，能够提供观赏情趣。在林缘种植不同高度的地被植物，可以起到过渡作用，使林木与草地之间交接自然，增添景观的空间深度，形成独特的平面构图。地被植物的大面积种植可以起到暗示空间范围的作用，同时地被植物还可以起到连接不相关因素的作用，获得与草坪不同的空间视觉效果。

总之，此设计步骤主要是对草本所构成的空间形态的一个整体设计把控。宏观上将草本区域合理划分出来，为种植设计的其他步骤做准备。图3-89表明设计范围，已完成了地形设计。图3-90的平面布局（含地形设计），图3-91中浅灰色的区域表明草区的边界范围。

2）灌木设计（图3-92）

种植设计第二步：灌木分区。草区设计已经将植物种植草本及木本的区域划分出来，故在种植设计第二步是将木本区域中乔灌木进行分区。先将疏林草地、孤植树、线形树、群落树在图面表达出来，然后再将灌木的范围画出来。在种植设计中要格外关注乔木的选择和配置，结合草本区及建筑、水系等，合理分配，先在构图上确定乔木的布局，由于灌木可以起到从视觉上连接其他不相关因素的作用，因此灌木的布局也要结合乔木的布置情况，从而形成整个植物景观的主体。

3）乔木的设计

种植设计第三步：乔木设计。通过前两步的设计，已经将植物配置的平面结构在图面上表达了出来，平面的空间结构也比较清晰。那么，随后的设计应当是垂直结构的设计即上区、中区、下区及草区的设计，细化乔木、灌木及草本，区分常绿与落叶树种。

垂直要素是园林植物空间形成中最重要的要素，它形成了明确的空间范围和强烈的空间围合感。在园林植物景观设计中，根据不同位置、不同功能以及不同地形等其他要素来确定植物垂直结构层次的类型。复合式种植形式用于私密空间的

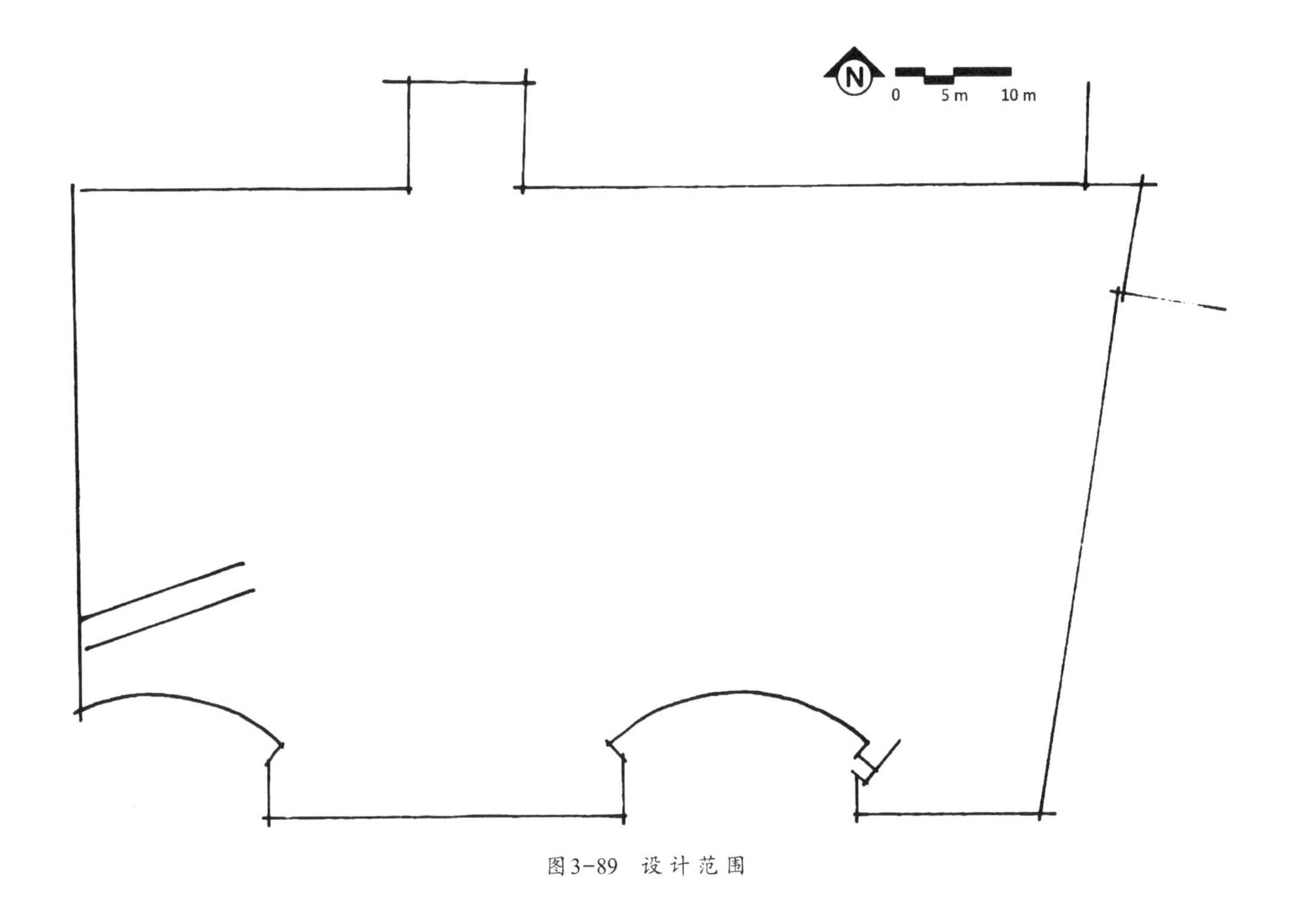

图3-89　设计范围

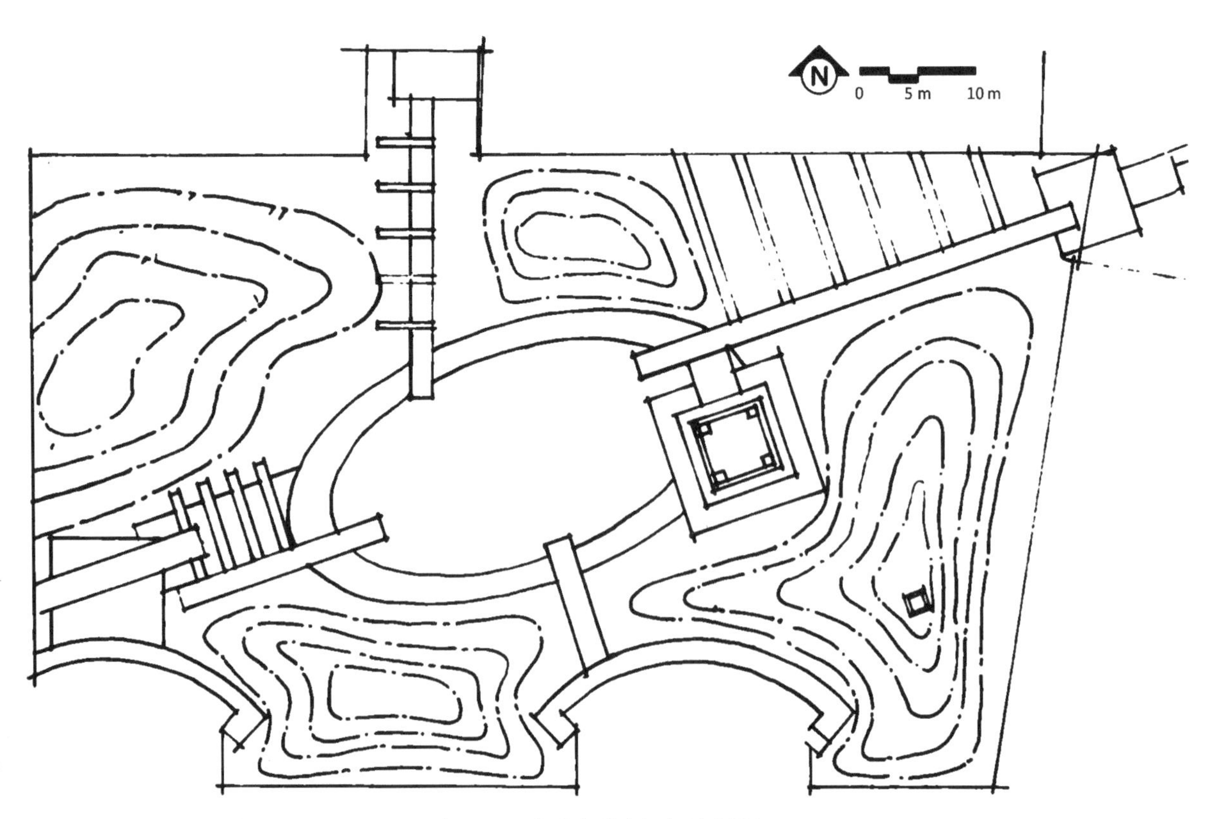

图3-90　平面布局(含地形设计)

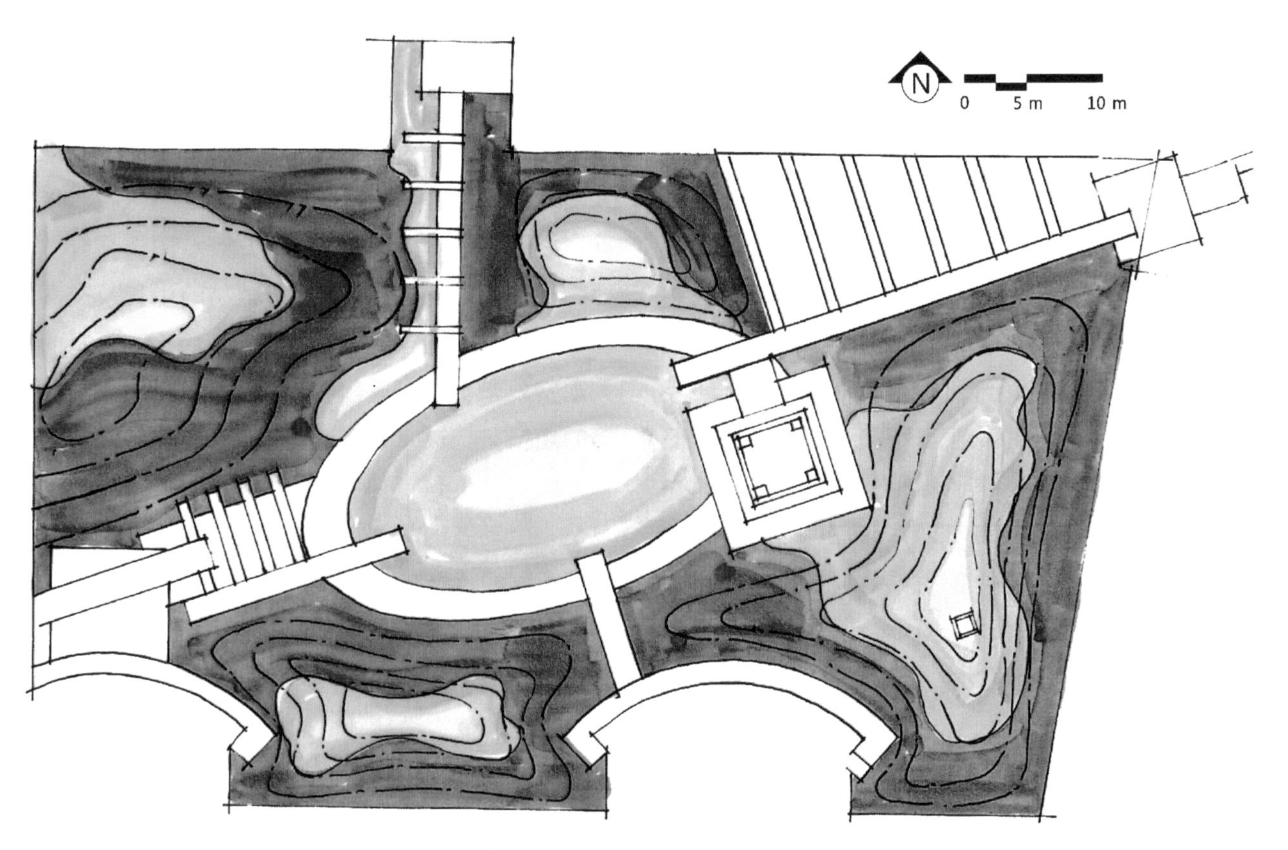

图3-91 草坪种植区设计

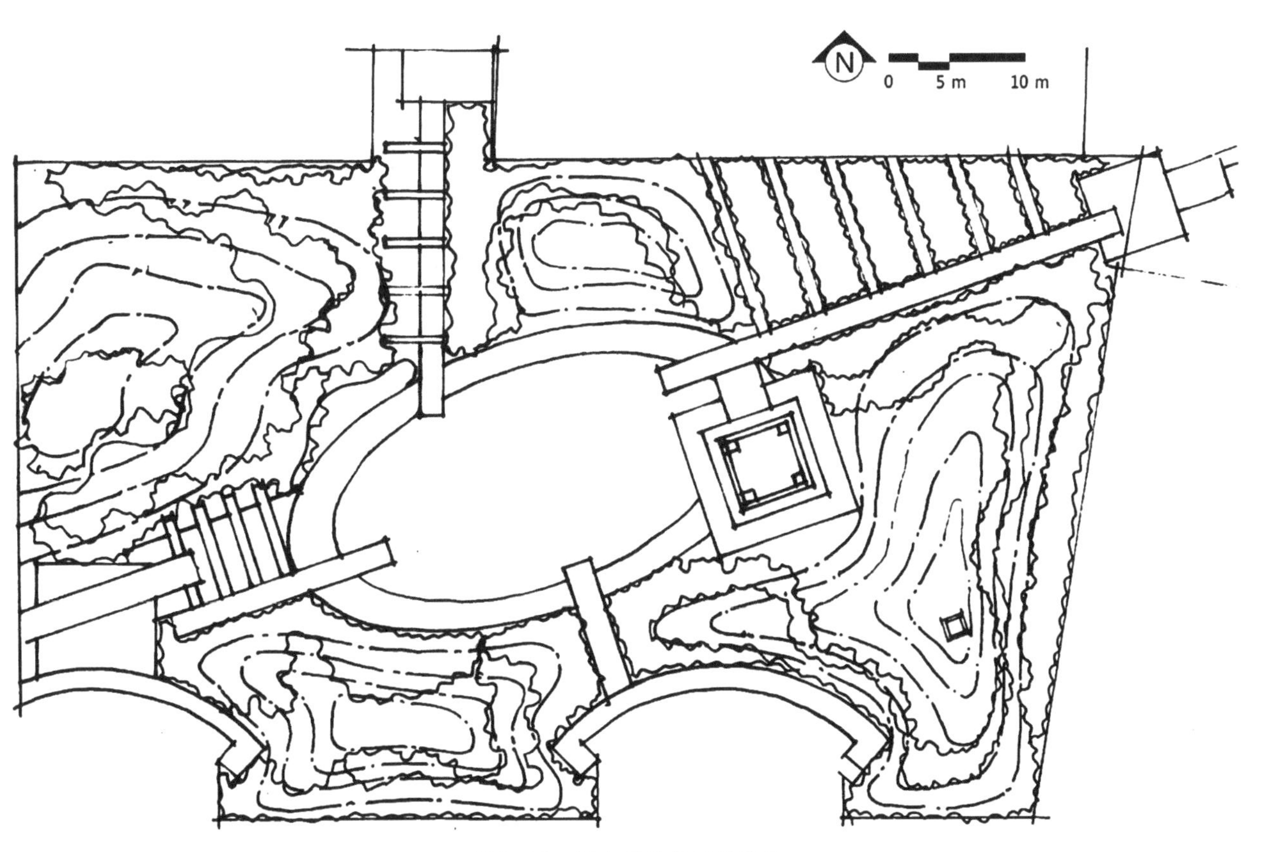

图3-92 灌木的种植区域设计

围合，常在开放空间到密封空间的连接处；而考虑到尺度的调和、采光、人的活动等不同的因素，植物栽植的模式可能采用比较简单的结构，如由单一的植物类型所组成的单层结构则常种植在较开敞空间里，如入口广场、公共活动区等。此处，垂直结构类型的分区还必须考虑植物本身的生态功能特点，即常绿和落叶之分。由于我国地域宽广，北方和南方的植物特性相差较大，故植物种植设计还要根据不同地域、不同植物生态特型来配置。对于上海（北纬32°）而言，居住区绿地，一般推荐常绿乔木：落叶乔木＝1∶2～1∶3，常绿灌木：落叶灌木＝1∶2～1∶3，乔灌木：草坪（乔灌木树冠投影面积中草坪除外）＝7∶3。

地形、草坪、灌木、乔木看起来是分步设计，但实际是相互牵制的，设计过程中也需要相互调整。总之，此步骤最终是通过植物组合的各种变化，合理地分配植物垂直结构分区，通过复合或单一的种植形式，将整个区域内的植物景观有机地联系在一起，构成抽象的植物图案美，并营造出生态和谐的植物景观。如图3－93所示。

4）标注品种及规格，列出苗木表

种植设计最后一步，标注具体植物品种及规格大小并列出苗木。不同类型植物的栽植区域已经明确，接下来就要求设计师根据方案意图选择合适的植物种类，同时又要根据所选植物的生长及观赏特性，选择合适的区域栽植，以期发挥每一棵植物的最大观赏效果。其次是植物规格的大小选择，园林植物的规格是构成室外空间的基础和骨架，定规格时要考虑到其生长特性和成年树形大小，因为植物景观是一个动态的景观，不同时期及不同生长年限都将有不同的效果。园林植物种植设计其实也就可理解为是人工化地营造出自然植物生长的群落及形态，因此这一步骤将是考验设计师知识的重要一步，不同水平的植物设计师搭配的效果将有非常大的差异，好的种植设计不仅有一幅流畅的构图形式，还应当有一个值得详细推敲的植物设计理念和植物配置手法及较合理的品种及规格的选择。图3－94表明了植物具体品种的设计。

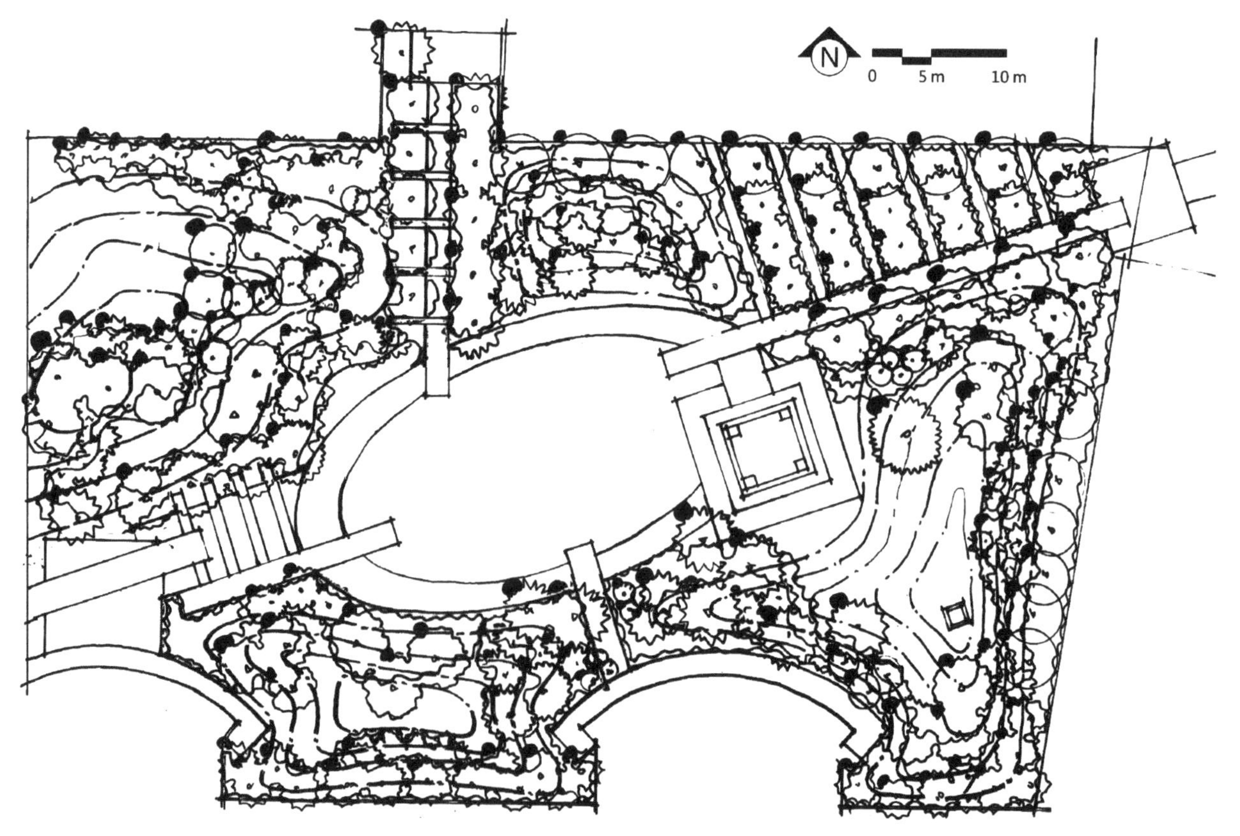

图3－93　乔木设计

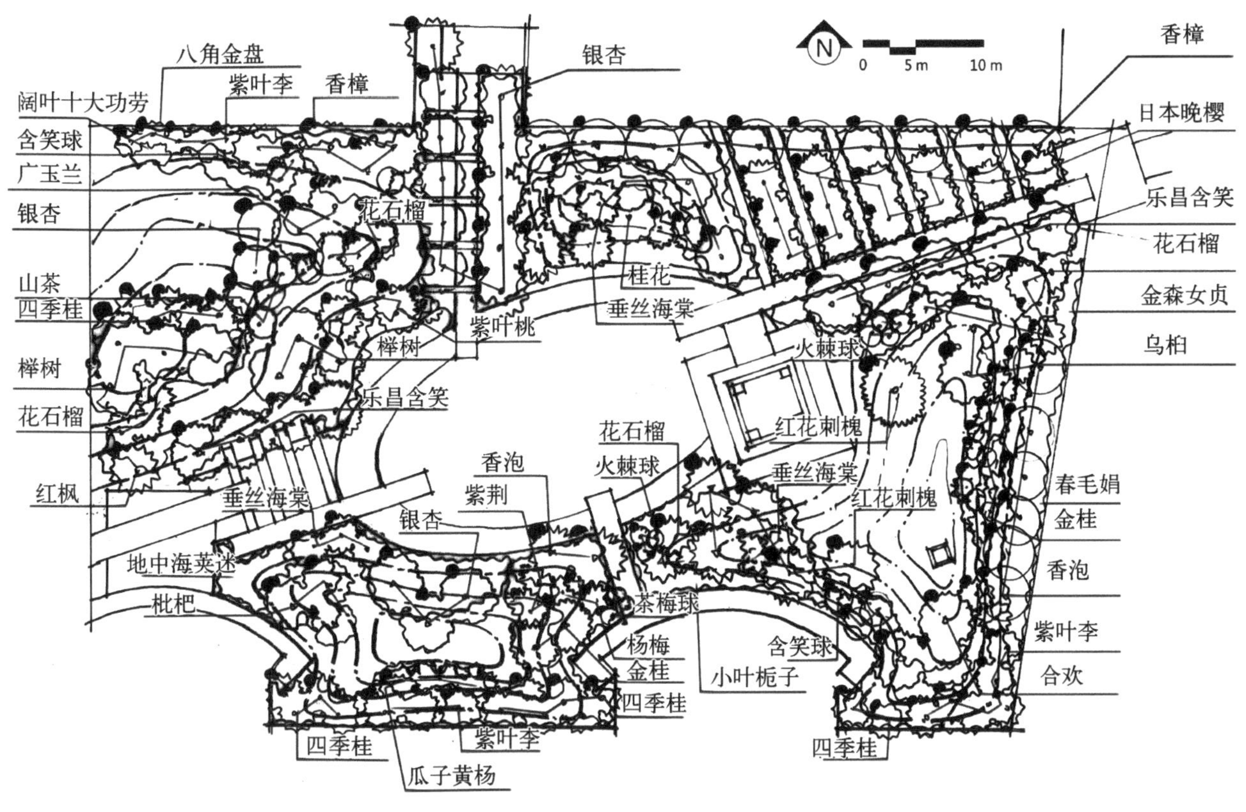

图3-94　设计植物具体品种规格

2. 居住区绿地中植物种植结构的应用

居住区的绿地类型主要分为公共绿地、道路绿地、宅旁绿地和公共设施绿地。不同绿地有不同的功能，因此，种植结构层次也不同（见表3-4）。一般情况下，居住区绿地受建筑布局、局部规模或功能的限制，空间变换相对较少，包含的空间类型也相对较为单调。因此，居住区绿地中植物景观设计应注重植物的层次感的营造，主要体现在水平空间结构的层次感和垂直种植结构的层次感两个方面，关键在于植物高低、疏密、色彩等的合理搭配以及所组成的空间的有机结合。如图3-95、图3-96所示（右图为箭头方向的实景图）。通过对不同大小的球类灌木组合及色叶中小乔木的恰当点缀，加之空间的开合变化营造了多层次多色彩的植物景观。

图3-97是某居住区局部的设计平面图，图3-98是其彩色设计平面图。图中包括了车库的入口与人行应急出口等设施。图3-99～图3-101是其实景图，显示了宅旁的私宅要求。

表3-4　植物结构层次在居住区绿地中的应用

类　型	空间结构类型	垂直结构类型			
		上　区	中　区	下　区	草　区
公共绿地	开敞/半开敞	上下结构/上中下	中下结构		草坪、地被
道路绿地	开敞	上下结构		单下木	
宅旁绿地	半封闭/封闭	上中下	中下结构		花境
公共设施绿地	开敞/半开敞/半封闭	上下/上中下	单中木/中下	单下木	草坪、地被

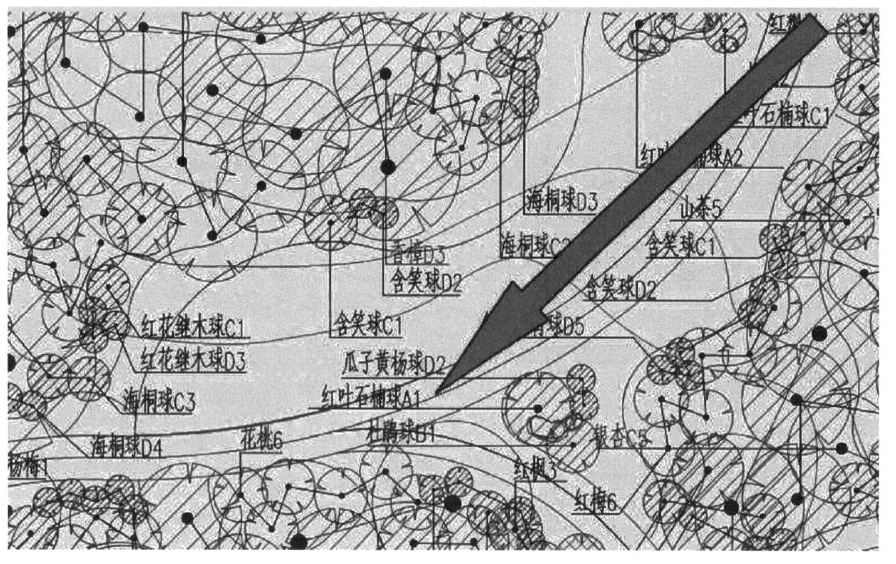

图3-95　某居住区转角植物设计图

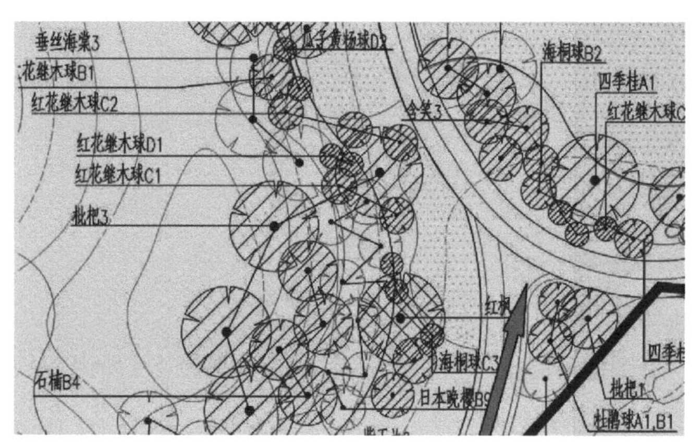

图3-96　某居住区转角植物配置图

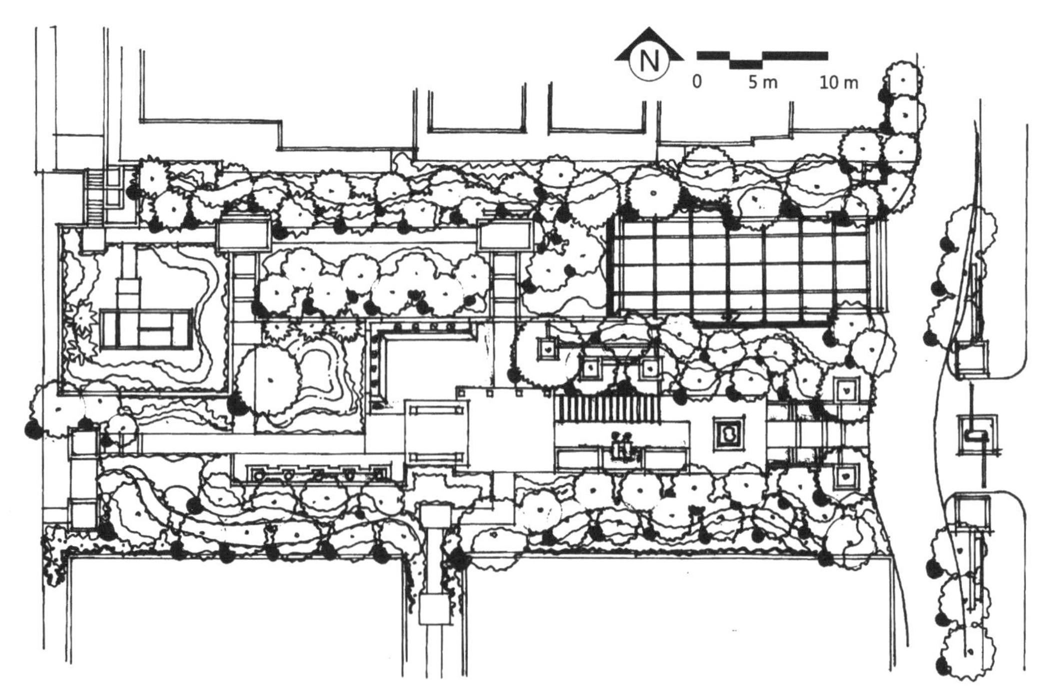

图3-97　居住区宅旁绿地黑白设计稿

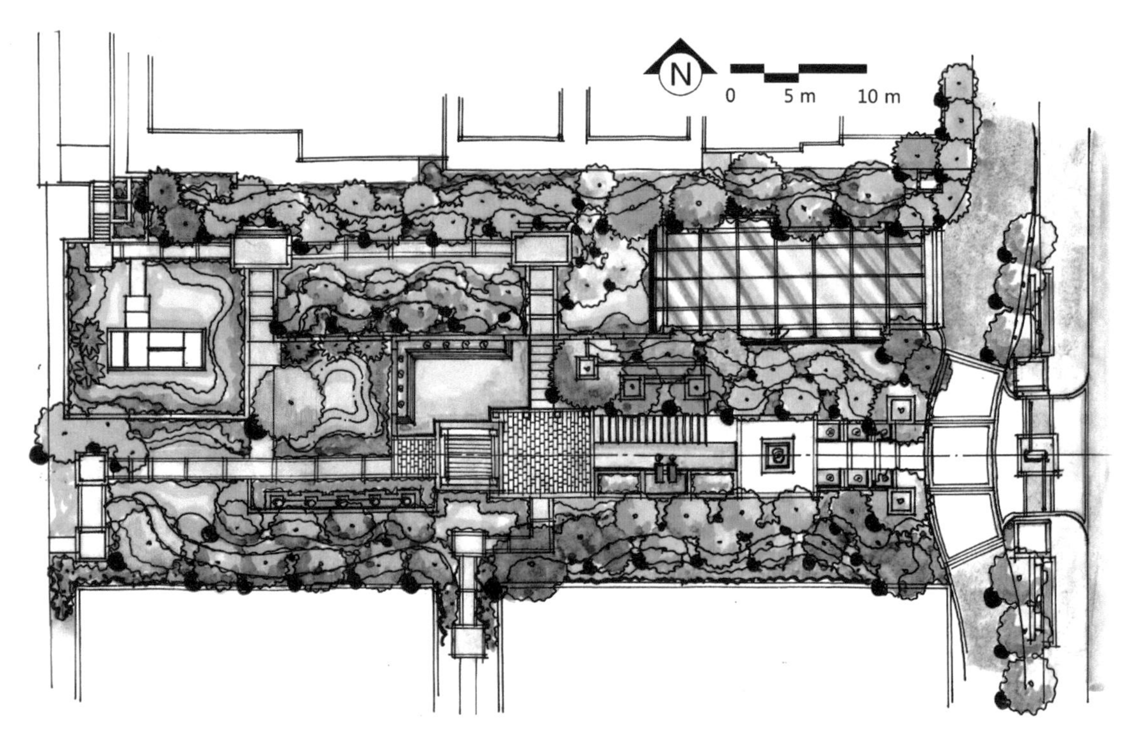

图3-98　彩色设计稿

图3-99　绿化实景效果(1)

图3-100　绿化实景效果(2)

图3-101　绿化实景效果(3)

3. 公园绿地中植物种植结构的应用

综合性公园绿地是具有综合性功能的较大型公共绿地，有足够的范围组织各类空间，以满足使用功能及不同特色的要求，形成由多种空间组成的混合空间。公园绿地是向公众开放、以游憩为主要功能，兼具生态、防灾等功能的绿地。本书依据公园绿地不同功能区进行设计阐述。常见的公园绿地功能区有入口广场区、道路绿地、儿童活动区绿地、水系周边和管理服务区。

对于道路绿地及入口广场等较大的开敞空间，常采用利用乔木和地被/草坪组成的单上木结构或上下结构的植物群落，主要靠草坪或鲜艳的草本花卉衬托乔木，营造出空旷的植物空间景观。

儿童活动区绿地则属于半开敞空间，采用花灌木与草本组成的中下结构或单下木结构，花灌木的观赏性较强，易形成多彩植物景观特色，与草本一起界定半开敞的空间，限定儿童活动场所的范围。

水系周边绿地采用多层次的配置群落，利于乔木、灌木、藤本、草本形成上区、中区、下区及草区相结合的复合型层次，利用植物的形态、季相进行植物景观的营造，错落栽植，前后搭配，形成静谧、幽远的植物空间。如表3-5所示。

表3-5 植物结构层次在公园绿地中应用

类　型	空间结构类型	垂直结构类型			
		上　区	中　区	下　区	草　区
入口广场绿地	开敞/半开敞	上下结构/单上木	中下结构/单中木	单下木	草坪/地被/草花
道路绿地	开敞	上下结构	中下	单下木	
儿童活动区绿地	半开敞	上下结构/单上木	单中木/中下		草坪、地被
管理服务区绿地	开敞/半开敞	上中下/上下	中下		地被
水系周边绿地	开敞/半开敞/封闭	上下/上中下	单中木/中下	单下木	草坪/地被/草花/水生植物

作业任务书

作业：植物平立面绘制与种植设计

1. 设计目标

（1）掌握植物平立面绘制方法。

（2）掌握植物图例上色技巧。

（3）熟练区分常绿树与落叶树、针叶树与阔叶树、原有树与新种树的平立面绘制差别。

（4）了解种植设计原则。

（5）掌握图纸图框图签绘制，字体大小等相应标准。

2. 设计任务

用素描纸或白卡纸在A2幅面上绘制如下内容：

（1）自绘图框、图签。

（2）抄绘图3-63和图3-72。

（3）在假定草坪区域60 m×60 m（周边为2 m游路围合）布置乔灌木（不要绘制水体、建筑与道路）平面与立面，比例1:300（马克笔或彩铅上色），可参考图3-77和图3-88。

3. 考核

1）考核标准

（1）图例清晰美观。

（2）种植设计布局合理。

（3）图纸尺寸、布局、字体大小规范，图面整洁。

2）成绩组成

（1）图例清晰美观，占30%。

（2）种植设计布局合理，占40%。

（3）图纸尺寸、布局、字体大小规范，图面整洁，占30%。

4、进度安排

时间为一周。

3.4 道路铺装表现与设计

铺装是风景园林空间的重要组成部分，是其中各类活动的直接承载界面。下面介绍风景园林学科在园林要素设计方面的道路铺装方面的知识及规范要求。

3.4.1 道路铺装设计

1. 铺装材料的功能作用和构图作用

1）提供高频率的使用

铺装材料的选择要根据铺装所在区域的功能以及空间形式来确定，铺装的材料在满足功能要求的前提下进行美学方面的考虑。承载较为距离运动的园林空间其铺装材料必须具备适当的弹性和摩擦力来保证使用者的安全，而大型广场等空间要避免使用过于光滑的材料来避免特殊天气的打滑现象和烈日下过强的耀光。

2）导游作用

通过铺装构图我们能够对使用者做出一定的引导，尤其是在道路铺装的设计上，具有倾向性的铺装图案会驱使使用者做出特定的路径选择。因此可以通过对主要游线上整体铺装风格的协调来引导使用者。

3）暗示浏览速度和节奏

铺装图案韵律的改变可以明显影响人的行进速度，一个常见的现象是很多行人会根据单位时间或者单位脚步跨度的铺装基本单元的数量来感受自己的速度，从而做出调整。另外铺装颜色的改变可以对人的情绪状态造成一定的影响，人的行为会对这种影响做出响应。

4）提供休息的场所

那些能够有效隔离地面湿气并且不会藏污纳垢的地面铺装有的时候会成为使用者坐下休息的场所。不过一定要注意的是干净、安全是使用者对休息场所的一项重要诉求，因此在一些使用者较多但流动性较弱的地点进行铺装设计的时候要注意考虑相关可能，并选择具有相关特点的材料。

5）表示地面的用途

铺装的边缘或者是铺装图案的边线尽管不构成物理阻隔却能形成人们的心理边界，通过这种方式可以界定特定功能空间的范围。另外一些需要吸引人注意的空间可以通过鲜明的铺装来达到目的，比如在指示牌的地方设置区别与周边的硬质铺装可以在视觉上形成对功能的暗示，使得使用者能够更加迅捷地发现并使用。

6）对空间比例的影响

铺装可以将一个完整的空间在视觉上分成许多较小的区块，也可以将分散的空间形成视觉上的联系，以此来达到调节人对于空间尺度印象的目的。例如过大的空间可以通过铺装图案的设计来使其变得亲切，例如通过对过大的广场空间的边缘进行强调，不但可以将单一底面的体量变小也可以限制让使用者形成过于空旷的感觉。

7）统一作用

在质感、色彩和平面图案方面相对统一的铺装设计可以将具有不同特点的空间进行统一，使得整体风格相互协调成为一个完整的整体，不过设计过程中需要把握统一与完全一致之间的区别。

8）背景作用

作为基准面，铺装可以成为一些雕塑甚至建筑所在环境的背景，基于这一原则根据不同的目的将铺装设计得或对比或统一来强化整个环境的氛围。

9）构成空间个性

风格化的铺装可以衬托整个公园的主题，另外许多杰出的设计师也通过在地上镶嵌带有特定图案或者文字的标牌来表达空间所具有的历史内涵。

10）创造视觉趣味

铺装设计业可以成为整个园林空间的亮点，例如在地面进行利用特定的线条和字母等来使得空间变得活泼时尚；也有人利用透视原理来营造视感错觉。

2. 基本的铺装材料

铺装材料需要根据视觉效果、耐久性和经济性进行综合考虑之后进行选择，根据铺装材料的特性可以分为松软的铺装材料、块料铺装材料和黏性铺装材料。

块状铺装材料包括各类表面经过打平处理的石块，各类砖以及贴面等。石块材料可以根据表面形式不同分为光面、麻面、火烧面、拉丝面、自然面、蘑菇面、荔枝面、凿毛等。砖作为一种标准化的材料，经过设计和组合可以产生丰富的形式变化。

松软铺装材料包括不同粒径的碎石子、沙子以及树皮等，此类铺装材料不需要通过其他材料进行黏结，只需要将铺装材料以特定厚度覆盖在场地表面。其优点是松软生动，缺点是易形变，一般适用于使用强度小，人流少的道路和场地。

黏性铺装材料是可以通过加工变成流态，凝固后可变为具有特定强度的、固态的铺装材料，包括混凝土、沥青和塑胶等。此类材料优点是状态和表现均一，可以完美地铺装在各种不规则场地上，另外其对人工的需求较小，适合应用于大尺度场地。

3. 绿地道路类型与设计要点

绿地道路类型与设计要点如下：

（1）城市绿地内道路设计应以绿地总体设计为依据，按游览、观景、交通、集散等需求，与山水、树木、建筑、构筑物及相关设施相结合，设置主路、支路、小路和广场，形成完整的道路系统。

（2）城市绿地应设两个或两个以上出入口，出入口的选址应符合城市规划及绿地总体布局要求，出入口应与主路相通。出入口旁应设置集散广场和停车场。

（3）绿地的主路应构成环道，并可通行机动车。主路宽度不应小于3.00 m。通行消防车的主路宽度不应小于3.50 m，小路宽度不应小于0.80 m。

（4）绿地内道路应随地形曲直、起伏。主路纵坡不宜大于8%，山地主路纵坡不应大干12%，支路、小路纵坡不宜大于18%。当纵坡超过18%时应设台阶，台阶级数不应少于2级。绿地的道路及铺装地坪宜设透水、透气、防滑的路面和铺地。喷水池边应设防滑地坪。

（5）依山或傍水且对游人存在安全隐患的道路，应设置安全防护栏杆，栏杆高度必须大于1.05 m。

3.4.2 绿地道路的类型与设计原则

1. 城市绿地的道路形式

1）套环式公园道路系统

其特征是由主要道路构成一个闭合的大型环路或一个8字形的双环路，再由很多的次要道路和游憩小径从主要道路上分出，相互穿插连接和闭合，构成又一些较小的环路。一般这种道路最能适应公园环境，实践应用也最广泛，使用的对象一般是面积比较大的空间环境。

2）树枝式公园道路系统

主要道路只能布置在谷底，沿河沟从下往上延伸，两侧山坡上的多处景点，都是从主要道路上分出的次路。这种道路系统比较受地形限制，游人走回头路的时候很多，一般不采用。

3）条带式公园道路系统

该道路系统呈条带状，始端和尽端各在一方，并不闭合成环；在主要道路的一侧或两侧可以穿插一些次要道路和游憩小径，次路和小路互相之间也可以局部闭合成环路。但是它不保证游人不走回头路，所以一般在地形狭长的公园绿地中，以及林荫道、滨河公园等带状公园绿地中应用较广。

2. 路口设计

路口是公园道路建设的重要组成部分，一般路口设计要遵循几个原则：

（1）当两条主干道相交时，交叉口应做扩大处理，做正交方式，形成小广场。

（2）小路应斜交，但不应交叉过多，避免导向不明。

（3）两个交叉口不宜太近，主次分明，在宽度、铺装、走向上应有区别，相交角度不宜太小。

（4）“丁”字交叉口是视线的交点，可点缀风景。

园主路坡度不超过6%。园路是山坡时，坡度≥6，要顺着等高线作盘山路状，考虑自行车时坡度≤8，汽车≤15；如果考虑人力三轮车，坡度还要小，为≤3。人行坡度≥10%时，要考虑设计台阶。园路和等高线斜交，来回曲折，可增加观赏点和观赏面。

3.4.3 道路及铺装的表现

铺装在表现中属于配景，在手绘中对铺装的表现一般比较概略，以能够反映铺装的特征效果为主。在景观设计中石板、卵石、砖和木材是环境设计中常用的铺装形式,在手绘中也常常用最具有代表性的方式来表现。

对于铺装的表现需要注意的是以下几点:

(1) 要注意铺装的透视效果,遵从近大远小,近疏远密的透视规律。

(2) 铺装在效果图中要注意概括性表达,尤其是近景部分,对一个区域内单一样式的铺装尽量不要画满,要适当留白以增强图纸的视觉表现力。

(3) 概括性表现的重点是材料的质感要加以突出,通过强化手段突出材质的主要特征。不同的铺装材料要根据材料的特点使用不同的用线方式,灵活改变。

(4) 任何的铺装表现都要注意进行收边,因为不同空间的交界部位往往容易在视觉效果上引起人的注意,同时明确的、生动的边缘也是界定空间特征的重要因素,因此要通过收边处理使得画面显得细致。

图3-102为铺装的平面示例。车辆作为配景,以园林图中常常出现,用于说明道路用途并进行尺度对比。图3-103～图3-105为车辆的画法示例。

3.5 园林建筑空间组织及表现

园林中体量小巧、功能简明、造型别致、富有情趣、选址恰当的精美建筑物,称为园林建筑小品。园林建筑小品的内容丰富,在园林中起点缀环境、活跃景色、烘托气氛、加深意境的作用。园林建筑一般可定义为能够为游人提供休憩、活动的围合空间,并有优美的造型、与周围景色和谐的建筑物,其在风景园林空间中既有观景的作用也同时作为景观被人所观赏。

3.5.1 园林建筑及其类型

3.5.1.1 中式园林建筑

亭、廊、榭、舫、厅、堂、楼、阁、斋、馆、轩等是中国传统园林的主要建筑形式(见图3-106)。中式园林建筑作为住宅的延续部分,布局灵活造型丰富,具有鲜明的特色。

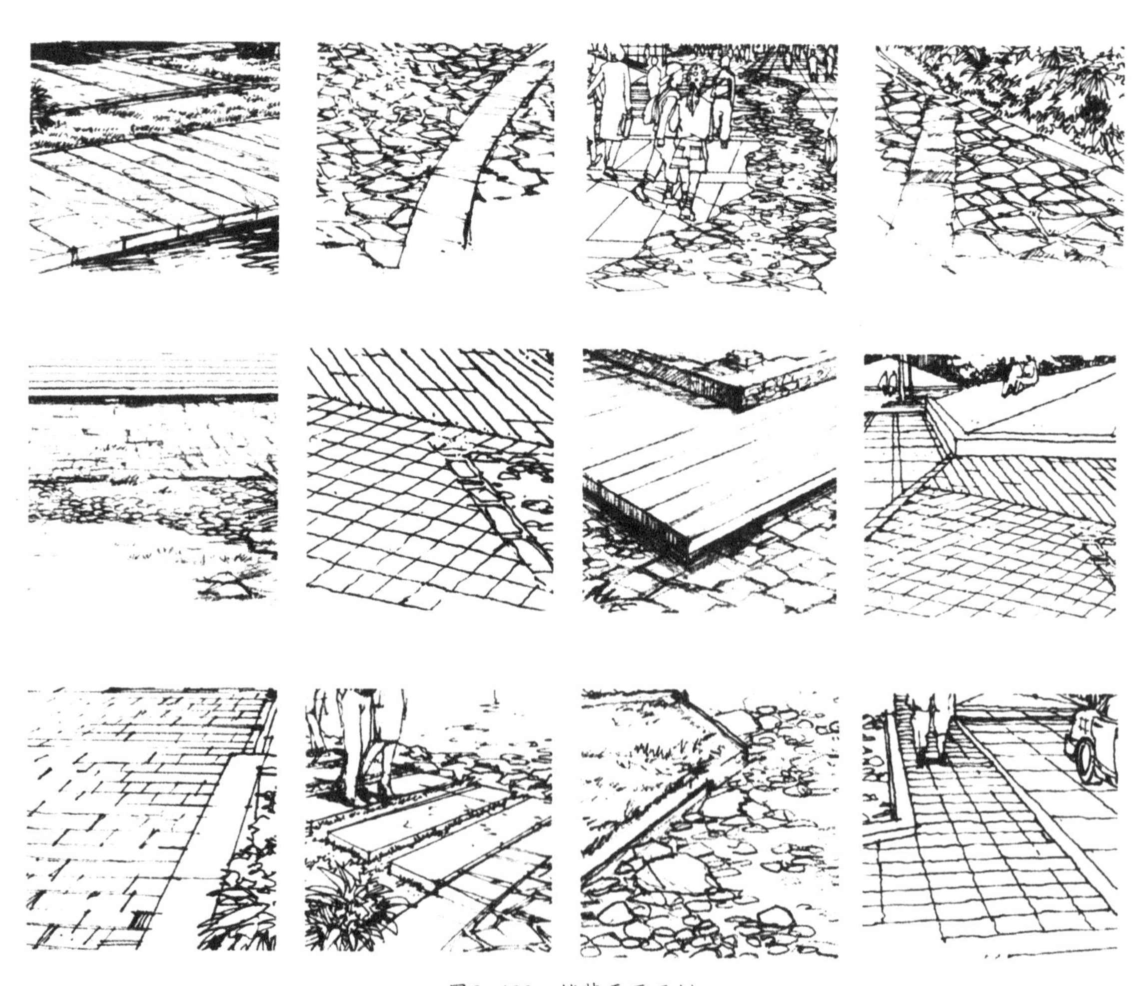

图3-102 铺装平面示例

图3-103　汽车立面

图3-104　汽车平面

图3-105　手绘汽车

1. 亭

1）亭的功能

休息：可防日晒雨淋、消暑纳凉，是园林中游人休息之处。

赏景：作为园林中凭眺、畅览园林景色的赏景点。

点景：亭的位置体量、色彩质地等因地制宜，表达出各种园林情趣，成为园林景观构图中心。

专用：作为特定目的使用，如纪念亭、碑亭、井亭、鼓乐亭。

2）亭的类型（见图3-107）

按亭的形态可分为南亭和北亭。

按亭的屋顶形式可分为攒尖顶、歇山顶、庑殿顶、盝顶、十字顶、悬山顶等。

按亭的平面分为正多边形平面、不等边形平面、曲边形平面、半亭平面、组合亭平面、不规则平面。

按材料不同分为木亭、石亭、竹亭、茅草亭以及铜亭等。

2. 廊

1）廊的功能

廊是有顶盖的游览通道，可防雨遮阳，联系不同景点和园林建筑，并自成游憩空间。它可分隔或围合不同形状和情趣的园林空间，通透的、封闭的或半透半合的分隔方式变化出丰富的园林景物。

廊作为山麓和水岸的边际联系纽带，并能勾勒山体的脊线走向和轮廓。

2）廊的类型（见图3-108）

从平面划分可分为曲尺回廊、抄手廊、之字廊、弧形月牙廊。

从立面划分可分为平廊、跌落廊、坡廊。

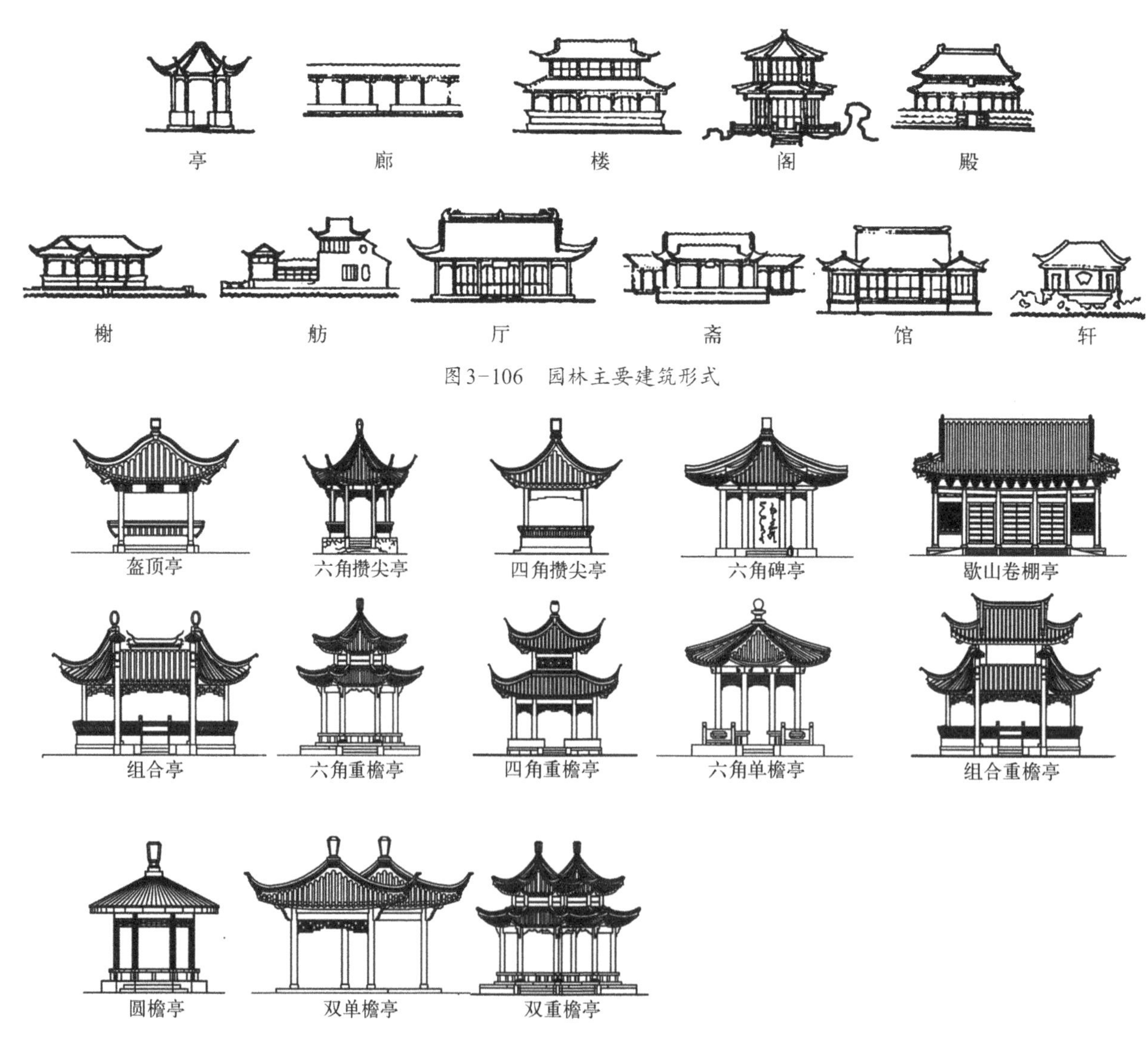

图3-106　园林主要建筑形式

图3-107　各种类型的亭

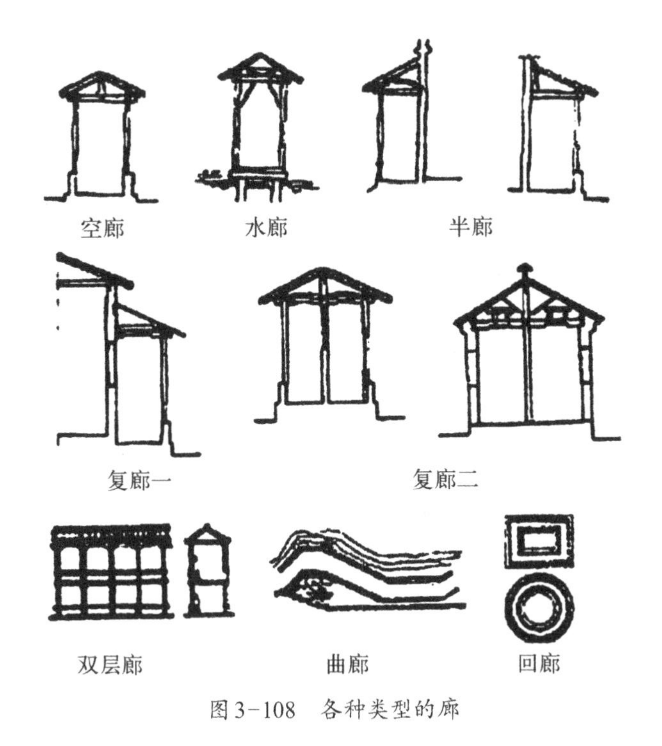

图3-108　各种类型的廊

从剖面划分可分为水面空廊、半壁廊、单面空廊、暖廊、复廊、楼廊。

3. 榭

榭的原义是指土台上的木构之物，与文脉今天所能见到的榭相去甚远。明代造园家计成的理解是："《释名》云，榭者籍也。籍景而成者也。或水边或花畔，制亦随态。"可见明清园林中的榭并非以建筑的形制命名，而是根据所处的位置来定。常见的水榭大多为临水开敞的小型建筑，前设座栏，即美人靠，可让人凭栏观景。建筑基部大多一般挑出水面，下用柱、墩架起，与干阑式建筑相类似。这种建筑形制与单层阁的含义相近，因此也称水阁，如苏州网师园的濯缨水阁、耦园的山水阁等。

榭在园林之中除了满足人们休息、游赏的一般功能要求之外，主要起观景和点景的作用，是园内景色的"点缀品"。其一般不作为园林之中的主体建筑，但其对丰富景观和游览内容的作用十分明显。

4. 舫

舫的基本形式与船相似，舫的形式一般基座用石砌成船甲板状，其上木构成船舱形。木构部分通常又被分为三份，船头处做歇山顶，前面开敞、较高，因其状如官帽，俗称官帽厅；中舱略低，做两坡顶，其内用隔扇分出前后舱，两边设支摘窗，用于通风采光；尾部做两层，上层可登临，顶用歇山顶。尽管舫有时仅前端头部突出水中，但仍用条石仿跳板与池岸联系。

5. 斋

斋的含义是专心工作的地方，并无固定形制，一般修身养性之所可称为"斋"。园林之中设斋一般选址于园子的一隅，以取其静谧。虽然有门、廊等可以和园内相通，但需要做一定的遮掩，使游人不知路线安排来达到"迂回进入"的效果。

6. 厅与堂

厅是具有会客、筵请、观赏花木和欣赏小型表演等功能的建筑，是古代园林宅第中的公共建筑(见图3-109)。厅前常广植花木，叠山垒石，一般前后开门设窗，也有四面开设门窗的四面厅。

堂则为居住建筑中对正房的称呼，一般为家长所在。其常位于建筑群的中轴线之上，体型庄严。室内常用博古架、落地罩和隔扇等进行空间分隔。

明清以降，厅堂在建筑形制上已无一定制度，尤其园林建筑，常随意指为厅、为堂。在江南，有以梁架用料进行区分的，用扁方料者曰"扁作厅"，用圆

图3-109　各种厅与堂

料者曰“圆堂”。

7. 楼与阁

楼是两层以上的屋，有“重层曰楼”之说。楼在园林之中一般用作卧室、书房，由于其建筑高度较高，常作为重要观景建筑，且本身自成园内重要景点。

阁与楼相似，但体量更小。其多为方形或多边形的两层建筑，四面开窗，一般用来藏书或作为宗教使用的场所。

8. 馆与轩

馆与轩是园林中最多的建筑，并无固定形制，其实属厅堂类型，但置于次要位置。从词义上看，“轩”有两种不同含义，一为“飞举之貌”；一为“车前高曰轩”。园林建筑中的轩亦由此衍生而来，故是指一种单体小建筑。轩的形式有船篷轩、鹤胫轩、菱角轩、海棠轩、弓形轩等。

《说文》将“馆”定义为客舍，也就是接待宾客，供临时居住的建筑。古典园林中称“馆”的建筑既多且随意，无一定之规可循。大凡备观览、眺望、起居、宴乐之用者均可名之为“馆”。一般为所处地位较显敞，多为成组的建筑群。

3.5.1.2 常见西方传统园林建筑类型

西方传统园林建筑随西方文明的演进以及建筑的发展形成了多种多样的风格和类型，我们以时代为线索，按照其建筑风格做简要介绍。

1. 古罗马和古希腊园林建筑

最具特色和常见的古罗马园林是柱廊园，其特点是住宅庭院封闭性较强，以建筑围绕庭园，周围环以柱廊，庭园是住宅的一部分。庭园起初是硬地或栽植蔬菜香草的园圃，后成为以休闲娱乐为主的花园，常点缀喷泉。

古希腊建筑最为鲜明的形式特点是其特定的柱式，柱式是指石质梁柱结构体系各部分样式和它们之间组合搭接方式的完整规范。完整的柱式由檐部、柱以及台基组成。其中檐部包括檐口、檐壁和额枋三部分；柱包括柱头、柱身、柱础三部分；台基则由基础、基身和基檐所组成。

常见古希腊柱式分为多立克柱式(Dorico order)、爱奥尼柱式(Ionic order)和科林斯柱式(Corinthian order)。古罗马柱在上述三种柱式基础上，又发展出塔司干柱式(Tuscan order)，及结合上述两种以上样式的混合柱式(composite order)。故古罗马柱式共有5种。

多立克柱式(Dorico order)柱子比例粗壮，高度约为底径4～6倍，柱身有凹槽，槽背呈尖形，没有柱础。檐部高度约为整个柱式高度的1/4，柱距约为底径的1.2～1.5倍；使用多立克柱式的代表性建筑有帕特农神庙(见图3-110)。

爱奥尼柱式(Ionic order)柱子比例修长，高度约为底径的9～10倍。柱身有凹槽，槽背呈带形。檐部高度约为整个柱式高度的1/5，柱距约为底径的2倍；代表性建筑胜利女神神庙(见图3-111)。

科林斯柱式(Corinthian order)除了柱头如满盛卷草的花篮外，其他同爱奥尼柱式(见图3-112)。

塔司干柱式(Tuscan order)其实就是去掉柱身

图3-110 多立克柱式

图3-111　爱奥尼柱式

图3-112　科林斯柱式

齿槽的简化多立克柱式，柱础是较薄的圆环面。柱高跟柱径的比例是7:1，柱身粗壮（见图3-113）。

多种柱式比较如图3-114所示。

2. 巴洛克式风景园林建筑

巴洛克建筑是产生于文艺复兴高潮后的一种文化艺术风格。意为畸形的珍珠，其艺术特点就是怪诞、扭曲、不规整。巴洛克建筑风格的基调是富丽堂皇而新奇欢畅，具有强烈的世俗享乐味道。巴洛克式建筑的特点是使用大量贵重材料，精细加工，刻意装饰；不囿于结构逻辑，常常采用一些非理性组合手法，从而产生反常与惊奇的特殊效果，充满欢乐氛

图3-113　塔司干柱式

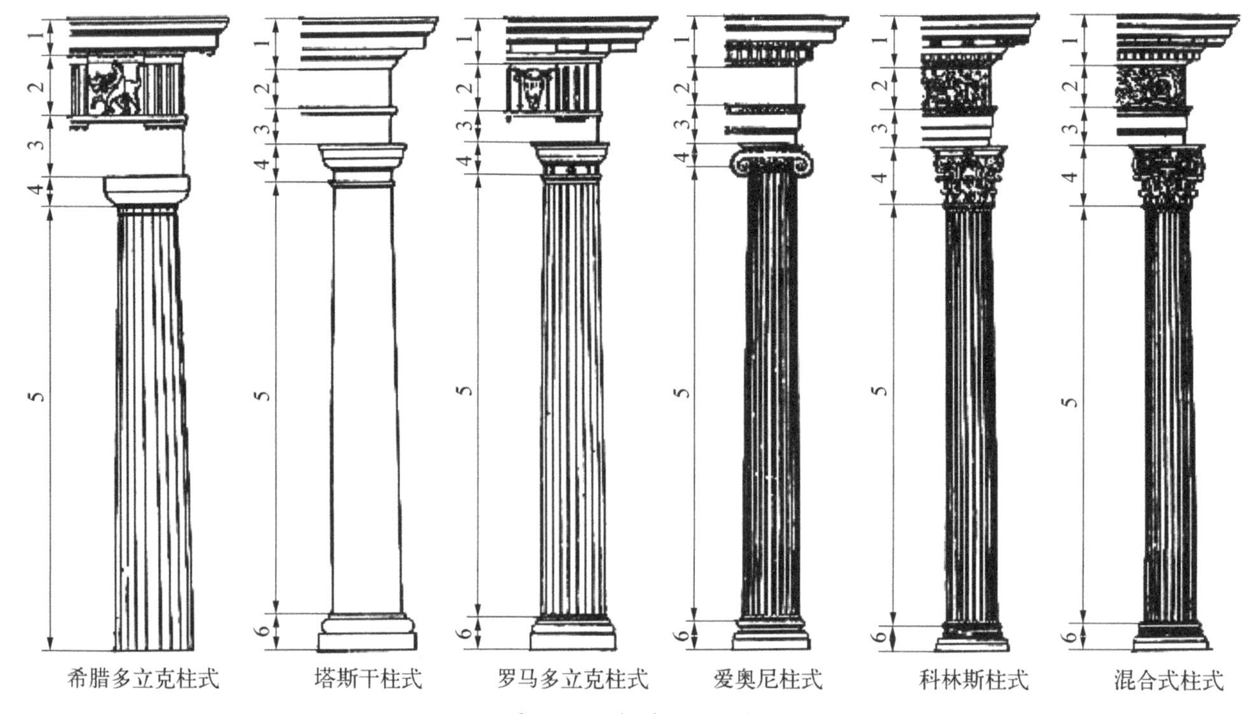

图3-114 柱式比较图

1—檐口；2—檐壁；3—额枋；4—柱头；5—柱身；6—柱础

围，提倡世俗化，注重艺术，标新立异，追求新奇。另外其常常采用以椭圆为基础的S形，波浪形的平立面，使建筑形象充满动感；或把建筑和雕刻两者混合以求新奇感；又或者用高低错落及形式构件之间的某种不协调，引起刺激感。

巴洛克式风景园林建筑的代表有意大利法尔奈斯庄园建筑、埃斯特庄园建筑、特列维喷泉；英国霍华德庄园、梵蒂冈圣彼得广场、牛津布莱尼姆宫建筑等（见图3-115～图3-118）。

3. 新艺术运动时期园林建筑

新艺术运动不是一种建筑风格，是传统设计和现代设计之间承上启下的重要阶段，期间涌现出了许多杰出的作品。建筑师高迪的作品充满各种风格折中创新的思想，从曲线风格发展到极端的有机形态和一种建筑平衡，是了解"新艺术运动"风格最为有效的典型。高迪设计的巴塞罗那奎尔公园是人类历史上最为伟大的景观建筑作品之一，现为世界文化遗产（见图3-119、图3-120）。

图3-115 法尔奈斯庄园入口建筑

图3-116 特列维喷泉

图3-117　霍华德庄园建筑

图3-118　圣彼得广场

图3-119　巴塞罗那奎尔公园

图3-120　巴塞罗那奎尔公园

3.5.1.3　其他类型

1. 当代风景园林建筑

当代风景园林建筑主要为在现代主义和后现代主义设计思潮影响下的重功能、少装饰，风格简约的风景园林建筑。与传统风景园林建筑的区别是其常常采用钢材和玻璃等材料，强调结构美和质感美。罗浮宫玻璃金字塔、拉维莱特公园景观建筑、方塔园何陋轩等是具有代表性的作品见（见图3-121、图3-122）。

2. 后工业风景园林建筑

后工业建筑是通过保留废弃工业建筑主体并通过有机介入的方式来对废弃的工业园区进行改造而成的历史感、工业感和现代感俱佳的风景园林建筑。此类风景园林建筑不但能够变废为宝，而且良好的延续了人们对于场地的记忆，是现阶段非常风靡的一种风景园林建筑。国内外比较有代表性的作品有北杜伊斯堡公园、中山岐江公园（见图3-123、图3-124）。

3.5.2　建筑空间类型

中国古代思想家、哲学家老子的一句话："三十幅为一毂，当其无，有车之用；埏埴以为器，当其无，有器之用；凿户牖以为室，当其无，有室之用。故有之以为利，无之以为用。"这句话道破了空间的真正含义，一直为国内外建筑界所津津乐道。其意思是，

图3-121　拉维莱特公园中的景观建筑

图3-122　方塔园何陋轩

图3-123　北杜伊斯堡公园中的剧场建筑

图3-124　中山岐江公园中的水亭建筑

建筑对人来说，真正具有价值的不是建筑本身的实体外壳，而是当中“无”的部分，所以“有”（指门、窗、墙、屋顶等实体）是一种手段，真正是靠虚的空间起作用。这句话明确指出“空间”是建筑的本质，是建筑的生命。因此，领会空间、感受空间就成为认识建筑的关键。

空间作为建筑的构成要素之一，是建筑创造中最核心的元素，是建筑创造出的出发点和归结点。

建筑空间是一个复合型的、多义型的概念，很难用某种特定的参考系作为统一的分类标准。因此，按照不同的分类方式可以进行以下划分。

1. 按使用性质分

公共空间：凡是可以有社会成员共同使用的空间，如展览厅、餐厅等。

半公共空间：指介于城市公共空间与私密空间或专有空间之间，如居住建筑的公共楼梯、走廊等。

私密空间：由个人或家庭占有的空间，如住宅、宿舍等。

专有空间：指供某一特定的行为或为某一特殊的集团服务的建筑空间。既不同于完全开放的公共空间，又不是私人使用的私密空间。如小区垃圾周转站、配电室等。

2. 按边界形态分

空间形态主要靠界面、边界形态确定空间形态，分为封闭空间、开敞空间、中介空间。

封闭空间：这种空间的界面相对较为封闭，限定性强，空间流动性小。具有内向性、收敛性、向心性、领域感和安全感，如卧室、办公室等。

开敞空间：指界面非常开敞，对于空间的限定性非常弱的一类空间，具有通透性、流动性、发散性。相对封闭的空间显得大一些，驻留性不强，私密性不够，如风景园林接待建筑的入口大厅、建筑共享交流空间等。

中介空间：指介于封闭和开敞空间之间的过渡形态，具有界面限定性不强的特点，如建筑入口雨篷、外廊、连廊等。

3. 按空间态势分

相对围合空间的实体来说，空间是一种虚的东西，通过人的主观感受和体验，产生某种态势，形成动与静的区别，还具有流动性。可分为动态空间、静态空间、流动空间。

动态空间：指空间没有明确的中心，具有很强的流动性，产生强烈的动势。

静态空间：指空间相对较为稳定，有一定的控制中心，可产生较强的驻留感。

流动空间：在垂直或水平方向上都采用象征性的分隔，保持最大限度的交融和连接，视线通透，交通无阻碍或极小阻碍，追求连续的运动特征。

4. 按空间的确定性分

空间的限定性并不总是很明确的，其确定性的程度不同，也会产生不同的空间类型，如肯定空间、模糊空间、虚拟空间。

肯定空间：界面清晰、范围明确，具有领域感。

模糊空间：其性状并不十分明确，常介于室内和室外、开敞和封闭等两种空间类型之间，其位置也常处于两部分空间之间，很难判断其归属，也称为灰空间。

虚拟空间：边界限定非常弱，要依靠联想和人的完形心理从视觉上完成其空间的形态限定。它处于原来的空间中，但又具有一定的独立性和领域感。

3.5.3 建筑空间组织

建筑物和建筑物之间，建筑物和周围环境中的树木、山峦、水面、街道、广场等形成建筑的外部空间。风景园林环境主体中的建筑物的布局尤其要反映的是一种与大自然“亲和”的观念，使建筑空间与自然环境有机和谐，互相渗透、容纳和扩展。建筑物以尽可能好的方式组织起来形成、定义外部空间，这些建筑物可以作为围合元素、屏障元素、背景元素，主导景观、组织景观、控制景观、围合景观、充当景框、创建新的可控制的景观、引导新景观向外或内向、强化围合建筑物、强化围合空间和空间群、强化一些空间的特征。简而言之这些建筑通过排列形成封闭或半封闭的空间，使空间可以最好地表达和适应建筑物的功能，可以最好地展现周围建筑物的结构形式、外观或其他特征，可以最好地将建筑群作为一个整体与整个扩展景观联系起来。

1. 风景园林建筑的空间组合形式

1）独立建筑形成开放空间

独立的建筑物和环境结合，形成开放空间，分为具有点景作用的亭、榭或单体式平面布局的建筑物。这种空间组织的特点是以自然景物来衬托建筑物，建筑物是空间的主体，因此对建筑本身的造型要求极高。

2）建筑群形成开放空间

有建筑组群的自由组合形成开放性空间，建筑组群与周围的园林空间之间可形成分隔、穿插，多用于较大规模的风景景观中，如北海、五龙亭、杭州西湖的平湖秋月。

这种开放空间多利用分散式布局，并利用桥廊、路、铺地等手段为建筑之间联系的媒介，但不围成封闭性的院落，建筑间有一定的轴线关系，可就地形高低随势转折。

3）建筑物围合成庭院空间

由建筑物围合而成的庭院空间是我国古典园林中普遍采用的一种空间组合形式。庭的深度一般与建筑的高度相当或稍大一些。几个不同大小庭院相互衬托、穿插、渗透。围合庭院的建筑数量、面积、层数可变。视觉效果具有内聚倾向。不突出某个建筑，而是借助建筑物和山水植物的配合来渲染庭院空间的艺术情境。

4）天井式的空间组合

天井也是一种庭院空间，但它体量较小，只宜采取小品性的绿化，在建筑整体空间布局中可用以改善局部环境作为点缀或装饰使用。视觉效果、内聚性强。利用明亮的小天井与四周相对明暗的空间形成对比。

5）分区式的空间组合

在一些较大型风景园林中，根据功能、地形条件，把统一的空间划分成若干各具特色的景区或景点来处理，在统一的总体布局基础上使它们互相因借，巧妙联系，有主从和重点，有节奏和规律，以取得和谐统一。如圆明园、避暑山庄、颐和园等。

6）中国古典园林中井、庭、院、园的概念

井——深度比建筑的高度小。

庭——深度与建筑物高度相当或稍大些。

院——比庭大些，被廊、墙、轩等建筑环绕，平面布局灵活多样。

园——院的进一步，例私家园林或大园林中的园中园。

2. 风景园林建筑在景观空间的序列

由于建筑在园林中的实际功能以及在景观中所具有统帅景观的作用，因而利用建筑的主次用途，配合园内造景处理，往往能够对游人造成一种无形的引力，再用相应的造园要素如门、廊、路、桥等进行适当的空间组合就可以形成游览路线。当人们在其中前行时，不仅可以抵达想要到达的地方，同时随着移动还可将周围美景尽收眼底。

除了小型建筑的单一空间，几乎所有园林建筑都存在着空间序列问题。园林建筑的创作其实就是空间环境的程序组织，使之在艺术上协调好统一与变化之间的矛盾，在功能上做到合理完善。游人从室外进入室内，空间的变化需要有一个过渡，对空间艺术及景物意境的欣赏和体验，也需要时间过程，而建筑空间序列实际上就是将这种空间和时间予以恰当的组织。所谓“有法无式”，就是将实际功能与艺术创作结合起来进行处理，根据人的行为模式，使空间序列安排得更为巧妙，让游人的情绪沿着设计构思起伏变化，同时又不感到这些行为或心理活动在接受他人的意志。下面是一些经典的空间序列组织方式。

（1）沿着一条轴线向纵深方向逐一展开，人流路线方向明确。视规模大小一般由开始段、引导过渡段、高潮前准备段、高潮段、结尾段等组成。空间大小、宽窄、开合变化，节奏感强烈。

（2）沿纵向主轴线和横向副轴线作纵横向展开。

（3）沿纵向主轴线和斜向副轴线同时展开。

（4）作迂回、循环形式的展开。

例如，北海公园：琼华岛、南北主轴线，东西次轴线；环秀山庄的建筑与水景：中轴线极其巧妙变化：非绝对对称但也基本均衡；北海公园园中园：静心斋主要建筑在中轴线上。

3. 与其他景观要素之间的关系

设计师在设计中不应该局限于建筑或者景观本身，而应该将建筑室外空间作为建筑空间的延伸，与建筑相接的景观要素应作为建筑的室外延伸部分进行处理。

1）水

与山石不同，水体在风景构图中常常表现出“虚”的特征。为与水面调和，临水建筑多取平缓开朗的造型。在水的周围常设置建筑，起到主景的作用，其在水面的倒影也能够增加环境的氛围。建筑与水面配合的方式可以分为以下几类：

（1）跨：凌跨水上，传统建筑中属于这一类的有各种水阁，建筑悬挑于水面，与水体的联系紧密。

（2）邻：紧邻水边，水榭即属此类，建筑在面水一侧设置甲板，游人可以凭栏观水赏鱼，极富情趣。

（3）挑：为能容纳更多的游人，建筑与水面之间可设置平台过渡，但应注意平台不能太高，因平台过高，与水面不能有机结合，就会显得不够自然。其实像前两种建筑形式也有降低地面高度使之紧贴水面的要求（见图3－125）。

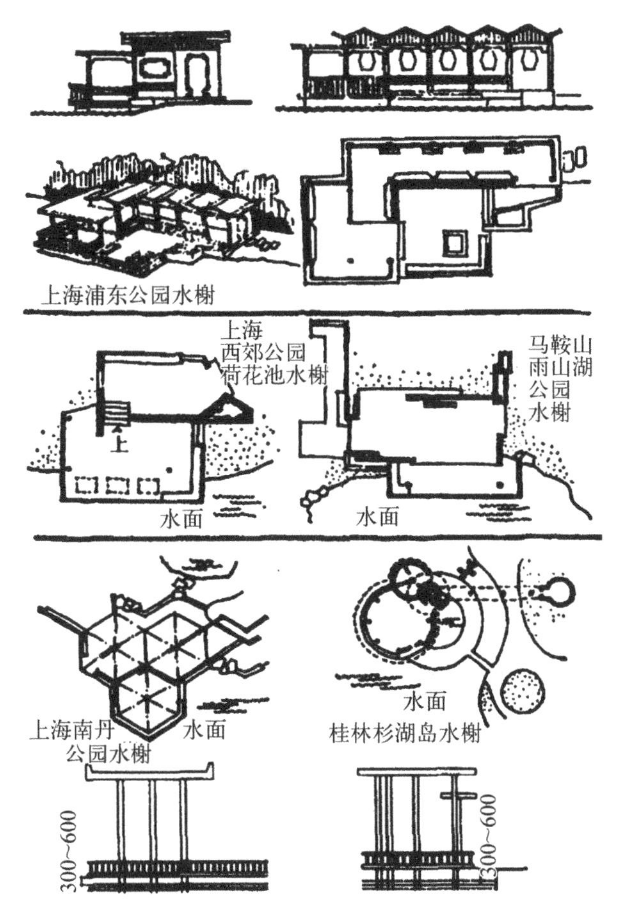

图3-125　建筑与水面的关系：邻、挑、跨

2）地形

建筑和地形地貌可以有机结合，不同的地形可以赋予建筑不同的空间体验和外在表现，而建筑也是改善地形地貌的物质手段之一。地形地貌是自然环境的组成之一，通过建筑物的合理布局和其本身的体量尺度，使原始的地形地貌得以改善，可以强化地形地貌的优点，也可以弱化地形地貌的缺点，甚至可以弥补地形地貌的缺陷形成更为理想和丰富的环境。如在山顶、高地上设置比较高耸的建筑，则使得地形起伏更加明显；或在过于平坦的地段，建筑物设置的高低错落，可以丰富天际轮廓线；在临水或者水中设置建筑或桥、亭等，能丰富水体空间和景观层次等。如图3－126所示。

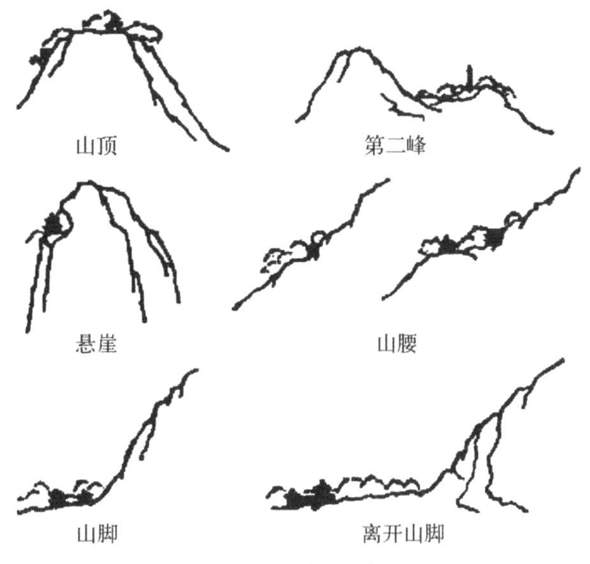

图3-126　各种地形

3.5.4　园林构筑物

园林构筑物是指景观中那些具有三维空间的构筑要素，这些构筑物能在由地形、植物以及建筑物等共同构成的较大空间范围内，完成特殊的功能。一般坚硬、稳定以及相对长久。主要包括台阶、坡道、墙、栅栏以及公共休息设施。此外阳台、顶棚或遮阳棚、平台以及小型建筑物也属于园林构筑物，但本章不讨论。

1. 室外台阶

室外台阶主要使用的材料为：石头、砖块、混凝土、木材、枕木甚至碎石，只要边缘稳定均可。

台阶由三部分组成：踏面、踢面、休息平台。一般而言户外台阶的踏面宽度在250～300 mm之间，踢面高度在120～170 mm之间，休息平台之间的间隔不应多于18层台阶，但可根据实际情况和设计造型做出相应的调整。

台阶因为自身三维尺度上的变化往往成为风景园林之中重要的划分场地和吸引视觉的元素，在进行设计时应该格外重视并有意识地使用，并发挥台阶休憩、观赏等方面的衍生功能。

2. 坡道

坡道的设置往往是考虑残障人士的无障碍通行要求，因此伴随台阶出现。坡道有直线式坡道和折返双坡道、弧形坡道以及U形坡道等多种形式，残疾人乘坐轮椅可自行爬坡的坡道宽度应不小于1 200 mm，以保证两辆轮椅的正常行驶，斜度在1/12以下，若场地限制无法满足1/12的坡度，可适当提高，但不应高于1/8，坡道起点与休息平台深度为1 500 mm；坡道一侧一般需设置扶手。

3. 墙与栏杆

栏杆的主要作用为防护、界定空间和装饰美化。坐凳式栏杆还可以起到供人休息的功能。一些处于安全角度考虑而设置的栏杆，其首要特征是坚固耐久，此类栏杆的强度和高度具有强制性的要求，一般而言高度不应少于1.05 m，某些情况还需适当提高，具体可查阅相关设计规范。

挡土墙在固坡方面具有固坡作用决定了其必须保证足够的强度来承受上方土坡的推力。挡土墙一般长度较大，因此如果能够进行良好的美学处理可以成为景观的亮点。通过使用质感丰富的材料或者根据其线性特征做相应的构成设计可以达到锦上添花的效果。上海辰山植物园矿坑花园中使用当地的石材来砌筑挡土墙，达到了自然美与人工美之间巧妙的平衡，值得借鉴学习。

4. 座椅

园林座椅室外使用的特点决定了其制作的材料需要承受日晒雨淋。常使用木、石、铁及钢筋混凝土制成。根据景观的美学特征和场地使用需求，可进行丰富的造型设计与色彩搭配。一般而言，考虑到人体尺度和使用需求，座椅座面距离地面应在400 mm左右。根据场地游人的使用特点来对座椅的舒适度进行调整，具有长时间静坐需求的座椅最好设置椅背。

3.5.5 园林建筑及构筑物的表现

1. 园林建筑表现

与一般建筑一致，常用的园林建筑表现形式包括建筑平面图、屋顶平面图、立面图、剖面图和透视图等(见图3－127)。

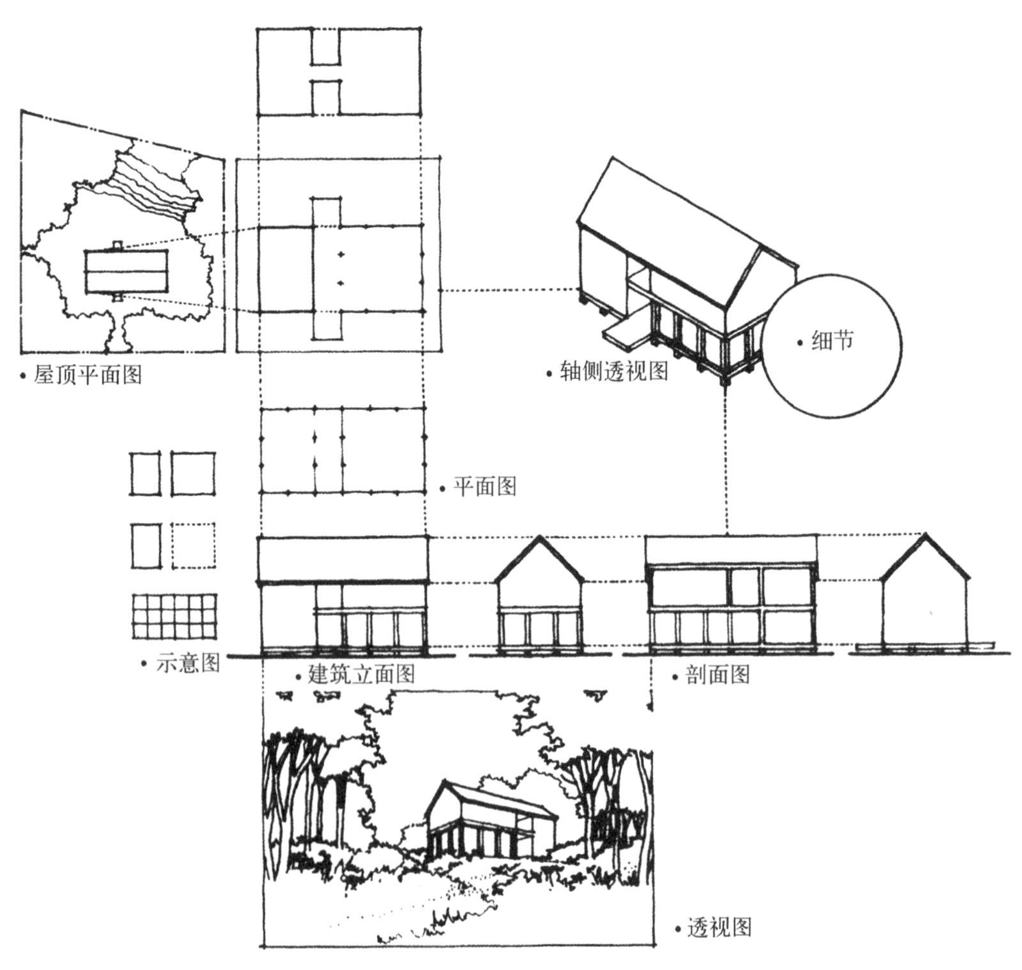

图3－127　建筑的各种图示

1）建筑立面图的表现

建筑立面图是建筑在一个竖直的平面上的正投影图，建筑立面图强调的是平行于绘图平面的建筑外立面的形状并勾勒出它在空间中的轮廓，在立面图中也可以展现覆层材料的质地机理和图案，以及门窗洞口的位置、类型和尺寸。

立面图的表现不需要考虑透视的因素。立面图使用正面的表现，表现的内容包括建筑的正面和视线所能看到的后面的元素。正面图的绘制可以根据情况添加阴影，从而来表现建筑表面的三维变化，有的时候可以根据需要将立面图绘制成为修改的一点透视图，比如将周围的环境进行透视化处理。一般而言，立面图的比例与平面图一致，比例要在图的下方标识出来。

2）建筑立面图材质的绘制方法

在建筑立面图中一个重要的表现要素是建筑的立面材质组成和特征，下面是一些代表性材料的绘制方法（见图3－128）。

3）建筑效果图

建筑效果图通常选用透视图的形式来表现，透视原理已经在第2章中有所表述。在进行特定建筑透视图的绘制的时候要根据建筑的空间特征来进行选择，一般来讲表现街道和广场空间的建筑通常选用中心透视来表现围合感；当建筑作为主体来进行表示时常常选用成角透视。具体步骤与第2章的一点透视、两点透视是相同的。

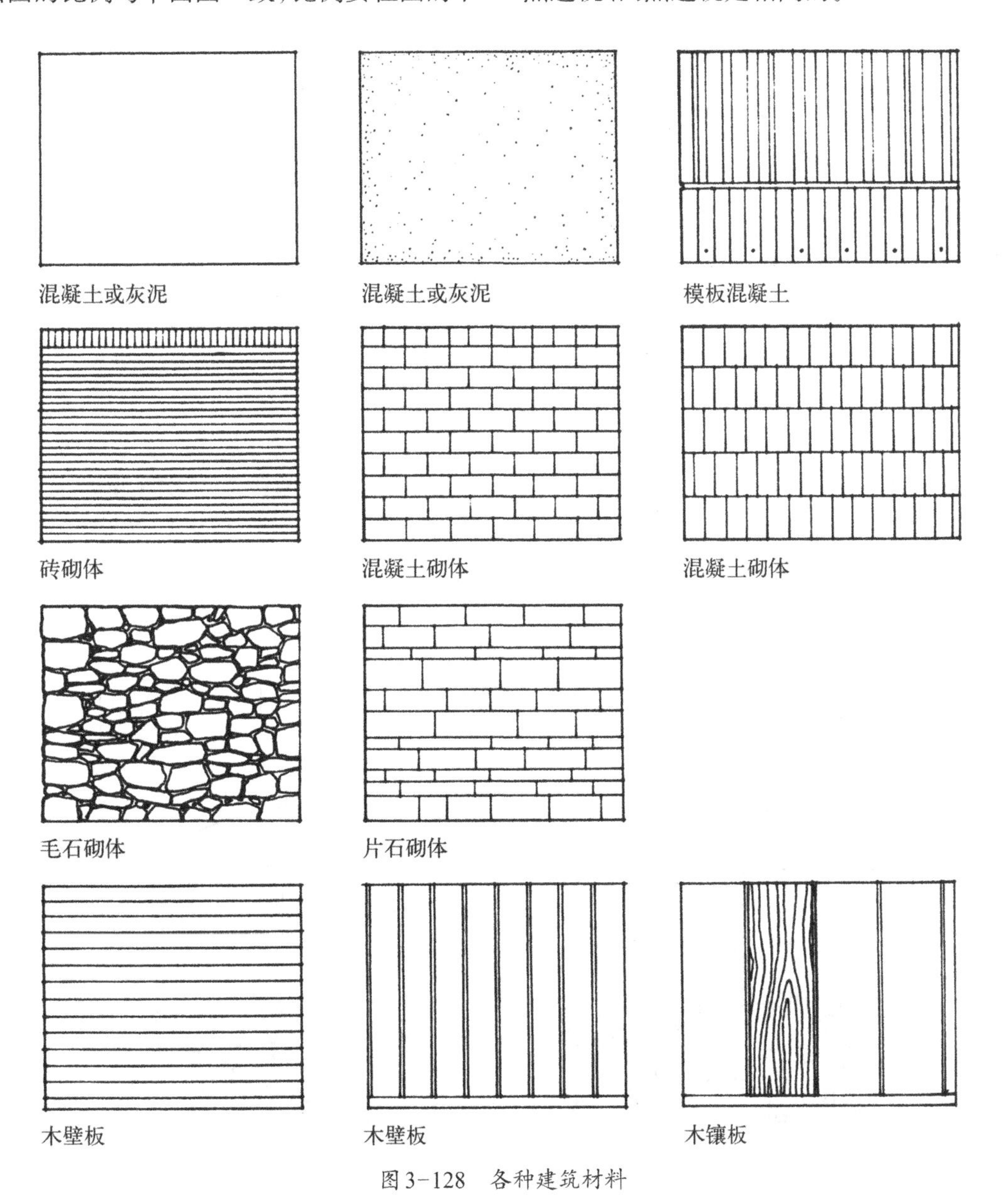

图3－128　各种建筑材料

2. 常见园林构筑物的表现

常见园林构筑物的表现如图3－129所示。

作业任务书

作业：校内园林绿场地实测

1. 设计目标

（1）通过对园林绿地的现场测绘，加强对园林空间环境的认识能力和表达能力，增强对园林空间尺度感的把控能力。

（2）现场测绘园林建筑小品，掌握园林建筑小品的尺寸、色彩和造型。

（3）对地形和水体进行现场测绘，加强对地形的空间尺度感。

2. 设计任务

以2～3人为一组进行校园实测，工具为卷尺

图3－129　常见的园林建筑物

（50 m），作好记录，并用素描纸或白卡纸在A2幅面上用针管笔绘制如下内容：

（1）自绘图框、图签和指北针。

（2）选有园林建筑小品、绿化、道路铺装、地形、水体的一处60 m×90 m的场地进行测绘。

（3）比例1:200 平面图一份、立面图两份（纵、横方向各一份），马克笔或彩铅上色。

3. 考核

1）考核标准

（1）图纸清洁美观。

（2）能够明确地表达出测绘场地的各类景观要素。

（3）线条、色彩和标注准确。

（4）图纸尺寸、布局、字体大小规范，图面整洁。

2）成绩组成

（1）图纸清洁美观，占20%。

（2）能够明确地表达出测绘场地的各类景观要素，占40%。

（3）线条、色彩和标注准确，占20%。

（4）图纸尺寸、布局、字体大小规范，图面整洁，占20%。

4. 进度安排与署名要求

时间为一周，图上文字说明组内各成员具体工作内容。

3.6 人的行为与风景园林设计

风景园林空间设计优劣的一个重要标准是依赖于人的体验的认同，因此在进行风景园林设计的时候要有意识地运用行为因素，根据人的需求、行为规律、活动特点等以人为中心进行空间构思。没有各种各样的行为支持，就没有各种各样的行为得以发生、发展，就没有场所公共绿地的活力。美国著名的建筑师劳伦斯·哈普林曾说过："我的设计观就是将人的因素容纳进我的设计中，考虑人们如何生活、活动，我的设计才有意义。"我们建造的环境只有有了人的活动才被赋予存在的意义。

3.6.1 人在园林空间中的行为需求和特点

设计者在设计时多少带有一些意图，即企图使一定的人群在一定的场所按一定的方式表现一定的行为，然而人是园林景观的直接感受者和使用者，对园林景观设计作品有最终的发言权，要使设计与行为进行契合，必须从使用者的角度考虑，充分了解人的行为在园林景观中的需求。就如著名学者杜威所说的：只有当设计者将人们习以为常的行为方式视作神圣的设计宗旨时，人们才会按照设计所鼓励的方向去行动。

1. 人在户外园林空间中的行为需求

按照驱动行为发生的需求不同，人们在户外园林空间中的活动可以概括为三种类型：

必要性活动——各种条件下都会发生。必要性活动包括了那些多少有点不由自主的活动，如上学、上班、购物、等人、候车、出差、递送邮件等。

自发性活动——只有在适宜的户外条件下才会发生，这一类型的活动包括了散步、呼吸新鲜空气、驻足观望有趣的事情以及坐下来晒太阳等。自发行为与必要性行为不同，只有在人们有参与的意愿，并且在时间、地点可能的情况下才会产生。对于园林设计而言，这个层次上的环境提供是非常重要的。

社会性活动——社会性活动指的是在公共空间中有赖于他人参与的各种活动，包括儿童游戏、互相打招呼、交谈、各类公共活动以及最广泛的社会活动是被动式接触，即仅以视听来感受他人。

要把握人的在园林空间中的行为，可以从行为在园林空间中表现出的特性来理解。

2. 园林空间之中人的常见行为特点

（1）聚集效应：人在园林空间之中并不是均匀分布的，而是在不同的区域以不同的密度聚集。设计者应该思考哪些地方可能聚集大量的人，这种聚集是否对过路者产生影响，进而优化功能区和道路的布置。

（2）边缘效应：大多数情况下人们不愿意横穿开阔的空地或走进空间的中心，而是从空间的边缘走过，这样既能体会空间的尺度同时保证对安全感的需求。

（3）人看人：注意"人看人"的心理行为，在公共场所之中当你在看别人的时候，别人也会回看你，大多数人在休息的时候都是选择面对人流较多的地方，这些活动或是球赛或者人流通过的途径。应该仔细研究整个活动区的规划前景，以便最大限度地增加从一个地方到另一个地方观看的可能，提供更多“人看人”的机会可以使得许多消极空间变得主动。

（4）从众习性：从众习性是动物的追随本能，俗话说“领头羊”，人类有“随大流”的习性。就如扬·盖尔曾经说过的那样：“有活动发生是因为有活动发生。”

（5）抄近路：当人们清楚知道目的地的位置时，或是有目的地移动时，总是有选择最短路程的倾向，一些穿行造成的草地被践踏便是忽视这种行为特性造成的。

（6）识途性：识途性是动物的习性。动物感动危险时，会循原路折回，在陌生复杂的环境中人类也有这种本能。在相对安全的前提下人们依然会倾向于将可能的疏散路径了然于心，这就要求设计者将出入口设置于便于达到的位置，而且空间的格局不会过于混乱而使人失去安全感。

（7）左转弯：在公园和游乐场中，我们很容易发现观众的行动轨迹有左转弯的习性。在运动中，几乎都是左回转，如体育跑道的回转方向等。这种现象对楼梯位置和疏散口的设置以及园林道路布置等均有指导意义。

（8）右侧通行：在没有汽车干扰的道路和步行道、中心广场以及室内，当人群密度达到0.3人/米^{2}以上时会发现，行人会自然而然地沿右侧通行。

（9）不走回头路：在安全的环境中游览者一般具有顺序前行的习惯，多数人希望有进有出，不走回头老路，以保持游览的新鲜感，因此园林空间的道路设计一定注意相互直接的连接，能够保证游人具有较多的选择到达不同目的地。

（10）登高远眺：游人多有登高远眺的习惯，所谓站得高看得远。在高处人会获得与平时站在地面不一样的视野和感知，让人的体验变得丰富和新鲜。

3.6.2 设计与行为的关系

人类的行为与环境之间的相互作用是一个双向过程。一方面，环境对个人有明确的影响，我们的反应可能是去适应强加的外界条件。另一方面，我们不断地操纵或选择周围的物质环境，努力使生活从物质和心理上都更加舒适。行为是两套主要变量系统之间复杂相互作用的结果。首先是会影响个人的是周围环境；其次是个人的内在状况，其中包括两部分的内容，即与人体生物机制相关的生理要素和与文化背景、动机、个人经历以及人的基本需求有关的心理要素。因此，在设计中我们要关注三个相互关联的个人元素类别：身体的、生理的和心理的。

身体因素：第一组元素是影响到人的外形和尺寸与环境细节之间的明显关系，对人体平均尺寸、常见姿势、运动及成长的分析，要作为建筑各组成部分和景观中细部设计尺寸的基础。门必须足够高，使人不必弯腰就能通过；作为尺寸必须合宜，倾角舒服；踏步尺寸取自人体基本的运动模式；坡道倾角和扶手高度源自使用者身体外形与运动特点。

生理因素：人的生理需求是人体内的生物状况与周围环境互动的结果。人们需要食物、空气、水和运动以及对过热和过冷的防护。个体通过这一过程将内在环境保持一个接近稳定的动态平衡状态。除了在一个可高效控制冷热的环境中减少疾病的发生外，还要提供遮风避雨的环境，同时提供在清新的空气和明媚的阳光下锻炼的机会。显然，险恶和不明确的环境可能导致忧虑和紧张，这种状态也会对人产生损害。我们寻求有一定人身安全保证的环境，因此在设计时桥梁台地要加装安全扶手、泳池周围要设置栏杆等是安全需要以及防止坠落伤害的法定规范。

心理因素：心理因素与环境的形式相联系，但是迄今为止我们还不了解环境为何令人不悦或不堪使用，我们是否会为了满足一些需求而想改变环境？人的心理需求及对环境的感知会由于年龄、社会阶层、文化背景、既往经验、动机目的以及日常的个人习惯等原因而不同。这些因素会影响并区分出个体与群体不同的需求结构。人的内在基本状况可大致归为5种动机和心理需求：社会的、稳定化的、个人的、自我表现的、丰富自我的。当然在它们中间不可避免地存在重复和潜在冲突。

风景园林设计中对于行为因素的考虑表现在设计者在设计工作一开始的时候，就应该把那些他认为与公园用途相一致的活动项目列成提纲，然后再把这些项目具体转化为相应的设施，最后再把这些设施组织到反映他们自己设想的规划中去。这里，首先遇到的问题是这些设想在多大程度上是有根据的，不是凭空想象出来的，这就要求我们在平日的生活之中从以下三个方面努力观察和分析人的户外行为。

1. 行为的空间分布规律性

表现在行为在特定空间的秩序性和特定时间的规律性。如：在空间之中人是如何分布的，哪些地点人的密度较大，哪些地点人的密度较少，而当人的密度达到一定程度之后哪些活动会受到抑制，而哪些活动会得到促进，将这种情形在图纸上进行记录，进而根据空间的布局进行思考和归纳。比如一条窄窄的道路两侧若是坐满人，那么要通过道路的行人就倾向于选择绕道而行；而一场户外的表演若是观赏区域人的分布达不到一定的密度，那么这场演出的氛围就很难得到保证。

2. 行为的空间轨迹流动性

人类根据行为的目的，往往要改变行为的场所，这样由转移行为场所构成的序列流称为流动。在特定空间里这种流动的量和模式具有明显的倾向性，这就是流动特性。对于流动性特点的观察归纳主要是记录人在进行场所转移时的流动轨迹，人们选择了怎样的路径，有什么可能的原因造成了这种选择的发生。

3. 行为在空间中的关联性

作为一种人们意志的自由选择，行为具有随机性和自主性，这决定了我们无法准确地预见一个设计中未来会出现的各种情况，但是对于某些常发生的行为来说，设计者确实能够根据特定行为的趋向去考虑避免设计与现实发生冲突。对于行为这种特性的研究要善于将所观察到的行为根据其空间特征绘制成行为的流程图来加以记录，当这种记录达到一定的数量便可以对各类行为的关联进行归纳总结。

3.6.3 常用尺度

许多学者对于人处在户外空间中的尺度进行过研究，其中凯文・林奇在《场地规划》一书中把25 m左右的空间尺度作为社会环境中最舒适和得当的尺度；日本著名学者芦原义信认定24 m为室外空间的基本单元尺度。芦原义信曾指出，用H表示建筑物的高度，用D表示邻幢建筑物之间的距离，那么当$D/H=1$时，建筑物之间的高度和距离的搭配显得匀称合适；当$D/H>1$时，心理感觉有远离或疏远的倾向；当$D/H<1$时，心理感觉有贴近或过近的倾向；当$D/H>4$时，各幢建筑间的影响可以忽略不计。建筑师米约・希特提出了广场宽度D和周围建筑高度H之比应在1和2之间为最佳尺度比值。$D/H<1$时，广场周围的建筑显得比较拥挤，相互干扰，影响广场的开阔性和交往性；$D/H>2$时，周围的建筑物显得过于矮小和分散，起不到聚合与汇集的作用，影响到广场封闭性和凝聚力及广场的社会向心空间的作用。这为广场空间环境的设计营造提供了尺度控制，对广场空间进行二次划分有助于改善大尺度的空旷和单调，通过高差、铺装、绿化、水体、景墙、小品设施等元素的限定，增加人的属性的小场地可以增加场地的领域感。

从人的生理器官的能力上来说，正常人知觉都有一定的感知范围。其中嗅觉只能在非常有限的范围内感知到不同的气味。小于1 m的距离内，才能闻到从别人头发、皮肤和衣服上散发出来的较弱的气味。香水或者别的较浓的气味可以在2～3 m远处感觉到。超过这一距离，人就只能嗅出很浓烈的气味；听觉具有较大的工作范围。在7 m以内，耳朵是非常灵敏的，在这一距离进行交谈没有什么困难。大约在30 m的距离，仍可以听清楚演讲，超过35 m倾听别人的能力就大大降低了。离达1 km或者更远，就只可能听见大炮声或者高空的喷气机这样极强的噪声；视觉是我们感知周围环境的主要器官，各类空间的尺度也与视觉的感知能力紧密相关，人的社会性视域在0到100 m之间，其中在0.5～1 km的距离之内，人们可以看见和分辨出人群，在大约100 m或更远处，见到的人就仅仅是一个具体的个人。因此你会发现在人不太多的海滩上，只要有足够的空间，每一群游泳的人都自行以100 m的间距分布。在70～100 m远处，就可以比较有把握地确认一个人的性别、大概的年龄以及这个人在干什么。所以在足球场的设计中从最远的座席到足球场中心的距离通常为70 m。在大约30 m远处，面部特征、发型和年纪都能看到，不常见面的人也能认出。当距离缩小到20～25 m，大多数人能看清别人的表情与心绪。剧场舞台到最远的观众席的距离最大为30～35 m。

3.6.4 人及其在环境中的表现

在图纸的表现过程中人物是不可缺少的。人物

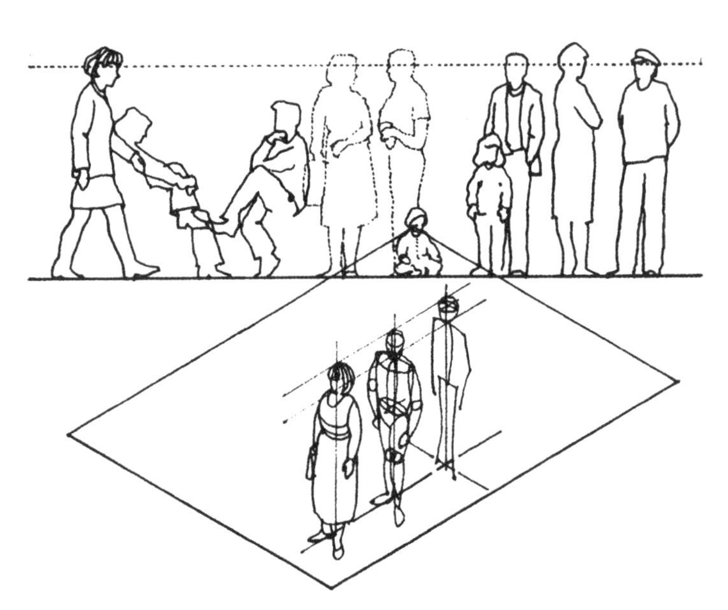

需要考虑绘制人物时的重要方面是：

- 尺寸
- 比例
- 活动

图3-130 图纸中表现的人物

的存在可以增强画面的场景感，反映空间的尺度，指明空间的用途或行为活动，表达空间的深度和水平的变化（见图3-130）。

我们用来植入画面的人物首先应该与环境比例协调。因此，我们需要采用适宜的大小和比例来绘制人物（见图3-130）。

首先我们设定每个人物的高度，然后再定好各部分的比例，最关键的是头部的大小。假如我们可以把站立的人七等分或者八等分，头部相应地占身体高度的1/7或1/8（见图3-131）。

另外我们在绘图的时候要避免把人物画得如同平面的剪影一般，相反应当赋予人物体积感，尤其是在轴测图和透视图中。

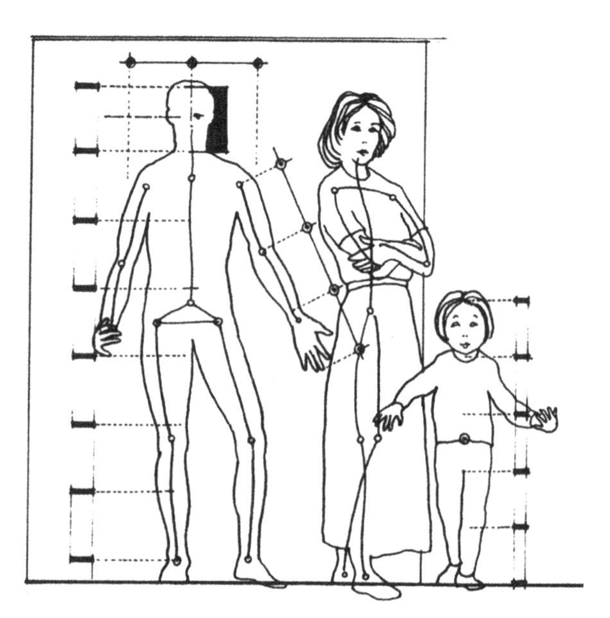

图3-131 人物的比例

当要绘制一个坐着的人物时，通常最好先画一个站在板凳或者椅子旁边的人，然后再按照相应的比例来勾画坐着的人。每个人物的姿势可以通过关注人体脊椎的轮廓和身体支撑点来确定（见图3－132）。

图中的人物应当能够表达出人在该空间中的活动并且与空间的场景相互协调。我们在绘制一个空间中的人物的时候首先需要考虑这个空间中能够发生什么样的活动，什么样的活动和行为可以增加这幅表现点的吸引力。另外在添加人物的时候要注意人物不应该放置在可能遮挡重要空间特质或是会分散视觉焦点的位置，勾画人物的时候可以通过适当的重叠来表达空间的深度和空间感（见图3－133～图3－135）。在园林表现图中，人物只是配景，用来表明空间尺度，因此不宜将人物画得过于复杂，以免喧宾夺主。

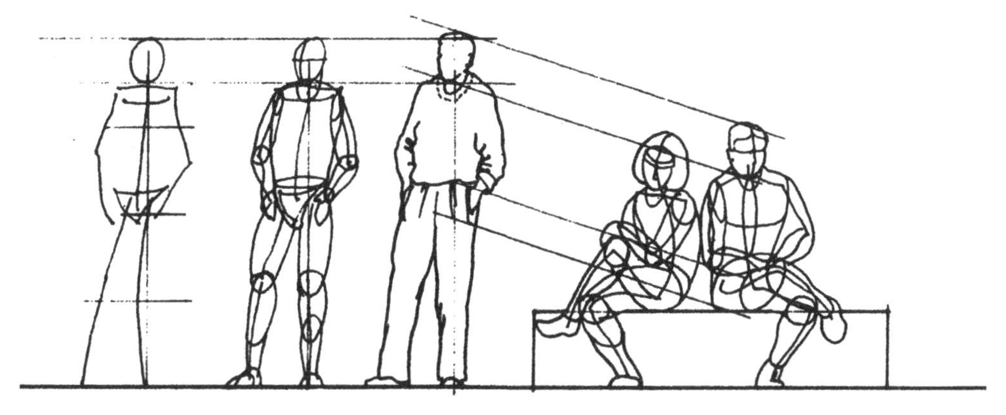

图3－132　站着和坐着的人

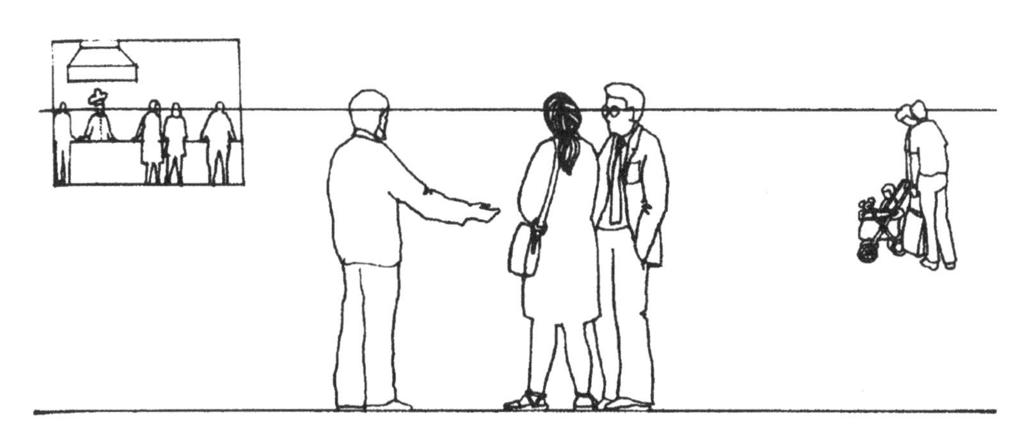

- 人物的穿着应得当，同时避免可能分散视觉焦点的不必要细节
- 描绘人物的风格应该与该图其他部分的风格相一致
- 在适当的时候，应该借助人物的双臂与双手来表示他们的姿势

图3－133　人物的适当重叠

图3-134　人物配景

图3-135　人物上色

课后作业

用A2白卡纸，用马克笔、针管笔等绘图工具，抄绘图3-134、图3-135人物配景及上色。

作业任务书

作业：为园林透视配景——人物与车辆设计

1. 设计目标

（1）熟悉人物配景中人体各部位比例关系。

（2）掌握人物配景与视平线关系。

（3）掌握车辆配景与透视线关系。

（4）掌握人物和车辆配景的上色技巧。

2. 设计任务

用素描纸或白卡纸在A1幅面上绘制如下内容：

（1）自绘图框和图签。

（2）抄绘《风景园林设计初步》人物和车辆配景（见图3-105、图3-130、图3-131、图3-132、图3-133和图3-135）。

（3）给上述配景配色。

3. 考核

1）考核标准

（1）线条绘制流畅美观。

（2）人物各部位比例合理。

（3）车辆透视关系恰当。

（4）上色色彩准确，层次恰当。

2）成绩组成

（1）线条绘制流畅美观，占20%。

（2）人物各部位比例合理，占30%。

（3）车辆透视关系恰当，占20%。

（4）上色色彩准确，层次恰当，图纸尺寸、布局、字体大小规范，图面整洁，占30%。

4. 进度安排

时间为一周。

第4章　园林设计构图与空间序列

风景园林设计与空间序列展开的前提是立意与构思。立意是主题思想的确立，是指导设计的核心。正如中国画论的精髓“意在笔先”，设计的全过程均以立意为前提。颐和园的立意表现杭州西湖风景，昆明湖水域的划分、万寿山与昆明湖的位置关系、西堤在湖中的走向以及周围的环境都与杭州西湖相似。万寿山山体不够巍峨，形态不够奇特，因而立意“寺包山”的方式“因山构室”，延寿寺的千楹殿宇，浮图九级，成为“建筑依山势之高下层叠，倍加空灵；山峦借层叠之势如堂庑，气势大增”。玛莎·施瓦茨在多伦多设计的Yorkville公园意在表达该地区原有自然和文化的特征：多样的空间组合形成了系列的空间类型来表达维多利亚风格和结构；每种空间又通过景观再现体现了该地区的地理特征。从简单适应环境，满足基本功能要求，过渡到追求更高的理念境界是立意的深层内涵。立意可以选择不同的风格：古典的与现代的，规整的与自然的，开敞的与封闭的。立意可以选择不同的格式：对称的与均衡的，重复的与渐变的，环状的与散状的，单独的与组合的。立意可以选择不同的文化：如茶文化、竹文化、工业文化等。立意是理性思维，侧重于抽象观念意识的表达。立意可以选择不同的意念：庄严、雄伟、浑厚、朴实、华丽、轻快、活泼、优美。

构思是形象思维，在立意理念思想的指导下，创造具体的形态，成为从物质需求到思想理念，再到物质形象的质的转变。在创作实践中，设计方案是多种多样的。针对不同的环境与设计对象，不同的设计者会采用不同的方法与对策，因而形成不同的设计结果。园林占地广阔，组成园林的内容繁多，设计构思的关键是整体的布局关系。在构思的过程中，我们要考虑：① 确定主题形态：如山体或某一山体，水体或某一水体，建筑群或某一建筑。以主题形态构成全园的高潮。② 布局的轴线与骨架线：将广阔范围中的众多形象组织得井然有序，要依靠在平面图上画出清晰的轴线，在轴线与骨架线上分布各个景点。③ 设计游览序列：游览序列指整体关系的起承转合，明确起点的比重、过渡的方法、高潮如何展现等。游览序列要分析有人的流量状况，以把握游览的节奏感。④ 进行元素之间的关系比较：从宏观上衡量元素之间的联系，其中包括山体与水体、山体与建筑、水体与建筑、山体与山体、水体与水体、建筑与建筑以及它们与植物分布的关系等。⑤ 基本形态的基本造型的构想：安排在骨架线上的主要景点做初步的刻画，如山体的走向、陡坡与缓坡，水体的聚散、湖岸的线形、建筑的式样、植物景观的季相等。

优秀的立意和构思来源于设计师对生活的体验和对设计场地本身的了解和认识。接下来我们从设计形态灵感的来源和空间序列的排布来讨论景观空间序列的展开。此外，结合模式辅助设计和城市形态设计准则这两种设计模式来讲解空间序列的展开过程。最后，通过场所精神和中国古典园林的意境来探讨意境的含蕴，并应用在叙事景观设计中。

4.1　园林设计构图

设计形态灵感来源于自然和生活的方方面面。中国古有“天圆地方”的说法，其实是古人对于自然的一种认识。虽然这种认识不科学，却反映了人们心理上对空间的感受和客观空间形态的差异，也反映了形态本身对于人们认识自然和理解自然的初始意义。设计的立意和构思最终都需要落实在形态上，那么形态灵感的来源主要是人们对现有的人工和自然形态的认识，包括规则几何和自然几何两种。

4.1.1 规则几何

规则几何图形都始于三个基本图形：正方形、三角形、圆形（见图4-1），以其演化图形为主题来组织景观，而直线又是组成这些形状的基本要求之一。接下来我们来详细分析直线、正方形和长方形的特征和应用。

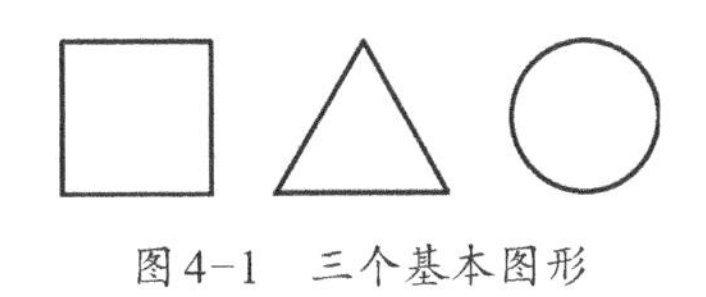

图4-1 三个基本图形

4.1.1.1 直线

直线是平面形式最基本的组成部分，也是正方形、长方形的基本构成元素。直线还能被整合到网格、规则和不规则的组织结构中。直线是塑造景观的基本要素。

线是长度远大于宽度的一种设计元素，因此给人一维空间元素的感受，而所有物理实体都是三维的。线是一种比例上很窄并且占有很小空间的实体。直线与弧线、曲线等不同，它是连接两点之间的最短距离。直线表达了高效、果断和不被打断的运动感。

直线多是人工构造物，自然界中也有些直线的例子：红木的树干、直立的岩石、水平面等。在人类景观中，直线是由伸展的、狭窄的二维元素创造而成，例如步道、公路、水渠、树篱等。此外，直线还可以由连续成列的单体元素构成，如树木、廊柱、路灯等。

1. 景观应用

直线所体现的一维性、指向性、单一性和连续性是景观规划设计场地设计中的基本元素。直线在景观设计中可能的使用功能包括：指引视线，调节运动，建立基准，分割边缘，提供建筑延伸感，暗示人为控制和创造韵律感。

1）指引视线

景观中所有线都能捕捉或者指引视线（direct the eye），但是直线最有强调作用。直线的连续性和延伸程度把人的视线指引到一个终点，尤其当人站在线上或者旁边。当直线成为三维时，指引性是最明显的，比如建筑、墙和植物。垂直植物的功能在于集中人的注意力沿着廊道到达终点。这是景观中最强烈的视觉感受，所以直线常应用于一些特殊需要强调的地方。

线的终点应该是突出的，因为它最终集中在视线的焦点，尤其当直线与线性空间相结合的时候。雕塑、重要的建筑、水体、特殊植物、框景都可以作为突出在终点的景物（见图4-2）。如果终点并没有需要聚焦的点就没有必要使用直线。

2）调节运动

除了指引视线，线性铺装可以用作景观中人们行动的干道。直线是高效的、明确的、控制的、权威的通道。直线常用于两点之间不需要停留的调节和转化，聚焦于终点或者线上的某些元素，或者用于建筑景观和对称景观。直线也用于一些仪式运动，例如游行或者沿街的庆祝活动。华盛顿的宾夕法尼亚大道指向美国国会大厦；英国伦敦圣詹姆斯公园林荫道指向白金汉宫；巴黎的香榭丽舍大街指向凯旋

图4-2 雕塑和水景作为直线的终点

门，这些都是为公共游行和庆祝所设计的直线街道。

3）建立基准

基准（datum）是用于调查和测绘的参照物，可以是点、线和面。相似的，设计中的基准是其他元素在组成中与之相关的线、面或者体。当直线延伸到一些元素的集合或者要统一这些元素时，直线就是一个基准。直线的简单和连续提供了一种共性和视觉点。直线有支配特性，它能通过消除其他组成部分的不同来统一整体。

直线以两种形式实现基准的角色：轴线和脊柱。轴线是对称组合的基准，所有元素和空间都沿着轴线均等分布。轴线的中心性优先于其他所有设计元素，使它们到了一个非常重要的地位。对称设计依托于轴线。

脊柱是非对称布局的基准（见图4－3）。像一条轴线，一个脊柱以一种和谐的元素在设计中伸展。在图4－3（a）中，元素在空间上缺乏统一感。在图4－3（b）中，直线基准在视觉上把所有元素统一到一个和谐的设计中。两个使用直线作为脊柱来协调组合的当代设计案例包括在美国佛罗里达州的Water Color，这是沃尔顿县的一个公园和展示花园，由Nelson Byrd Woltz设计。另一个是Peter Walker公司设计的日本幕张的IBM大楼。在后者的设计中，脊柱是由一条横贯花园空间和建筑的灯光线形成。

4）分割边缘

边缘（edge）是由两种不同材料相连接。由相对长而窄的元素界定的直线可以插入边缘，并且有两个作用。第一，直线可以是两种相对材料的衬托物。如果没有直线作为两个分割区域的媒介，两个区域之间的视觉和功能连接的效果就很差。

一个例子就是由Peter Walker设计公司设计在美国加利福尼亚州拿帕市的美国中心（The American Center for Wind, Food, and Arts），一个加长的、带台阶的水池和毗邻的由旗杆和杨树鹅卵石散步道创造的景观中的一条粗线很明确地分割了空间。东部是景观网格，西部是停车场。

5）提供建筑延伸感

当由墙、绿篱、水池、铺装和植物来定义的直线源于建筑的边缘延伸到毗邻的景观中时，形成了一种建筑延伸（architectural extension）。无论是轴线还是脊骨，直线都是建筑几何形的延续，像手臂一样环抱景观。直线建筑的延续有几个功能。第一，通过把视线从建筑上引走来从视觉和身体运动上把建筑结合到景观。当从室外景观看出来时，直线的延伸反过来把视线吸引到建筑中来。直线能把建筑和景观结合起来使二者统一。最后，直线把建筑推入到景观之中，使景观和建筑融为一体。

在很多重要的历史花园中都利用直线作为建筑的延伸，通常以中轴线的形式出现。17世纪意大

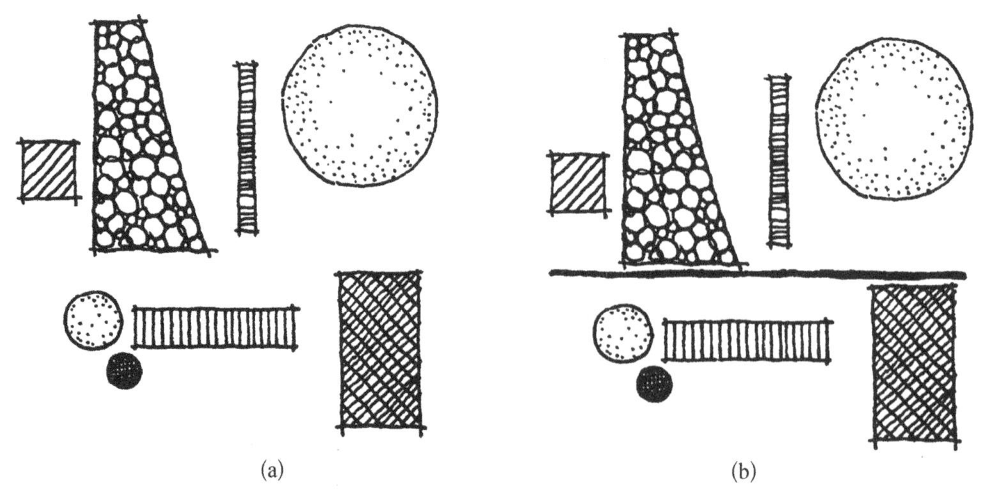

图4－3　脊柱作为非对称布局的基准

（a）无基准；（b）有基准

利的Villa Pietra，Hampton Court Palace 和英格兰的Blenheim Palace都利用林荫道延伸到田园景色中去。

6）暗示人为控制

直线能够暗示景观中的人为控制（human control）。前面说过自然中也有直线的存在，但是并不常见。著名景观设计师William Kent在1600年代说过："自然拒绝直线。"直线是人们组织、简化和控制自然的能力缩影。直线是一种刻意而为的设计元素，在景观中与自然相对比并暗示人类的系统性。

所有直线都暗示人类对景观的控制，尤其是轴线。有很多例子都使用轴线暗示政府、神，或者重要的个人的权利。埃及Queen Hatshepsut 神庙的中轴线，经过罗马Saint Peter广场的中心和出入口以及Saint Peter教堂的轴线，和Vaux Le Vicomte的中轴线都表达了主权的思想。华盛顿国家广场的布局暗示着美国政府对于国家和世界的影响。最著名的例子是凡尔赛宫，有很多轴线从路易十四的卧室和床延伸到花园，暗示他统治一切（见图4-4）。

直线是人类管理自然的象征，这体现在田地、果园、酒庄和林荫道的一排排的种植（见图4-5）。使用直线最早的例子出现于农业实践的早期，人们把水稻种成直线以利于灌溉，例如埃及和美索不达米亚的很多古代花园。把植物种成直线的形式继承下来变成一种传统的景观，虽然有些地方并不是因为灌溉的需要。很多当代景观，例如Michael van Valkenburgh公司设计的法国巴黎的50 Avenue Mantaigne项目用条状种植来隐喻人类农业景观。一排排的树木或者石子路或者水渠暗示着农业种植的基础让人们回想起历史先驱Andre LeNotre的工作。条状树木沿着街道种植，给乡村一种连接到城市的暗示。

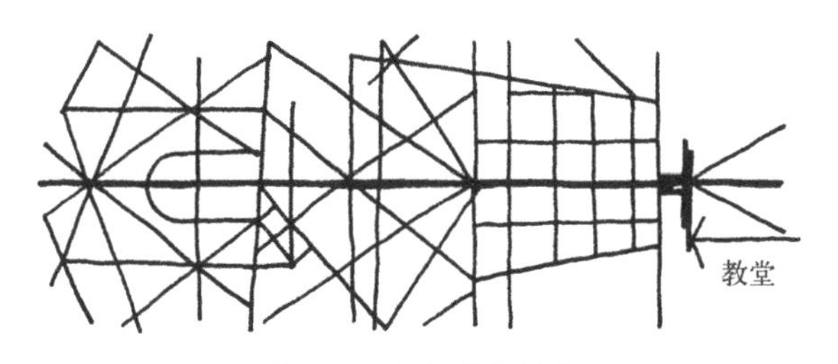

图4-4　凡尔赛宫轴线

7）创造韵律感

直线通过排列和变化规则空间在景观中体现一种视觉韵律感（Ryhthm）。设计师可以通过改变铺装的材质、树篱或者墙体的空间元素或者重复头顶的构造物来表达韵律感；也可以通过沿路或者线性空间重复配置树木、灌木、园灯和座椅来表达韵律感。

此外，还可以用直线本身来作为设计元素重复出现在景观视觉元素中。重复出现的一系列直线能够建立节奏，吸引眼球。美国纽约的高线公园（High Line）就把铁轨的直线形状应用到铺装和座椅中，使其在很窄的空间中形成一种韵律感（见图4-6）。

2. 设计导则

在景观中设计直线的时候可以考虑以下的设计准则。

1）意图和定位

直线在景观中是一个强有力的吸引目光和运动的元素，尤其当直线很长、与其他元素形成对比，或

图4-5　直线排列的种植园

图4-6　高线公园

者以三维空间的形式表达的时候。所以，应该小心地设计和布置直线，让它与整个设计很好地结合。

在把直线与其他组成元素相结合的时候应该很小心。平行或者垂直是最适合使用直线的。但是，当有目的地去对比线条或者强调的时候也可以把直线设计成有角度的。

2）第三维度

三维的线长影响着景观中线的视觉重量。平地上由铺装、水和低矮植物来定义的二维的直线是最弱的表现形式。二维的直线仅仅当人们离他很近的时候才能感觉到，并且很容易因为移动而不被注意。在景观中，由墙体、树篱、行列树或者其他有高度的元素形成的线最容易被注意到（见图4-7）。三维的线通常从很远的地方就会被看到，尤其当它比周围元素都高的时候。此外，三维的线能够围合空间和指引视线。因此，应该小心使用三维的线来达到预期的视觉效果。

3）地形

直线最好用于平地上，这样整条直线在景观中以不间断的模式出现；也可以沿着逐渐升高或者降低的地形布置。直线最好不要用于起伏的地形因为这会破坏直线的连续性。但是，也有些案例利用直线的消失来引导景观。消失的直线部分会助长游客想走过去探索个究竟的想法。

图4-7　树篱和行列树形成的线

4.1.1.2　正方形

正方形（square）是最基本的三种形态之一。在景观设计中正方形可以单独使用也可以做加法或者减法的变形。正方形的几何特征是轴线与对角线（diagonal）对称。

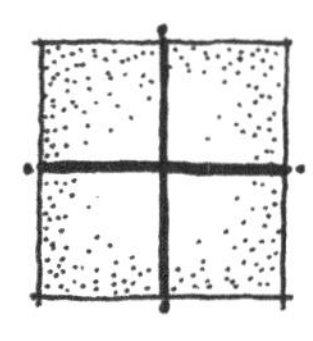

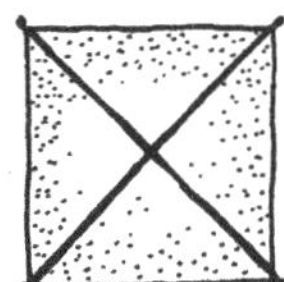

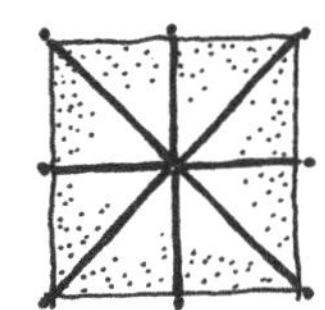

图4-8　轴线和对角线分割正方形

正方形四边相等，轴线对称（axis symmetry），对角线对称，暗示了一个完美的形式。像一个动物的头骨或者一片叶子的脉络，正方形的轴线和对角线成为了把正方形转变成为更小空间的分界线（见图4-8）。这些被分割的空间可以继续被分割而创造有逻辑的数学的组织系统，从而产生无限的设计模式。这些设计可能用轴线、对角线和中心点来形成对称设计，也可能用其他线条来分割不对称空间。同样这些线也能用于正方形与其他形式相结合的地方。

正方形的中心是焦点也是其几何形态中最重要的组成部分。即便正方形是空的，中心也是最权威的点和视觉焦点。当轴线和对角线交叉的时候中心就变得更加重要和明显了。当中心被强化的时候，正方形的对称模式最为成功。

正方形另一个重要的特性是90°的直角。从正方形的内部视角看去，角落（corner）是最能抓住视线并让视线停留的，尤其当正方形是三维的时候。正方形的角落在定义空间时非常重要，因为90°角创造最为明显的垂直空间的包围感。角落里环抱包围的感觉创造了一个瞭望与庇护的场所，在这里人们可以看到其他所有的地方。

正方形在景观中的应用很多，或者作为一个单独的形式，或者作为其他几何形态的基础。在景观中对于正方形的使用包括：空间基础（spatial foundation）、节点（node）和符号象征（symbolic meanings）。

1. 空间基础

像其他形状一样，景观规划设计中正方形的主要使用是外部空间的基础。这里有两种基础的空间形态：单一空间和多个空间的合集。

1）单一空间

一个单体正方形空间是一个自我组成的不可分割的实体，它主要由4条边来界定。在景观中这类空间以封闭的院落、城市广场、建筑前庭、公共绿色空间、花园等来出现，或者场地本身是正方形。

以正方形为基础的单体外部空间在很多设计中均有出现。首先，正方形的均等和没有指向性的比例让人们停留在正方形所界定的空间内部。类似的，正方形可以用于一个强调中心的场所（见图4-9）。人们喜欢沿着正方形的周长坐着或者站着，并且向着正方形中的焦点或者发生活动的地方观看。正方形还能用于引导视线到一个指定的方向，尤其当其他边都有实体遮挡视线时。因为这些特性，正方形适合设计在一条轴线或者游线的终点。

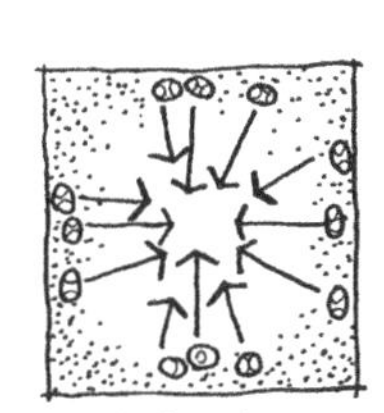

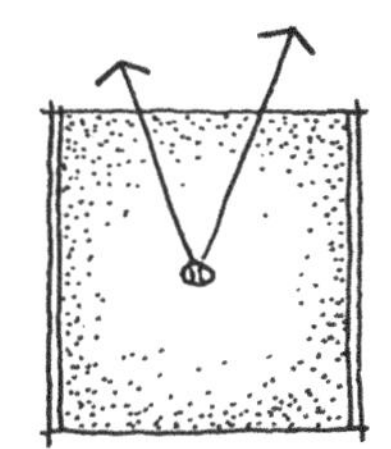

图4-9　正方形强调中心的作用

单体正方形的内部空间应该被均等对待来保证它被感受为一个空间。这可以通过在四边用垂直的设计元素来表达，让中间的空间开敞来实现。此外，地面和顶面应该用相同材质和形态的设计元素来表达，才不会产生不必要的含义。在空间中心的元素应该保持很低，这样它们才会以二维的形态出现，而不是三维的形态。

上面提到的技巧能够建立一个表达简单和可预测的单体空间，但并不是必须要这样做。正方形的周长可以由很多不同的元素组成，相对于正方形的中心空间这些元素可以有不同的高度和方向。这些元素不必对称来保持独立空间的感觉。如果正方形内部元素铺满整个空间并且相对很薄或者很矮也没有分割整个空间的话，一个单体正方形就以立体的形态出现了。树阵广场就是一个单个立体正方形空间的例子。

2）多个空间

正方形可以用于景观中多个空间组合的基础。从一个单体正方形形成这些空间的过程主要包括两个转型的方式：减法和加法。

（1）减法（细分）：细分正方形的方法有很多：网格、对称、不对称。网格（grid）通常基于对正方形的等分。网格的大小取决于正方形的实际尺寸。对称细分是以正方形的一条轴线或者对角线为中心来形成轴线设计。这在对称设计中很常用。最后，正方形内的细分也可以是非对称的。

之前提到的细分方法都是在正方形内部细分，因而最后的结果从视觉上是与正方形的几何形态相关联的。此外，还有两种细分方法与正方形内部布局关联较少，这些方法更自由。第一个是在正方形中引进其他形式。正如前面所述，圆形和三角形都存在于正方形之中因而可以从正方形中减去这些形状。

另外一个细分的方法是不考虑正方形内部暗含的几何形态来组织形态。内部的组合是由很多与正方形不相关的形态组成，让设计有机而不规则。这种设计让正方形想一个画框一样框住内部的物体。一个例子是一个澳大利亚景观规划设计公司为German Institute Standard设计的DIN A4庭院（见图4-10）。

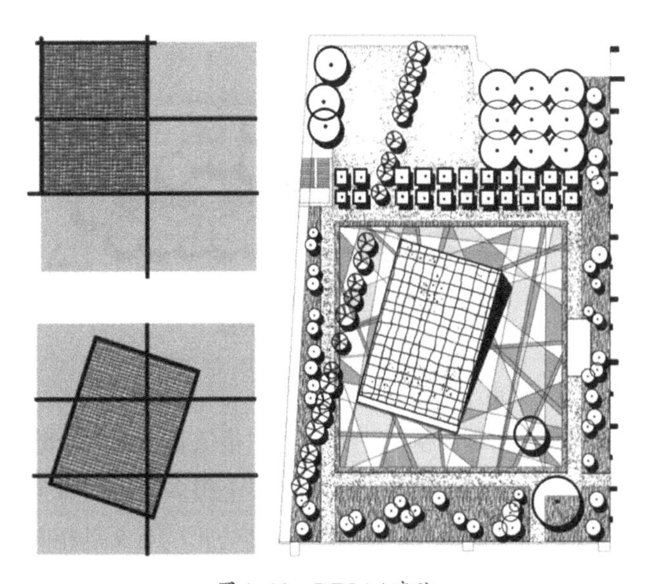

图4-10　DIN A4庭院

最后一个把正方形细分成为多个空间的方法是结合两个或两个以上前面提到的方法。例如，一个正方形的内部布局可能是基于网格和不对称。所有这些设计策略可以进一步地变形。上面提到的策略中很多都有在Civistas 和Larry Kirkland设计的科罗拉多丹佛的Great West Life总部广场中有所体现。这里，正方形的轴线结构被变形成一个看似偶然的布局。

（2）加法：第二种用正方形创造多个空间的方法是加法。正方形加法可以通过交叉、直接相连接和非直接连接来完成。加法的组织形式可以是线、网格、对称和不对称设计。

一个著名的多个正方形组合的景观规划设计的历史是由Peter Walker的SWA工作室设计的位于德克萨斯州Fort Worth的Burnett公园（见图4－11）。这个设计的基础是充满一个长方形场地的12个正方形的网格。这个组合进一步用对角线分割。由一条线性的水池界定的长方形来定义整个场地的焦点。种植材料和其他元素也都帮助表达了正方形的特征。这是一个用很多正方形和它们内部的几何形态来做一个很有说服力的场所设计的例子。

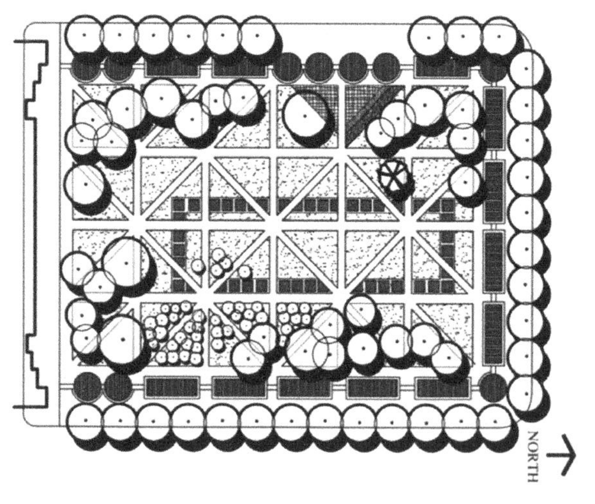

图4－11　Burnett公园

2. 节点

等边和等比例的正方形让它很适合成为一个景观中的节点或者聚集场所。世界上很多著名的城市开放空间都被称为广场（广场和正方形的英文是相同的，square），包括时代广场（纽约）、特拉法尔加广场

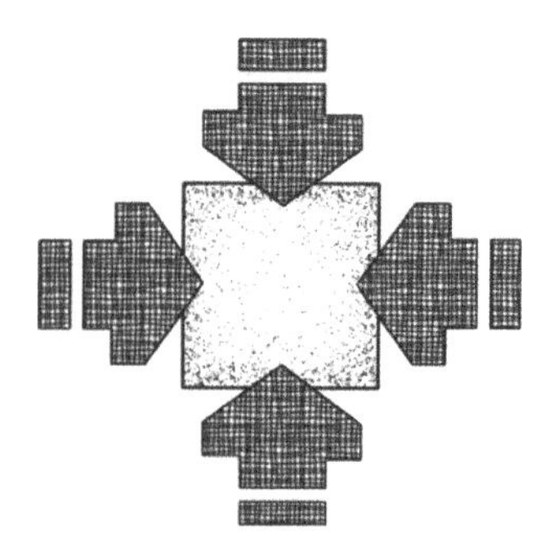
图4－12　萨瓦纳市的住宅邻里的公共空间

（伦敦）、天安门广场（北京）、红场（莫斯科）、哈佛广场（剑桥）、梅隆广场（匹兹堡）、先锋广场（西雅图）、吉尔德利广场（旧金山）和喷泉广场（辛辛那提）。很多这些广场不是几何正方形，而是在城市的中心，通常包括主要的街道。这些广场都有一个中心的空间来吸引视线和内部的能量。广场也用于描述美国佐治亚州萨瓦纳市的住宅邻里的公共空间（见图4－12）。

正方形适合放在集中设计组织的空间中心。正方形也能用于非对称设计组织的节点。因为正方形是没有指向性的，根据地点、规模和材料来设计正方向可以有不同的效果。需要注意的是正方形不会自动成为一个节点，需要有策略的设计位置和材料。此外，一些有特点的材质如水体、花镜或者特殊铺装也能界定正方形。正方形作为节点也可用于一个特殊雕塑、水体或者观赏植物的底座。

3. 符号象征

正方形代表大地，圆形代表天空。西藏的佛教图画中把正方形放到圆形中间来表示地球在宇宙之中。中国古代的铜钱也在圆形的铜币中设计一个方形的洞。类似的，在古波斯和美索不达米亚也用正方形代表大地。由于均等的比例和几何形态，正方形在景观规划设计场地设计中是一个相对简单的形式。正方形空间中的种植材料、铺装、墙体、台阶和其他元素应该强调其内在的垂直几何形态。因此，植物材料应该以三种基本的形态语言来组织：列（row）、阵列（mass）和单体种植（single plant）（见图4－13）。

单列植物在功能上像墙一样，所以应该与正方形的边、轴线、对角线平行或者暗示其内部的网格。植物阵是由多列植物组成的。单体植物最好用于主景植物（accent plants）来吸引注意力。需要注意的是有些时候在一个正方形空间中植物的排布也不是

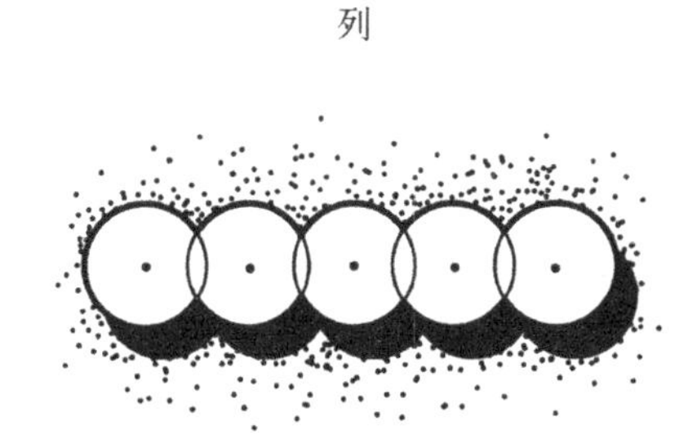

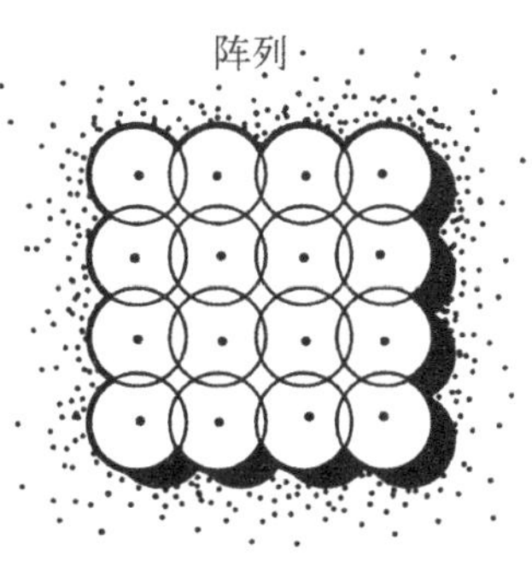

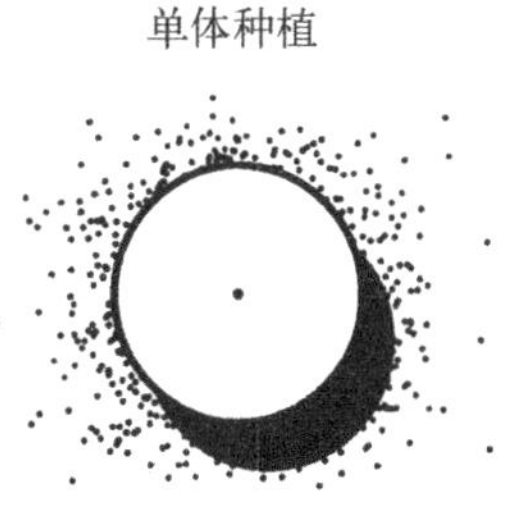

图4-13　三种基本的形态语言

必须呈垂直几何形态的。一个例子是强调结合在正方形之内的其他形状和几何空间。另外一种情况是在一些自然田园的景观中，植物的种植也是自然和有机的，并不一定要是规则形态的。

一个单体正方形空间应该基于相同的视觉水平面来支持这种几何形式的简单化和加强空间感。正方形也可以以墙面或者台阶的形式被细分成多个空间和区域。这些结构的设计布置方式应该与前面所讲的植物材料的设计相同。

图4-14　长方形在景观中的应用

4.1.1.3　长方形

长方形(rectangle)是由正方形演变而来的。长方形同建筑原料形状相似，易于同建筑物相配，易于中轴对称搭配，经常用在表现正统思想的基础性设计。垂直因素的引入能创造三维有趣空间如台阶和墙体等。正方形和长方形最显著的不同在于长方形沿着轴线方向的延长。与正方形静态的特征不同，长方形的长度带来了一种能量、指向和运动的动态语言。长方形的指向性因为长边与短边形成的对比而变得更明显了。长方形的极限是一条三维的线。长方形的指向特征导致了方向感向着更窄的尽头。视觉注意和实体运动都沿着长方形的长边，更多的注意力在传输的尽头而不是长边(见图4-14)。

所以，长方形的尽头是用来捕捉能量和强调作用的理想位置。当长方形的长边由高灌木、围墙和树垂直面围合时，更强调这种把注意力限制到空间末端的现象。

因为长方形的长度是可变化的，就出现了什么是正确比例的问题。一个答案是取决于长方形的内容和使用。最好的比例是让长方形在视觉上与其他设计组成相协调。在一个场所中合适不一定在另外一个场所中也合适。

另一个答案是基于黄金比例。这个比例是通过把线分成两个部分，线的长度与被分割的长的部分的线的比率与长线与短线的比率相同来建立的。这个数学比例是1∶1.618 033 988 74。这个比率建立一种整体与其他部分在视觉和数学上都和谐的关系。

黄金比例也与非博纳基序列的数字相关联。黄金比例可以通过等比缩放它的边长来建立一个1∶1.618 033 988 74的比率，也可以通过它的组成部分来创建。首先有一个正方形[见图4-15(a)]。然后，划定正方形一边的中点[见图4-15(b)]，延长从中点到相反的角落的对角线[见图4-15(c)]。

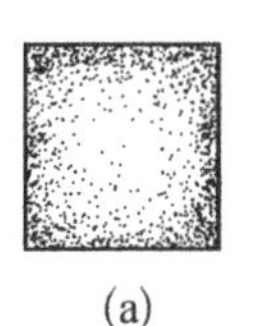
(a)
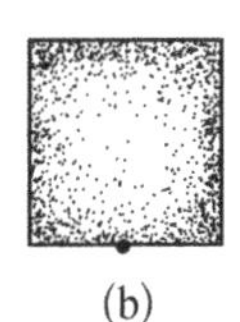
(b)
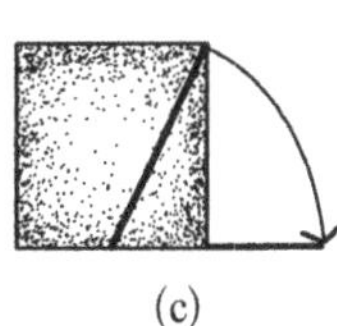
(c)
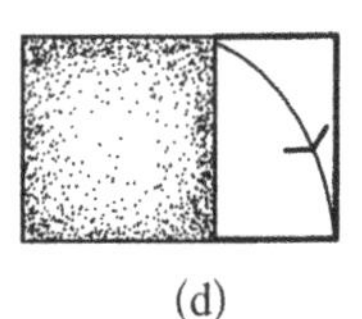
(d)

图4-15　黄金比例的建立

旋转对角线直到与长方形的边相重叠。这个边的新长度与原来的正方形的边长就是黄金分割长方形的比例。还有其他比例的长方形,如“根二长方形”是一个能够无限被分割成为更小的长方形,每个小长方形都与原来的长方形成相同的比例。根二长方形的宽长比例是1∶1.414,与黄金分割长方形的比例不同。因为根二长方形能够被无限分割成同比例的更小长方形,它被用于欧洲国家纸张尺寸的基础。

建立一个根二长方形的步骤与建立一个黄金分割长方形的步骤相似,也是始于一个正方形[见图4-16(a)]。然后,延长正方形的对角线[见图4-16(b)]。以对角线的一个角为中心点,旋转对角线到与原来正方形的一边相重叠[见图4-16(c)]。这个新的长度与原来正方形的长度的比例刚好是根二长方形的比例。之前提到了创造黄金分割长方形和根二长方形的技巧展示了这两种比例完美的形状与正方形的关系。此外,黄金分割长方形和根二长方形还与圆形相联系。黄金长方形还能被无限细分为更小的长方形,从而形成一个完美的螺旋基础。

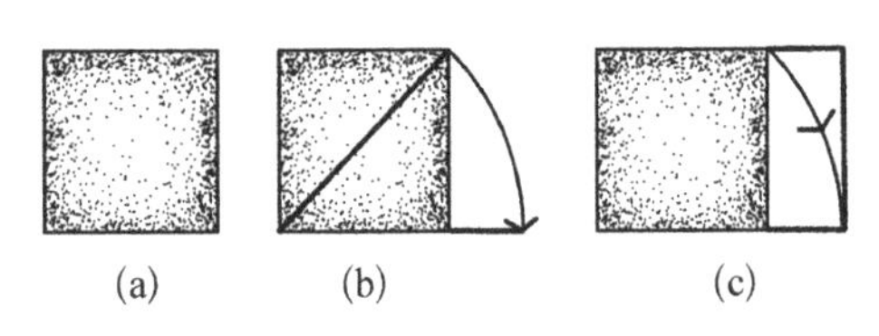

图4-16　根二长方形的建立

很多研究都表明人们对黄金分割长方形有着天生的喜爱。大多数的人在选择一系列不同比例的长方形的时候会选择黄金分割长方形为最喜欢的。黄金分割长方形的比例还是很多自然作品的基础,包括人体。相似的,很多著名的建筑、雕塑、绘画和图形设计都是基于黄金分割的,例如雅典神庙的立面、巴黎圣母大教堂、勒柯布西耶和密斯·凡·德罗设计的很多家具。甚至当代的大众甲壳虫也融合了这些比例。因此,黄金分割长方形对于自然和人类创造所产生的视觉愉悦起到了深刻和重要的影响。

长方形在景观规划场地设计中有很多应用,最重要的是空间基础和空间深度。

长方形在景观规划场地设计中一个主要的用途是外部空间的基础构造。和正方形一样,有两种空间类型:单体空间和多空间组合。

1. 单体空间

与正方形一样,单体长方形空间具有直的,90°角的边。不同的是正方形强调它的中心,而长方形的长边形成了向着窄边延伸的方向感,尤其当长方形是围合的时候。因此,长方形的尽头往往比边吸引更多的注意力。所以一个单体长方形适用于需要运动与视觉导向至终点的建筑空间的基础。长方形的另外一个特点是让视线沿着长边运动。长方形空间很适于引导注意力到一个特殊区域。

长方形是一个能够变形成很多空间的集合体的直角体块。与正方形一样,最基本的方式是加法和减法。长方形可以通过网格、对称或者不对称组合来变成很多个空间。长方形内部的轴线、内在的均等分割的网格线和对角线都是潜在的形成分割的线。另外一种减法做法是从一个黄金分割长方形开始分割成更小的长方形。Sasaki工作室设计的纽约的Greenacre公园就是采用这样的方法(见图4-17)。这个小的口袋公园是由丰富的一系列经过

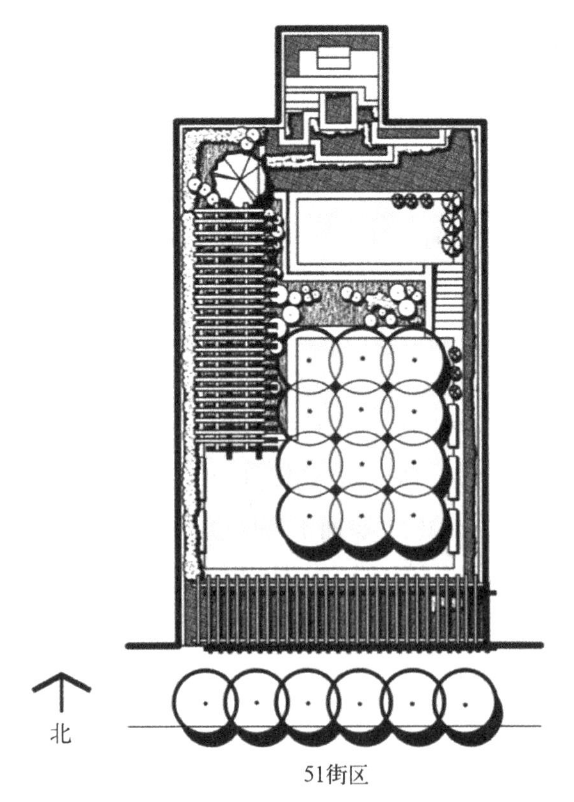

图4-17　Greenacre公园,纽约

仔细斟酌的空间创造出来的由树荫和水组成的沙漠绿洲。公园的整体形状是一个黄金分割长方形。这个大长方形被分割成小的长方形空间用来放坐凳、植物区域和北侧的瀑布。很多这些长方形都有黄金长方形的比例，包括有很多皂荚树的树荫的坐凳区。还有其他的有树荫的坐凳区也有黄金三角型的比例，如两个坐凳区之间的转换空间、入口台阶、低处坐凳区的大部分空间、瀑布的中心。这些空间都因为它们的比例而具有内在的吸引力。

2. 空间深度

如前面所讨论的，长方形沿着它的长边有明确的方向感，这种特点可以用于影响深度感和聚焦于一块场地或者个体空间的场地设计。当一个长方形的长边穿过一个明确定义的场地，如城市公园、广场、庭院或者居住区庭院，会给这个场地带来宽度感[见图4-18(a)]。相对的，当长方形的长边沿着场地最长的方向时，这个场地给人最大的距离和深度[见图4-18(b)]。在一个单独的长方形空间也有类似的感受。当从主要观看点看出去看到很多横向的长方形的时候会缩短空间的深度感，当视线穿过长方形的长边时会加深距离感(见图4-19)。这个策略可用于那些让原有场地看起来更大的城市场地设计。

4.1.2 自然几何

除了规则几何形态，很多自然几何形态包括枝杈结构(树枝和树叶、河流体系、人和动物的血管分布等)、螺旋线、蜂窝结构等。这些形态都是较自由的，更贴近生物有机体的自然形体。用自然方式进行设计是根据场地和使用者的需求，体现环保意识的、贴近自然的理念。在设计中可以模仿、抽象和

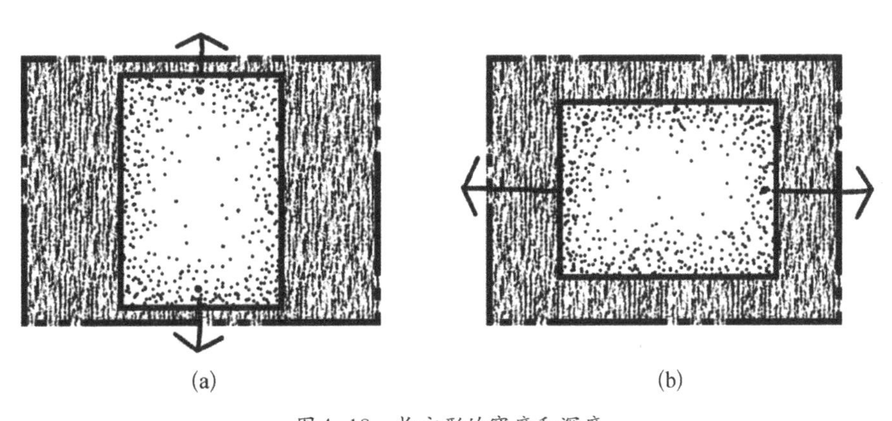

(a) (b)

图4-18 长方形的宽度和深度
(a) 强调宽度；(b) 强调距离和深度

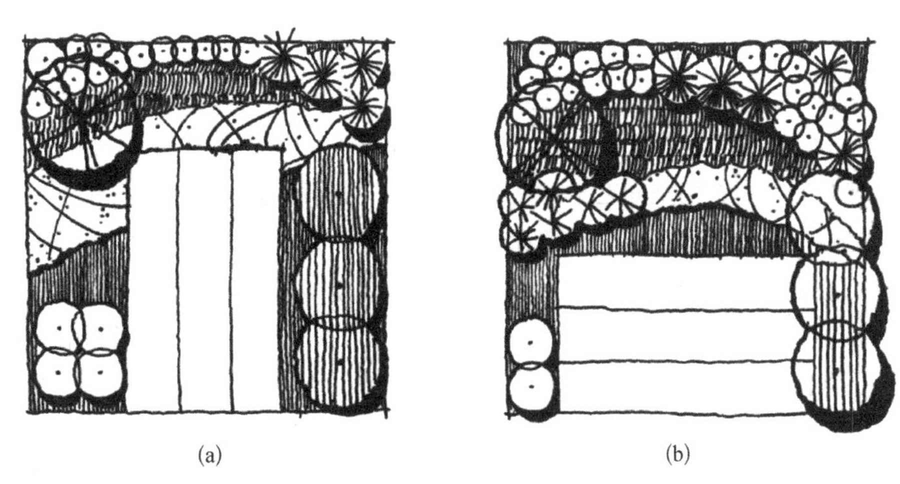

(a) (b)

图4-19 长方形的空间深度
(a) 增加深度感；(b) 减小深度感

类比自然形式来做寻求设计形态灵感。例如螺旋形源于三维螺旋体或双螺旋结构、鹦鹉螺的壳等。

此外，蜿蜒的曲线是景观设计中应用最广泛的自然形式。蜿蜒的曲线来源于河床、潮汐入口、树干裂缝、波浪、环状气泡等，平滑流动，带有神秘感，时隐时现，有上下起伏之感。曲线适用于某些机动车道、人行道、蜿蜒小路、铺装衔接处、种植边界、水池驳岸、坐凳、景墙、绿篱等。

来源于青苔生长模式、细胞分子、气泡等的自由椭圆和扇贝形图案组合多样。自由漂浮式的椭圆适应步行道的设计，椭圆组成的穗状图案连接其内边界可以得到尖锐扇贝形作为景观材料应用于园林，改变椭圆相交角度能变换不同的有趣场地。一些松散的部分螺旋形和椭圆连在一起可以创造小广场的次级空间、石墙与环形步道、园林小品等。

不规则的多边形来源于花岗岩裂缝、被侵蚀的滨海砂岩、干裂的泥浆、树干上的鳞片等。不规则的多边形长度与方向带有明显的随机性，松散、随机100° ～ 170°的钝角、190° ～ 260°的优角。这设计应用中应避免过多同直角与平行线（parallel line），避免锐角。池塘设计、半规则式的人行道或石质踏步、广场、不规则台地、台阶、铺装等均可以不规则的多边形为基础。

4.2 空间序列

空间序列（spatial sequence）是关系到景观的整体结构和布局的问题。有人把中国园林比喻为山水画的长卷，意思是指它具有多空间、多视点和连续性变化等特点。然而山水画毕竟是借平面来表现空间的，而园林本身却是实实在在的空间艺术。这就是说它不仅可以从某些点上看具有良好的静观效果——景，而且从行进的过程中看又能把个别的景连贯成完整的序列，进而获得良好的动观效果，所谓“步移景异”正是这种效果的写照。园林建筑随着规模由小至大，其空间序列也由简单而变得复杂。一般小园，其主体部分通常是一个单一的大空间，建筑物多沿着园的四周布置，这时所形成的序列通常表现为一个闭合的环形。苏州网师园可以说是这种序列形式的典型代表。

还可以按照串联的形式来组织空间并形成完整的序列。这和传统的宫殿、寺院及四合院民居建筑颇为相似，即沿着一条轴线使空间院落一个接一个地渐次展开。所不同的是，宫殿、寺院及民居多呈严格的对称布局，而园林则常突破机械的对称而力求富有自然情趣和变化。例如乾隆花园，尽管五进院落大体上沿着一条轴线串联为一体，但除第二进外其他四个院落都采用了不对称的布局形式。另外，各院落之间还借大与小、自由与严整、开敞与封闭等的对比，从而获得抑扬顿挫的节奏感。

以某个空间为中心，其他各空间环绕着它的四周布置，并通过中心空间来连接依附于它的各空间，也可以形成一种完整的空间序列，它的特点是：中心居于园的适中部位，并与园的入口有紧密联系，入园后循着一定途径首先来到这里，然后再从这里分别进到园的其他各个部分。画舫斋的中心院落为一方正的水庭，优点是重点突出，主从分明，与各小院均可构成对比关系。

杭州黄龙洞，作为寺院园林，它的主体部分的空间序列与北海画舫斋颇为相似，也是通过一个中心庭院分别进至其他各空间院落。但有两点不同：其一，它的重点和高潮不在中心庭院，而在与之相连的另一个较大、较富变化的空间院落；其二，从入口至中心庭院并不直截了当，而是插进一个既长又曲折的引导段，由于这两点，它的空间序列更为幽深、含蓄而富有变化。

某些大型私家园林如留园，空间组成极其复杂，其整体空间序列往往可以划分为若干相互联系的“子序列”，而这些“子序列”也不外分别采用或近似于前述的几种基本序列形式。如留园，其入口部分颇近似于串联的序列形式；中央部分基本呈环形的序列形式；东部则兼有串联和中心辐射两种序列形式的特点。大型园林空间序列组织最关键的问题在于如何巧妙运用大小、疏密、开合等对比手法而使之具有抑扬顿挫的节奏感。此外，还须借空间处理引导人们循着一定程序依次从一个空间走向另一个空间，直至经历全过程。

某些较大的私家园林，如扬州何园，不仅分东、西两个部分，而且除主要入口外还设有次要入口，从不同入口进园，其空间序列也各不相同。以何园现状看，无论从哪个入口进园，都可依次摄取一幅幅既连续又充满变化的图景。例如从园的主要入口北门进园，既可向东又可向西，特别是向西，不论是穿过夹巷按顺时针方向绕西部景区一周，或进园后立即向右拐进园的西部，按逆时针方向观赏西部园景，都能获得良好的效果。如果说从北门入园，东、西两部分空间呈并联形式的话，从东、西门入园则呈串联的序列形式。

拙政园的情况则更加复杂，该园系由旧时三个独立的园所组成，经一再改建始呈现状，因而很难有一条既连续又脉络分明的空间序列。但尽管如此，园的中、西两部分仍可归并在环形空间序列的范畴之内，从而分别按顺时针或逆时针两条路线来分析各个景之间的联系。

在大型的皇家苑囿中，以颐和园的序列较脉络分明。入口部分作为序列的开始和前奏由一列四合院所组成；出玉澜堂至昆明湖畔空间豁然开朗；过乐寿堂经长廊引导至排云殿、佛香阁达到高潮；由此返回长廊继续往西可绕到后山，则顿感幽静；至后山中部登须弥灵境再次形成高潮；回至山麓继续往东可达谐趣园，似乎是序列的尾声；再向南至仁寿殿便完成了一个循环。

在讨论空间序列的组合之前我们来简单探讨一下空间尺度。

4.2.1 空间尺寸和参照物

尺度和比例：涉及高度、长度、面积、数量和体积之间的相互比较，与我们自己身体比较，可分为微型尺寸、人体比例尺寸（$L = 2 \sim 20$倍身高，$H = 1/3 \sim 1/2L$时空间尺度最适宜）和巨型尺寸（见图4-20）。

“微型尺寸”是指小型化的物体或空间，它们的大小接近或小于我们自身的尺寸。

“巨型尺寸”是指物体或空间超出我们身体数倍，它们的尺度大得使我们不能轻易理解。这种大尺度能引起惊叹和惊奇之感。

这两种尺寸之间就是人体比例的尺寸，即物体或空间的大小能很容易地按身体比率去估算。当水平尺寸是人身高的2～20倍，垂直尺寸是水平宽度的1/3～1/2时，尽管不能精确地目测尺寸，但此时的空间尺度是使人感觉适宜的尺度。

在人体比例尺寸这一较宽的范围内，人们常常喜欢根据经验划分成不同的级别：某一空间可能适宜数目较多的人群活动，而另一空间却适宜少量的人活动。空间级别是界定空间范围的概念。但平衡和尺度的原则不能简单地理解为好或坏，必需或不需要的关系，它们被设计者掌握以后，能创造出激发某些情感的作品。

一般认为，人的眼睛以大约60°顶角的圆锥为视野范围。关于视觉范围，追溯历史，有19世纪德国建筑师麦尔登斯（H. Martens）的见解，这一点在

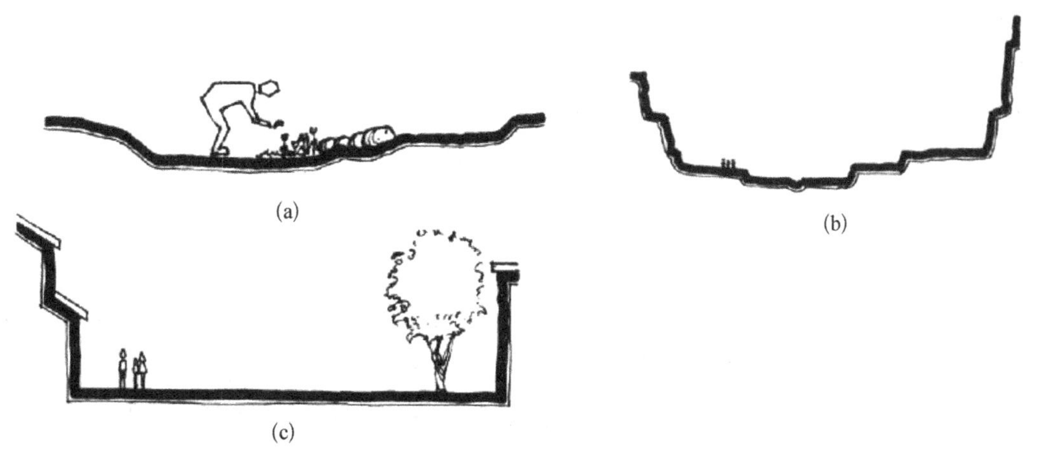

图4-20　空间尺寸和比例

（a）微型尺寸；（b）人体比例尺寸；（c）巨型尺寸

布鲁曼菲尔特(H. Blumenfeld)的《城市规划中的尺度》中被仔细阐明。按其所述，人在看前方时，如果按2∶1比例看上部，即成为40°仰角。如果考虑在建筑上部看到天空，那么建筑物与视点的距离(D)与建筑高度(H)之比$D/H=2$，仰角=27°时，则可以整体地看到建筑。根据海吉曼(Werner Hegemann)与匹兹(Elbert Peets)的《美国维特鲁威城市规划建筑师手册》，如果相距不到建筑高度(H)2倍的距离(D)，就不能看到建筑整体。

芦原义信认为“外部空间可以采用内部空间尺寸8～10倍的尺度，称之为“十分之一”理论(one-tenth theory)”。这正好包含着可以互相看清脸部距离的广度，所以在这个空间里的人谁都可以看清楚，这样就可以创造出舒适亲密的外部空间。他还提出“外部空间可采用一行程为20～25 m的模数，称之为‘外部模数理论’”。关于外部空间，实际走走看就很清楚，每20～25 m，或是有重复的节奏感，或是材质有变化，或是地面高差有变化，那么，即使在大空间里也可以打破其单调，有时会一下子生动起来。这个模数太小了不行，太大了也不行。一般看来，20～25 m最为合适。在一边就有200～300 m那样的市中心大厦上，若单调的墙面延续很长，街道就很单调。可每隔20～25 m布置一个退后的小庭园，或是改变成橱窗状态，或是从墙面上做出突物，用各种办法为外部空间带来节奏感，例如驹泽的奥林匹克公园。这个中央广场约为100 m×200 m，是很大的外部空间。在其中轴线上每隔21.6 m配置有花坛和灯具，这一处理一直延续到水池。

顺序同运动有关。静止的观景点如平台、座凳或一片开敞的空间是重要的间隔点。空间和事件之间的一系列联系物就是顺序：水从山涧的小溪中缓缓流出，渐渐变成瀑布，汇成一泓深潭，然后急速奔流，终归江湖。同样，设计者在外部空间设计时也应考虑到方向、速度及运动的方式。精心布置的顺序应该有一个起始点或入口，用以指示主要路径。接下来应该是各种空间和重要景点，它们连接成为一个逻辑的过程且以到达顶点之感而结束。结束点应该是主要的间歇点并要展示一种强烈的位置感，一种居全景中心位置之感。

中国园林设计讲究欲扬先抑，所以最好不要在开始显露出所有景致，一个拐角能隐藏连接的空间或是重要景点；一条缝隙能使远处的景致若隐若现，不断发现的兴奋会增加游历的乐趣，所以应注意增加景观中的神秘感。

4.2.2 景观组合

景观组合(landscape composition)的方式主要包括规则与不规则的组合两种。规则的组合方式主要通过轴线、网格和对称来组织景观空间。而不规则的组合则包括很多，如自然式和不规则几何式等。这里我们主要介绍规则的组合方式。

轴线在场地景观中通常占据着主导地位。轴线可以是直线的、弯曲的、转向的，但决不能是分叉的，它通常是强有力的景观要素。主轴线通常是直线，具有方向性和秩序性，是一个统一的要素，在景观中占据着统治地位，其他的景观特征都要服从它，即使有其他轴线穿过，或者是有其他轴线与其平行。法国园林，例如，凡尔赛宫就是利用了轴线的这一特点来组织景观。4.1.1节提到的直线是轴线最为常用的表达方式，此外，正方形和长方形的中心线也都是轴线的一种。下文中即将提到的网格和对称也都包含了轴线的元素，这里就不对轴线做过多的介绍了。

4.2.2.1 网格

直线、正方形和长方形可以以很多种方式来围合景观空间，其中之一就是网格(grid)。直角网格是两组或者多组平行线以直角相交形成直线、正方形或者长方形的阵列(见图4-21)。

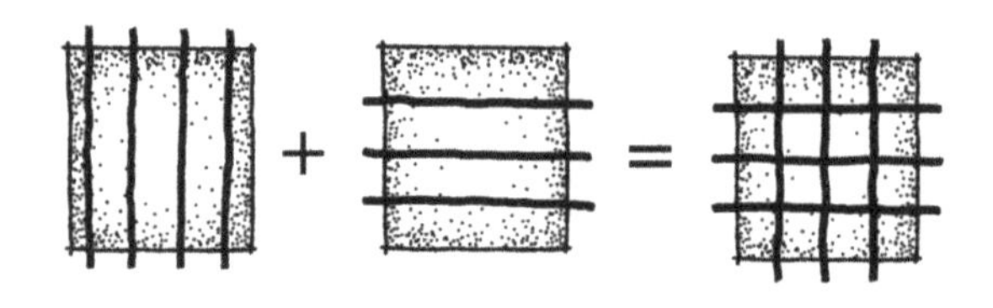

图4-21 网格的形成

直角网格已经被用于很多著名时代的艺术组织结构，从文艺复兴到蒙特里安、斯特拉、乐维特等艺术家的现代探索。历史上很多建筑都用网格作为结构体系，包括20世纪著名建筑师福兰特·怀特和勒·柯布西耶。在20世纪，网格是很多现代景观规划设计工程的重要基础结构，如詹姆斯·罗斯、汤玛斯·丘奇、加洛特·埃克波和丹·凯利。很多当代景观规划设计师如彼得·沃克也继续使用和探索网格，作为他们设计的组织结构。

1. 网格类型

为了有效地在景观中设计网格，首先需要了解网格类型（grid typologies），包括这些类型的特征和可能的用途。有四种基本的网格类型：线格（line grid）、网状网格（mesh grid）、模块网格（modular grid）、点格（point grid）和混合格（fusion）。

1）线格

线格（line grid）或者不连续的线格，用直线创造由二维或者三维的线、带或者列状的单体元素组成的平行结构的场地。铺装的侧边、带状的地被、墙体、篱笆、树篱和树列都是线格。这与直线在景观中创造视觉韵律很像，但略有不同。因为线格首先是一个在景观中用于组织多种材料和空间的组织结构，而不仅仅一种设计技巧。

与其他网格类型相比较，线格最显著的特征是它同时具有指向性和连续性（见图4－22）。方向的可识别感在于与网格线的平行，沿着网格线的长度建立视觉运动和方向。当这些线用三维来表达时这个特征尤为显著。同时，它还通过这种构图形成一种连续进展。当所有格子里的线全部被看见或者以

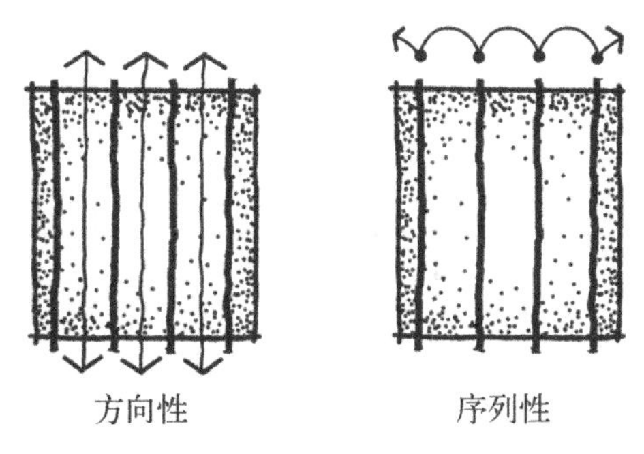

图4－22　线格的方向性和连续性

低矮的三维元素的形式出现时，这种连续性是最为显著的。

当需要特别强调场地中的特殊方向或者定位时线格是特别合适的。线格通常用于创造一个明显和不被打断的结构来作为一个视觉陪衬，否则这些元素和它们在设计中附带的地理位置就变得毫无关联了（见图4－23）。

彼得·沃克公司设计的斯坦福大学临床科学研究中心的雕塑花园就是一个例子（见图4－24）。

花园由一系列在草坪上向南北方向延伸的树篱构成。这种构成的规则性被一些树篱中的开发空间所打断，或者一些步道在花园中不规律地横切。这些线格把随意布置的铺装区域、橡树和雕塑整合到一起。

2）网状网格和模块网格

网状网格（mesh grid）和模块网格（modular grid）被放在一起讨论是因为一个可以被认为是另外一个的相反事物。网状网格也称为连续的线网，是由两组平行线垂直相交组成。相对的，模块网格或者形状网格是由格线之间的空隙区域组成的。网状网格总是能形成模块网格，尽管模块网格不一定形成网状网格。这可以通过把网格投影到三维空间

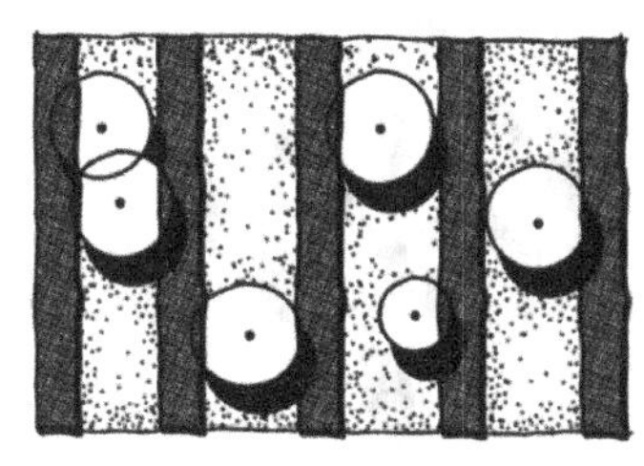

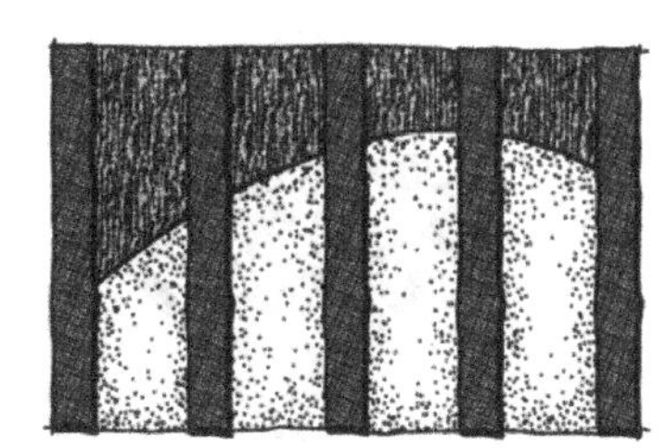

图4－23　线格的整合能力

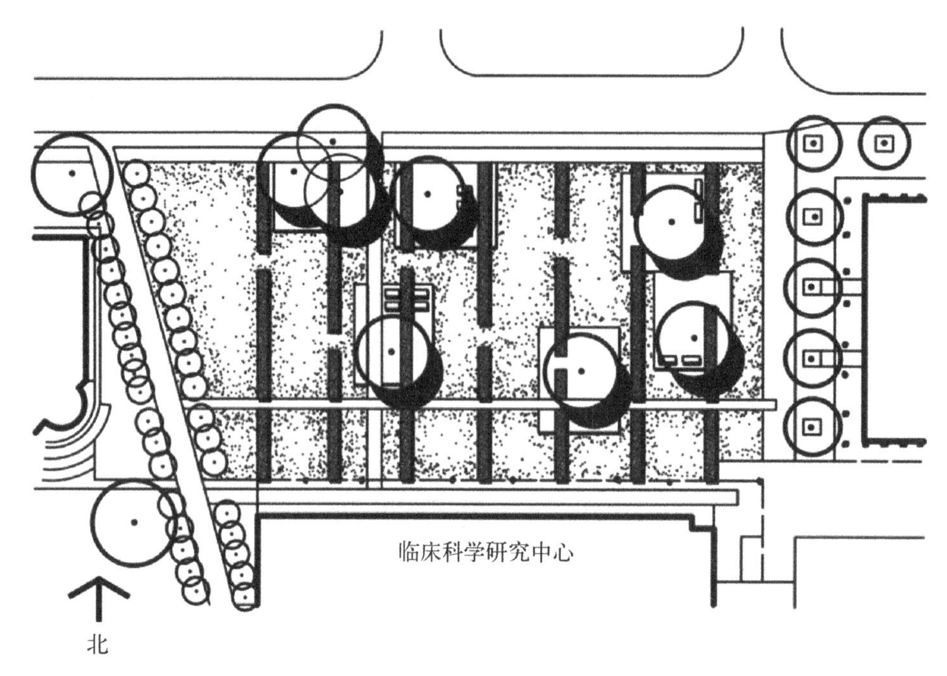

图4-24 雕塑花园

来观察。这些线被拉高形成一个三维的网状网格，同时形成的空间延伸形成了模块网格。

网络网格是一个让运动从一个点通往网络中其他所有方向的分布系统。在景观中，网状网格式最常用于分布市政设施、交通和步行道等。作为一个循环的网络，网状网格通过限制流动到两个方向来控制运动，重复地在90°角转弯，不允许从对角线穿过。但是网状网格还是在两点之间提供了多种路线。一个网状网格在景观中可以以街道、园路或者地面铺装形态，或者树篱、围墙等三维形式来创造。

模块网格首先是正方形或者长方形。不管模块里面是什么，模块整体是由模块本身有规律的重复来统一的。在景观中模块网格可以由树阵、草地、铺装或者水体这些能够填补和定义下层网格结构的物体来形成（见图4-25）。

日本东京由Yoji Sasaki设计的NTT研发中心的花园就是一个模块网格的例子。水体和草坪定义的模块网格象征了日本的稻田。网格在视觉上统一了散布的樱桃树和一系列不同的铺装区域。网格的设计很灵活地用于调整和适应各个不同场地条件和项目需要。最终在连续的水面上突显了方形的草坪。值得注意的是一个棋盘模块网格会因为一个人所站立的角度不同而不同。顺着网格的直线看过去就会觉得跟平面图一样[见图4-26(a)]。但是，换一个角度看过去就像是一些钻石排在一起[见图4-26(b)]。

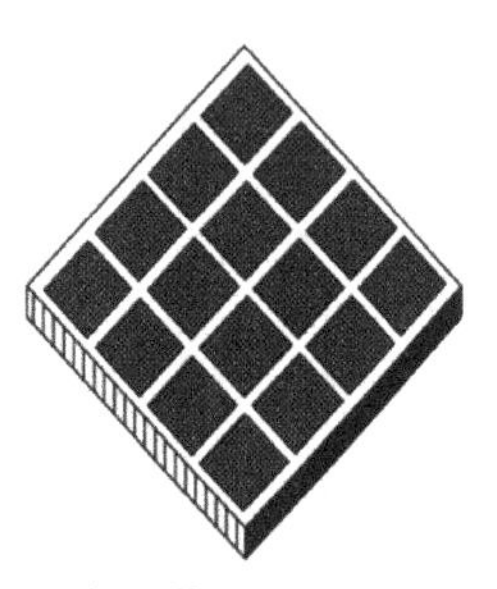

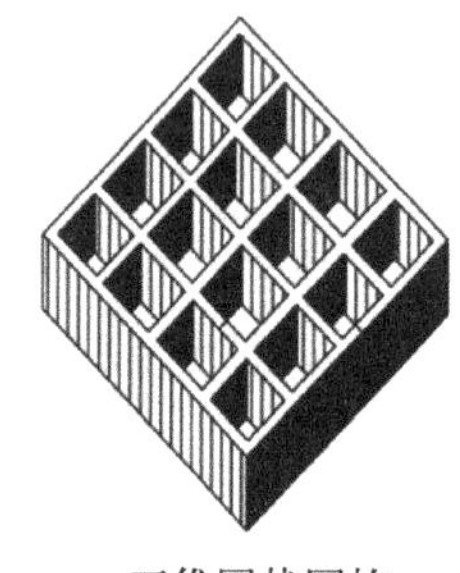

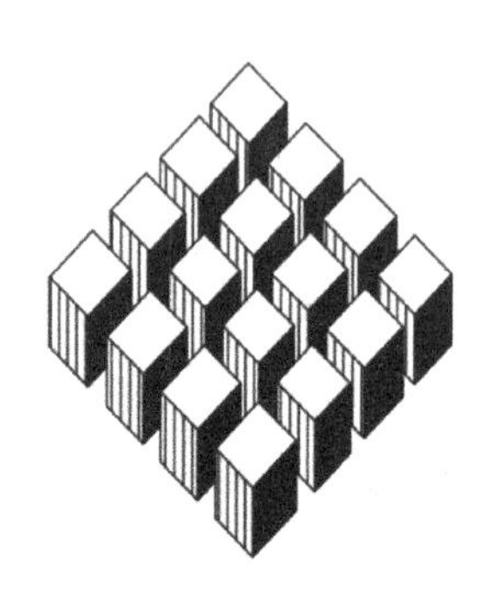

图4-25 景观中的模块网格

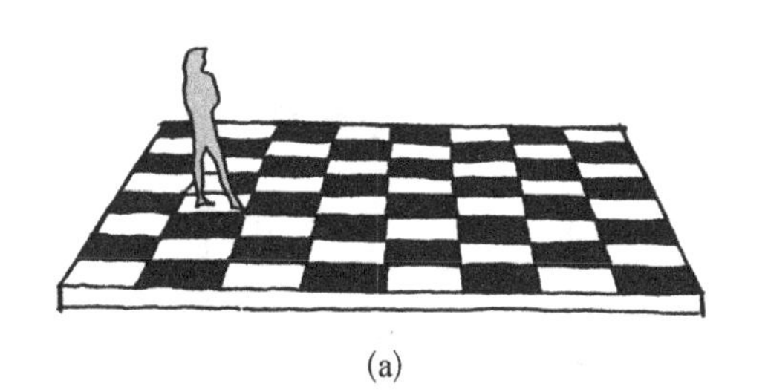

(a)

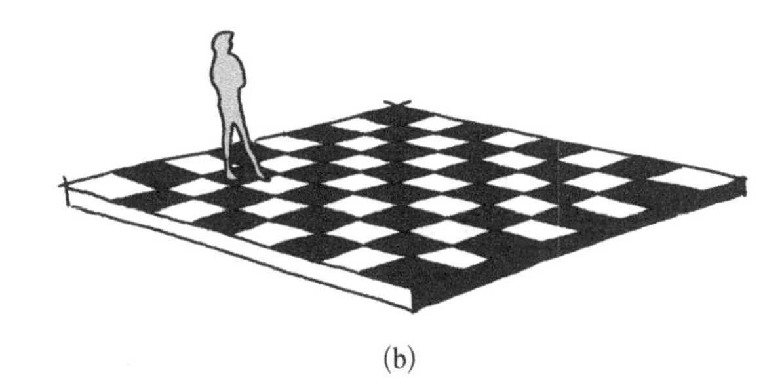

(b)

图4-26　网格的角度变化
(a) 平面型；(b) 钻石型

3）点格

点格(point grid)是由一些分离的点形成的基本网格，这些点都处在网状网格线的交叉点上[见图4-27(a)]。这些点传统上是通过在连接的地方放置一些元素来表达，从而形成统一而均匀的空间。每一个点都是网线的交叉点，这些点的单体重要性因为它们在群体之间而被调和了。当这些点变成三维时，它们创造了立体的空间。这种立体空间强调在空间之内，而不是空间的外部边缘[见图4-27(b)]。立体空间强调了三维元素在空间中的延伸。在点网中的身体和视觉运动可以与线相平行也可以自由地去任何方向[见图4-27(c)]。景观中的点网可以通过重复布置像雕塑、柱子、水景和树来建立，就像一个果园。

4）混合

除了单独使用这四种基本网格形态还可以把他们结合在一起来形成一个复杂的网格体系。通常，一种网格类型用于总体的构成而其他网格以支撑的角色布置其中。在图4-28中，一系列南北布置的树篱让线格成为整体的组织者。树篱之间的缝隙和一些线性布置的树和灌木丛形成了隐藏的东西方向的线格。树、灌木丛、草坪和一些其他的地被是基于模块网格布置的，而点格用于中心的铺装区域。另一个混合网格的例子是丹凯利设计的芝加哥艺术馆的南花园(见图4-29)。这里由对称布置的山楂树建立的点网形成了空间组织中的主要结构。网状网格和模块网格是花园其他部分的组织基础。

2. 网格变量

四种基本直角网格在景观中都有着重要的作用。这些网格都是统一的创造和联系空间的，强调空间的均质性。所以这些网格适用于景观中的统一而不是寻求变化。要想脱离基本网格的均质性，需要有一系列的变化，如间距、组合构造、方向和复杂程度。

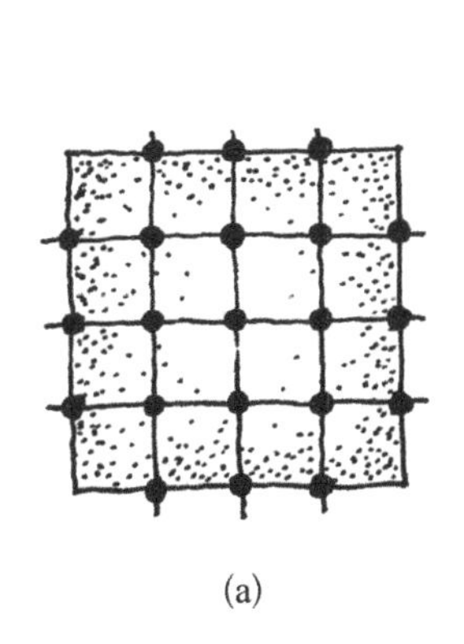

(a)　(b)　(c)

图4-27　点网形成的立体空间
(a) 网状；(b) 立体；(c) 流转

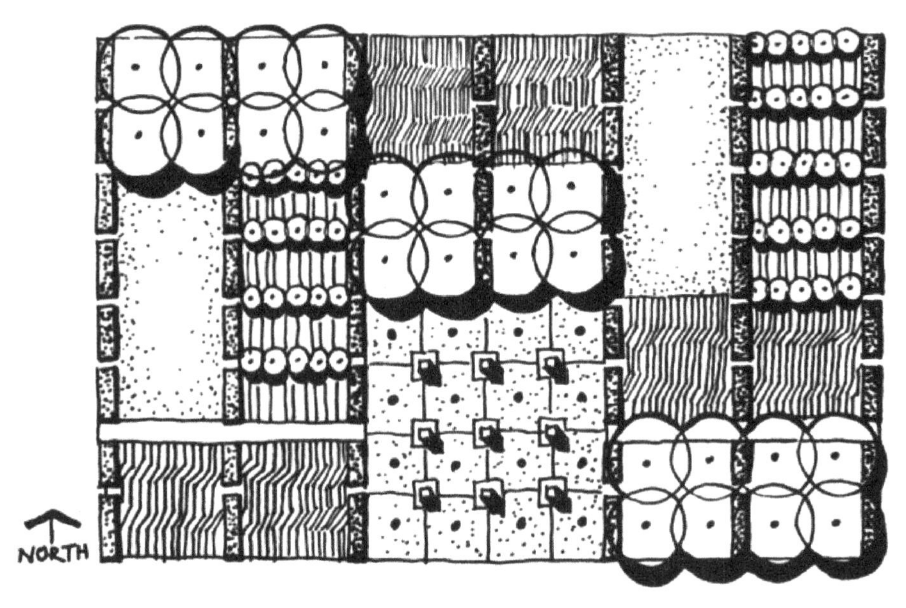

图4-28　线格的组织作用

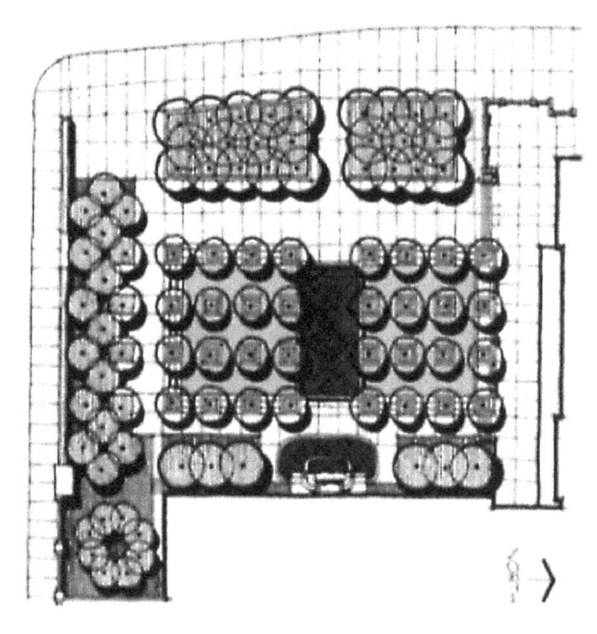

图4-29　混合网格：芝加哥艺术馆南花园

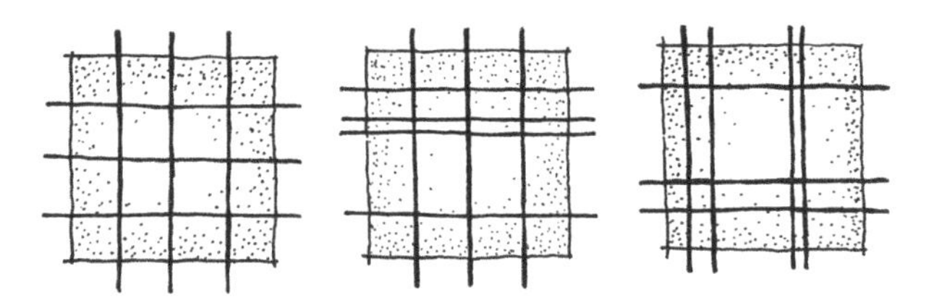

图4-30　网格间距的变化

1）间距

四种基本直角网格类型的线间距是一样的。为了提高视觉的趣味和设计的灵活性，网格线的间距可以沿着一个或者两个方向改变来创造不同大小的正方形或者长方形（见图4－30）。这种改变通常适用于线网、网状网格和模块网格，因为这些网格的线或者模块非常明显。这种网格提供了更具变化空间组织的基础，为异质景观和更灵活地适应场地条件提供了机会。

2）组合构造

另一种变化是网格线、模块或者交叉点的大小、形状、材料、颜色等。例如，网格线的宽度或者内容可以以一种重复的形式变化或者随机地体现等级和韵律。模块网格的空间内部组合和点网中用于定义交叉点的元素都可以变化。总体上，这些变化产生了很多设计的可能性。

3）方向

第三种变化是格线的方向。典型的平行线或者垂直线可以变化为非垂直的线和内部的平行系统。这种变化适用于目标在于变化组合的方向或者要偏离直角这种严格的几何形态的设计场所。一个非直角的网格适于那些现有场地元素就不是平行或者直角的地方。尽管直角关系消失了，非直角网格还是保留着典型网格的总体特征，定位空间和使用、布置体块、引导交通等。非直角网格的另外一种是由曲线定义的一组或者两组格线组成的弯曲的网格（见图4－31）。这种网格是有弹性和运动流

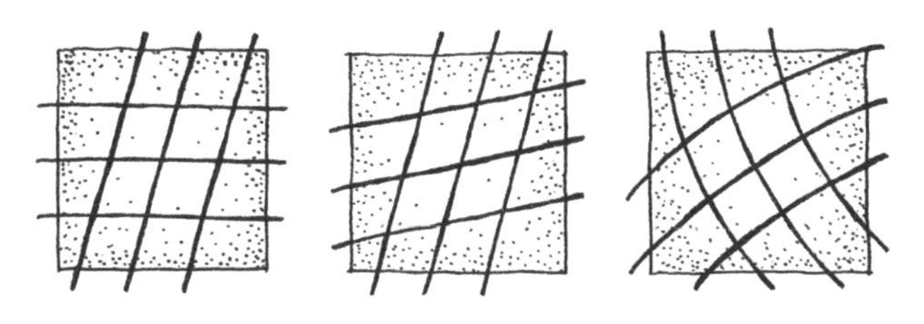

图4-31　斜线和曲线定义的网格

动性的。它适于自然场所使其适应于起伏的地形，或者提供一个由典型直角网格转变为一个自由的景观形态的变化。

4）复杂

把几组格线相组合是另外一种变化。四种基本的网格形态是有两组平行线以90°相交组成的。在原来的网格上附加多组网格就创造出多个网格的组合形态。一种方法是左右移动网格。这种变化保持了传统网格的基本特征，同时也提供了复杂度和深度。在景观中可以表达为一组格线用一种材料来表达，第二种格线另一种不同的材料来表达。另一种方法是在以一组格线为基础的情况下旋转另一组格线。这种网格组成的图案提供了错综复杂和精心制作的不同空间和材料的基础结构。一个经典的例子是由彼得·沃克公司设计的德国慕尼黑机场的凯宾斯基酒店（见图4-32）。

3. 景观应用

网格是场所设计中功能非常多的结构体系，从场地总体设计到细节和材料的组合都能使用网格。网格在场所设计中的应用包括：空间基础、场地协作、细节图案和城市适应。

1）空间基础

网格，作为主要的组织结构，能用于形成景观中的单体空间或者多个空间。在保持直角空间的多种特征的同时，网格还能提供多种阵列空间类型的基础。

（1）单体空间：直角网格可以用于景观中独自存在的或者在其他空间之间的单独空间。一个基于网格的单体空间与正方形和长方形具有很多相同的品质。那就是，单体空间可以是空旷的或者立体的、闭合的或者开放的、简单的或者复杂的，或者边缘与地面之间的高差不同的。在大多数情况，基于直角网格的单体空间与正方形和长方形没有什么不同。

但是，需要注意的是直角网格空间与正方形和长方形的不同在于：潜在的灵活性。当网格模块被用作加减变形来创造突出或者凹进的空间边界时，空间的边缘表现得尤其明显（见图4-33），这给予网格空间变得比一个简单的正方形和长方形更复杂的

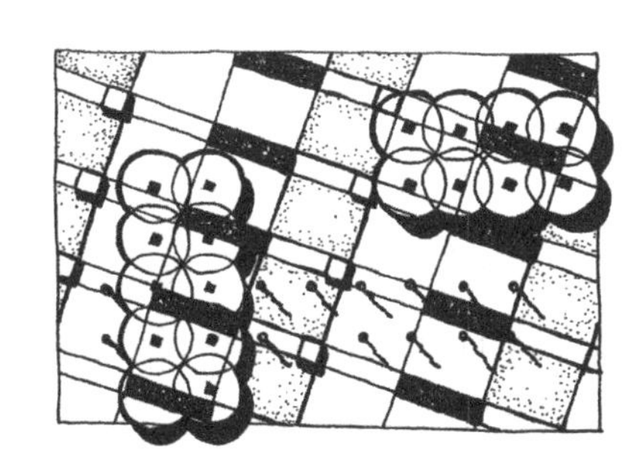

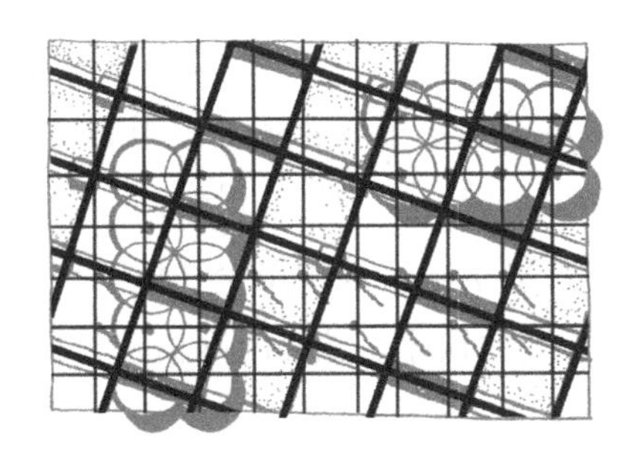

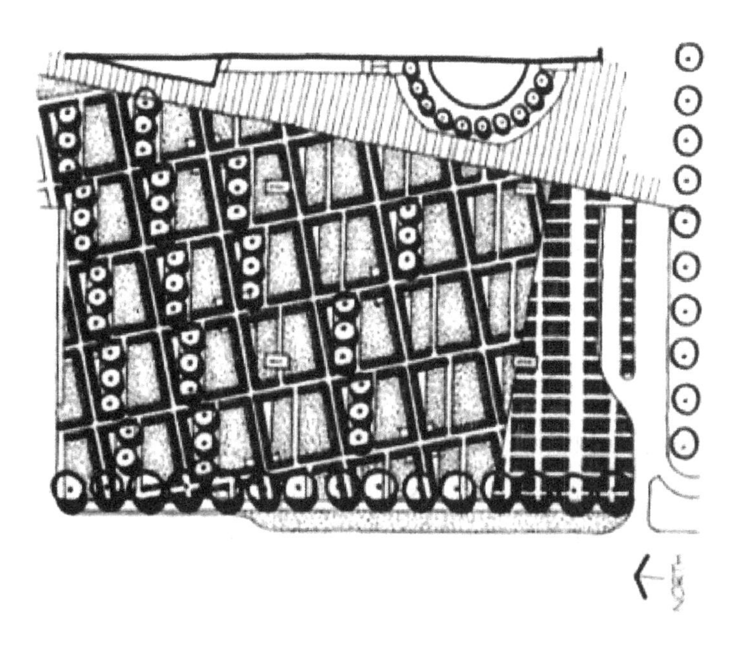

图4-32　凯宾斯基酒店

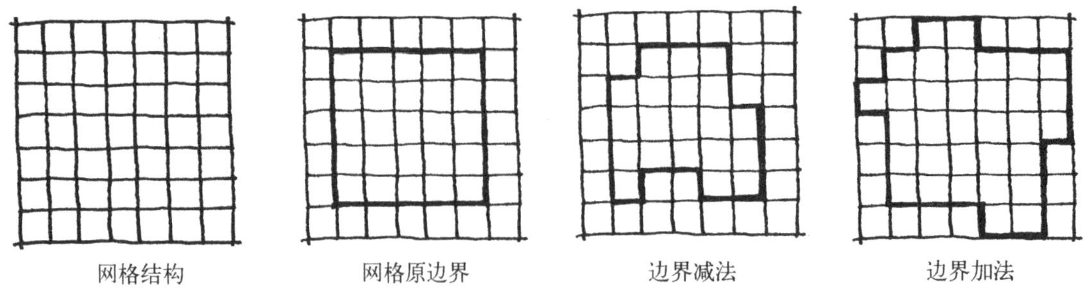

图4-33　网格模块的加减变形

可能性。网格的可变化的边缘也让它适于场地条件的变化调整。基于网格的单体空间的另外一个显著特征是所有平面、立面和顶面的设计元素都是沿着网格结构布置的。设计元素与网格相连接，所以尽管网格没有很明确地被表达还是有其内在和组合秩序的。

最后，直角网格允许发散的空间形象。在一方面，基于网格的空间可以是被限制的、严格组合的、设计元素高度限定的，并且经常重复出现的。另一方面，网格还可以用于创造自然发生的户外空间。设计元素自由混合、重叠并且没有规则地安置，同时它们仍然是由网格所引导的。

（2）多空间：在景观中直角网格是一个协调多空间的灵活的结构。下层的网格基础为设计提供了系统的方法，这样不同的空间和元素能够很好地相互协调。尽管空间的大小、闭合程度、材质等会有所不同，整个场地都通过网格形成一个整体。

由Rose在20世纪40年代设计的位于美国新泽西南城的一个居住区花园就采用网格作为整合空间的基础。Rose提倡模块花园的概念作为组织居住区花园的方法并认为这种方法可以用于任何花园场地的设计。Rose的模块花园的基础是边长近1 m正方形，这些正方形可以是铺装区域、草坪、种植床、树池和场地构造物。

下面介绍多种网格结构形成多空间的变化案例。

对称（symmetry）/不对称（asymmetry）：直角网格可以通过对称和不对称的方式在景观中组织多种空间。网格布置的空间可以通过轴线组织对称或者可以通过根据场地情况设计直觉上的平衡来安排和组织空间。

网格表达（grid expression）：另外一种用直角网格来设计多空间的变化是网格结构表达的程度。一种选择是明确地使用空间和材料，如铺装形式等来表达网格的存在。这给人一种明确的统一感并且产生了空间特征和材料在视觉上的对比。相对应的，网格也可以通过部分或者全部在设计布局中隐藏起来含蓄地表达。当设计意图是使用网格作为基础而没有必要表达出每一个空间边界和元素的时候，这种方法很适用。

后者的一个例子是由Dan Kiley和Eero Saarinen合作设计的在印第安纳州哥伦布的米勒住宅。在这里，设计师选择了一个由9个正方形组成的网格作为整体框架，因为它提供了一个四格网格所不能提供的中心空间。有趣的是，这个完美的正方形网格根据项目本身以及对比空间的需要发生了转变。Kiley用树列来定义边缘，但并不是严格沿着网格本身的线。结果，空间的类型和特征都发生了明显的变化。

2）场地协作

有很多使用网格来协调和统一场地中各式各样的空间和元素的方法，称为场地协作（site coordination）。网格的可度量和可重复的结构为在视觉上整合场地内部的元素提供了可能。网格可以通过共同基础、组织架构和视觉联系来完成场地协作。

（1）共同基础（common ground）：四种基本的网格类型可以通过单独使用或者结合使用来建立一种独特的地面图案来统一一个场地设计。一个表达明确的网格能够帮助消除场地中单个物体潜在的形状、大小和方向不同的秩序。地面的网格越独特，它所起到的统一场地的功能越有效。网格通常用铺装图案的方式来完成其作为共同基础的功能。网格铺装图案可用于协调现有元素的不同或者为场地规划中的树木、墙体、路灯、旗杆、下水口等创造一个统一组织的结构。

玛莎·施瓦茨公司在一次设计竞赛中为巴尔的摩内港Conway街和欢迎中心广场设计的场地规划就是一个例子(见图4-34)。这里,以铺装图案呈现的东西方向的线网整合了场地中的众多空间和元素。它还延伸到欢迎中心的内部用来在视觉上连接周围的城市广场。另一个相似的例子也是由玛莎·施瓦茨公司设计的在明尼苏达州明尼阿波利斯的Federal Courthouse广场的铺装图案。

Federal Courthouse广场也是用线网在视觉上整合了一系列分开的土丘和各种各样的场地家具。网格作为共同基础能够通过贯通整个场地的铺装形态有效地整合各式各样的形状[见图4-35(a)]或者破碎的场地[见图4-35(b)]。

(2)组织架构(prevalent framework):另一种整合组合空间元素的策略是把这些元素都放置到网格框架之中。网格模块的固定的尺寸和形状消除了存在于模块边界内的尺寸、形状、颜色和材料质地上的不同。模块功能的规律性就像是军队或者公司员工的制服。这个技巧对于同一个花园里的不同植物材料很有帮助,尤其目的在于展示植物的植物园。植物材料的多样性通过网格的组织架构被最小化了。

(3)视觉联系(visual linkage):网格可用于建筑和周边景观的视觉联系。网格是建立直接与主要建筑特征相关联的场地设计的方法,这样建筑和景观看起来是统一的。要实现这个目的,首先要延长建筑的线到场地上[见图4-36(a)]。最重要的线是与建筑角落或者边缘相关的;第二重要的线是与门或者建筑立面材质变化的地方延伸出来的线。最后,是与窗子或者建筑立面的其他元素相关的线。这些线形成了一系列的平行线延伸到场地中[见图4-36(b)]。完成网格的第二组线是那些与建筑立面平行的线。这些线的确定要更主观一些,可以基于任何逻辑维度或者由建筑立面的投影来定义。一

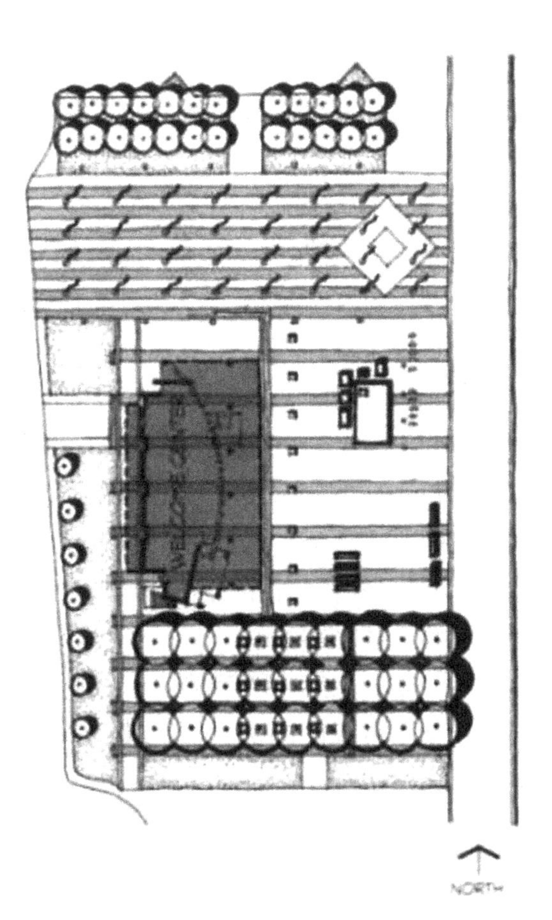

图4-34 巴尔的摩内港Conway街欢迎中心广场

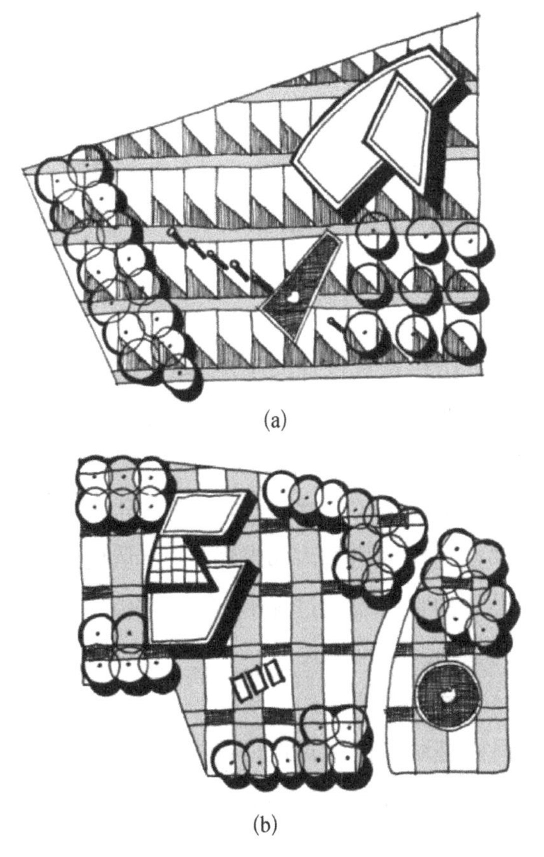
(a)

(b)

图4-35 Federal Courthouse广场
(a)整合形状;(b)破碎形状

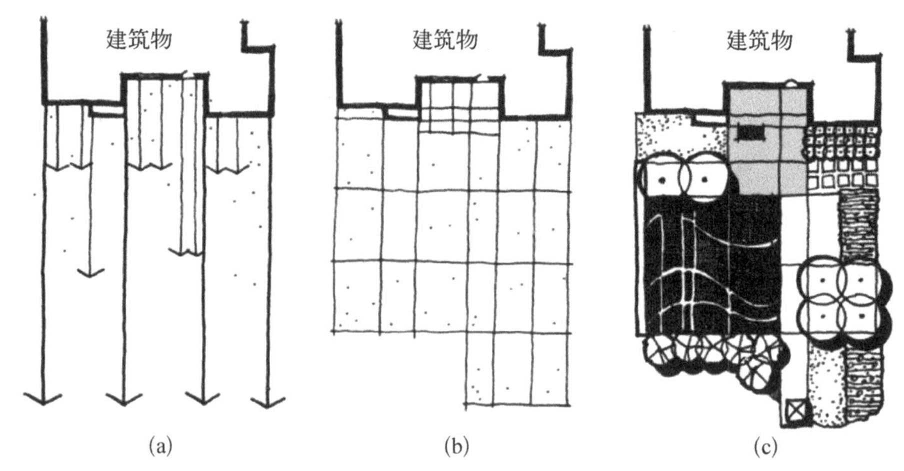

图 4-36　建筑延长线帮助景观构图

（a）延长建筑的线到场地；（b）相关平行线延伸到场地；（c）最后形态

旦建立了网格，场地设计就以这个网格为结构。需要注意的是网格作为整合的工具在离建筑较近的地方是最重要的，离建筑越远就变得越没有意义［见图 4-36（c）］。

一种类似的方法是通过延长每个建筑的外部轮廓线形成坐标网格，以此来整合、统一景观中的多个建筑或者元素。同样的，这些格线也是从每个建筑的显著的特征所投射出来的线。

用网格协调场地的第三个技巧是整合地面相邻的材质。景观中不同的地面材质通常没有根据它们的颜色或者材质相协调。从两个或者更多地面材质延伸出来的网格通过提高共同的基础来统一这些材质。

3）场地细节

除了用作景观设计的总体布局，网格还能用于安置一系列的场地元素，如种植池、水池、墙体、头顶结构、座椅、旗杆等。类似的，网格还可以用来组成材料的图案。关于形状、尺寸和细节元素的定位的确定都在场地网格的内部来做，需要从概念设计到施工设计的整个设计过程中都予以考虑，还需要与设计的基础设施相协调。

4）城市适应

网格是城市区域场地设计最兼容的组织系统，为美国大多数城市和乡村提供了网格街道的形式和地产结构。城市中的广场、口袋公园、公司前院、闭合庭院、居住空间等都可以用网格结构来设计。基于网格的场地设计与城市组织相融合是周边二维和三维形式的延续。相对的，用网格布置的场地设计与未开发的乡村景观形成对比。这里网格提供了一种显著的分歧，与它周边的设计明显不同。像大多数直角设计一样，网格表现了人类的组织化，这与自然给人的感觉相反。

4. 设计导则

当用网格作为景观设计的基础时要考虑如下导则。

1）合适的网格类型

在用网格设计之前，需要选择最适于支持设计意图的网格类型。四种网格的基本类型都有其独特的方式因此适于强调不同的设计用途：

（1）线网：指向性和串行进展。

（2）网状网格：内部相连的运动。

（3）模块网格：区域和内容。

（4）点网：个体和点。

所以，需要首先决定在设计中需要那些特征再来选择一种或者多种网格类型。

2）网格/场地关系

一旦选择了最适宜的网格类型，下一步是探索在场地中如何建立网格。在多种设计程序中有多种技巧，最基本的是根据之前决定的网格模块来简单分割整个场地。这在整个场地建立了一种统一均等的网格。这种方法适用于场地不敏感的情况下。

第二种方法是从整个场地开始建立一个场地网格，然后用数学方法把场地分成小的模块直到一个合适的模块大小出现。这种方法从大到小。对于一个正方形或者长方形的场地，场地的每一个维度都能分成1/2、1/3、1/4、1/5、1/6等的碎块。这些部分可以根据需要继续分割。以这种方法建立网格的优点是网格总是适合场地的，这样没有剩余的区域。

第三种方法是以一种相反的模式建立网络模块。不是从整个场地开始，而是基于相对较小的设计元素，如铺装单元、坐凳、树池等。这个模块的尺寸被扩展直到填满整个场地。这种方法的优点是单体设计元素能够很好地安置与网格结构之中。这种技巧能创造适合于人类尺度的模块，因为它开始于那些基于人体比例设计的元素。

最后一种方法是基于场地周边结构的边缘。正如前面所讨论的，这种方法在场地和周边建筑中建立了一种视觉联系。这种技巧创造出与周边构造物相联系的灵活的网格模块。

3）网格尺寸

不管用哪种方法来建立网格尺寸（grid size），研究网格模块的尺寸都十分重要，需要让设计适于场地的内容、使用和人体尺度。一个大尺度的网格倾向于创造那些纹理粗糙的设计和不近人类尺度的空间，尤其对于那些面积超过1 hm^2的场地。但是，一个明显不够大的网格模块会提供太多的选择以致导致空间和材料选择的复杂化。这种不够大的网格模块会导致破碎化的设计和不必要的复杂。

网格的模块尺寸应该与设计的空间和元素相结合。理想情况下，模块尺寸应该适于每个空间和元素。网格模块应该与设计中的每个元素都相关联。需要注意的是用网格模块的一个优点是这些模块的尺寸可以增加或者减少，这让网格能够适于不同区域的需求。

4）网格方向

场地中网格方向（grid orientation）是另外一个考虑的因素。在直角场地，默认把网格与场地的边相平行。但是有些时候会把网格旋转来强调另外一个重要的点（见图4-37）。对于非直角场地，网格的方向就没有那么明显了，可以沿着场地内外的一些特点来布置网格，如建筑、相邻的路、入口等［见图4-37（b）（c）］。

5）三维

构建景观的网格使用通常建立在一个基本水平面上，尤其是当代设计，强调组合的平坦和重复的图案。二维图案比起三维图案的优势体现在它提供了视觉的限制，这在彼得沃克和其他设计师的很多作品中都有体现。这个概念在很多公共和城市场所中都很成功，它通常创造一种没有显著的感受的开放景观。需要注意的是网格也能像其他构造系统一样用于创造空间并与景观形成密切的联系来探索和发现景观。与那些用网格形成的空间一样，网格框架内的地平面也应该是不同的，这通常用不同高度的

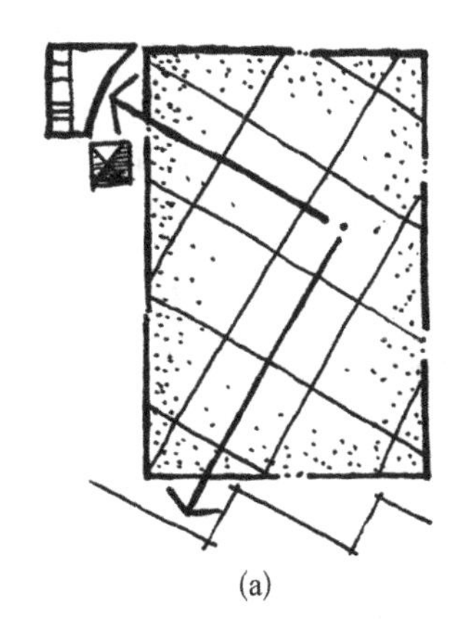
(a)

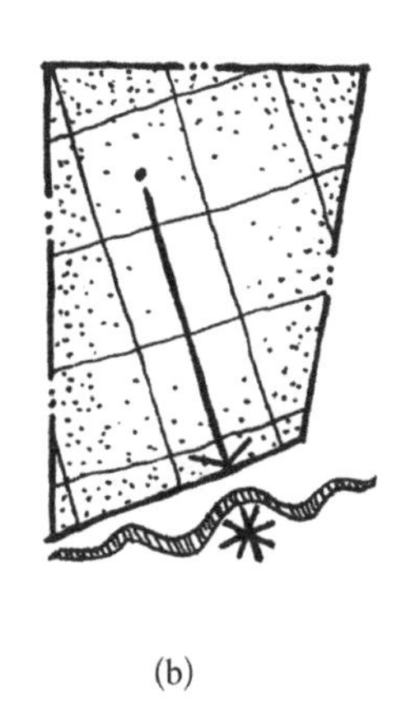
(b)

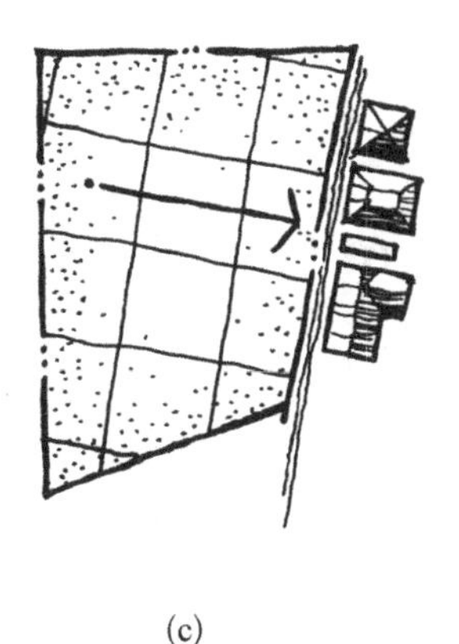
(c)

图4-37 网格的旋转
（a）网格旋转；（b）（c）非直角场地

地形来表达。台阶、挡土墙都是网格中的三维整合元素。种植材料、独立的墙、结构等都是地平面的组成部分并为空间增加了变化。

6）材料协调

与其他元素一样，木本植物材料应该按照地下网格组织成列或者直角体块来强调网格结构。仔细规划布局的混合种植也能在保持网格结构的同时提高多样性。除了种植在密实的体块中，树木还可以以一种稍微分散的方式来组织，比如从树丛中分离一些树出来。这能建立一种让天空中更多的光进入到空间的开放的结构。只要不被过度使用，单体的树木也能用于网格的布局中。与木本植物不同，草本植物材料的安排要更自由和随意，只要它们能够集中地在网格中定义块。

4.2.2.2 对称

对称（symmetry）具有专制性，它使得规划要素服从于一种僵化的形式，缺乏亲和力，强调统治力量，如梵蒂冈大教堂前的圣彼得广场（见图4－38）。但轴线不一定都是严格对称的。例如，人行栈道是伦敦丽琴公园的主轴线，其两侧坐拥着公园美景，而公园是一个平滑的鹅卵形，一条强有力的次要轴线穿越其中。园内还有很多蜿蜒的小路，体现出对角关系。公园主轴线形成了一个长条形的公共活动场所，有效地组织了公园景观，但这并不影响人们四处游览。

直角对称的特点是通过把空间和元素沿着一条或者多条轴线布局。直角对称的独特之处在于它主要的轴线是垂直或者平行的，因而形成了直角的网络体系（见图4－39）。基于正方形或者长方形的单独空间或者元素在轴线的中心或者成对地出现在两边。

直角对称的理性、可计算和权威的特性让它成为贯穿历史的最持久的组织系统。这种几何类型是西方园林的特殊标志，从最早期文明时代一直到20世纪，包括古罗马、意大利文艺复兴、法国文艺复兴、荷兰、英国、美国殖民时期，以及美国19世纪和20世纪的庄园。这种设计形式一直持续到一些当代景观规划设计中。

图4－38 圣彼得广场

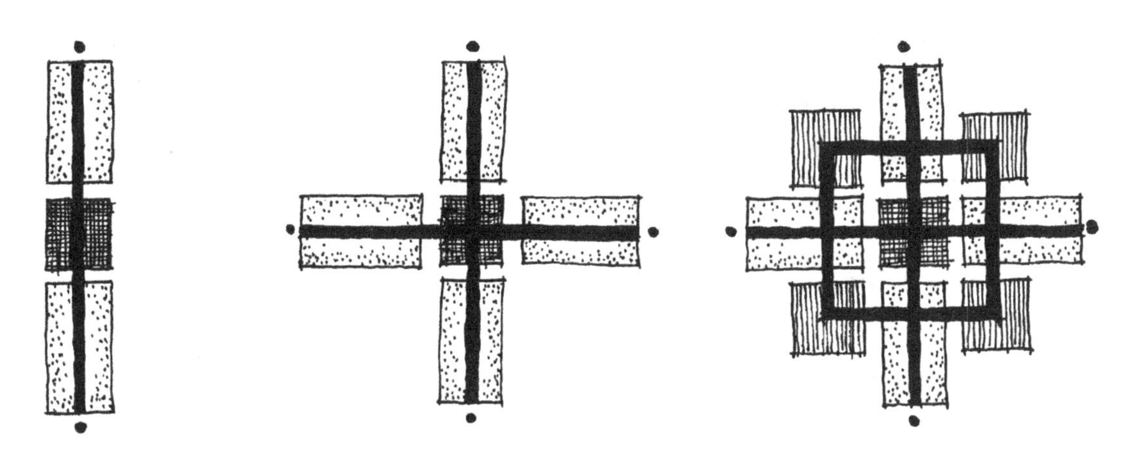

图4-39 直角对称

1. 对称种类

对称的直角几何可以根据网格的存在与缺失以及严格对称的程度被分为三种类型：网格直角对称（grid orthogonal symmetry）、多形式直角对称（multiform orthogonal symmetry）和隐含的直角对称。一般来讲，这些组织形式都有其自身的组织框架和特征。

1）网格直角对称

这类对称用正方形或者长方形网格作为组织基础并具备网格的很多特性。但是，对称网格因轴线的存在而具有严格的中心线组成。对称网格有四种与轴线结合的基本方式：双边网格、十字轴网格（cross-axial grid）、聚合网格（aggregate）和细分网格（subdivison）。

A. 双边网格

一个双侧对称的设计形态把所有空间和元素沿着一条主要的轴线布置。一个双边网格把单个模块沿着一条轴线布置，这些单体模块的中心就放在轴线上，这样就分成均等的两个部分，轴线成了每个模块的组成部分，也起到了连接两个网格模块的作用。根据网格模块的大小，这些网格模块可以形成自身独特的空间也可以与其他模块组合来形成一个更大空间的基础。

用这个基本方法来创造双边网格的一个例子是意大利的朗特庄园的设计，在这里整体的设计是由沿着一条中心线的三个正方形模块组成的（见图4-40）。每个正方形的模块都用于三个主要的台阶的设计。北面的两个正方形模块基于第二进横轴的位置被进一步分成更小的地形和空间。三个正方形模块是空间序列的基础，从凸凹不平的闭合的上部自然洞穴到开敞的低处的花坛和公园。

虽然不是所有的元素都精确地沿着正方形模块的边缘布置，但是很明显它们都依从这些边缘或者轴线。包括高程变化、空间围合、水景和主要的交通在内的所有涉及元素都与正方形网格模块相关联。尤其值得注意的是阶地之间的高差变化是如何与小的横轴线和模块的边缘相协调的，从而使花园和场地从北到南的坡向相结合。

沿着轴线中心的网格模块系统的一种变化是在轴线的侧面安置对称的成对模块。这些模块可以形成总体的组合，也可以与中心模块相结合，创造出一种变化的空间序列，这样把空间从轴线上延伸出去。轴线通常用作重复的、网格模块的共同边缘而不是像沿着轴线中心布置的模块那样。

B. 十字轴网格（cross-axial grid）

十字轴网格结构把网格模块沿着两条或者更多轴线布置。与一个双边的组合形式相似，网格模块可以作为一个单体直接沿着轴线中心布置或者成对地挨着轴线对称布置（见图4-41）。第一种方法比较简单而第二种方法提供了复杂性和选择性。注意图4-41中交通的选择和变化的空间体验。十字轴的设计最好用于水平或者大台阶的设计。

C. 聚合网格（aggregate grid）

作为景观设计基础的对称直角网格的第三种概

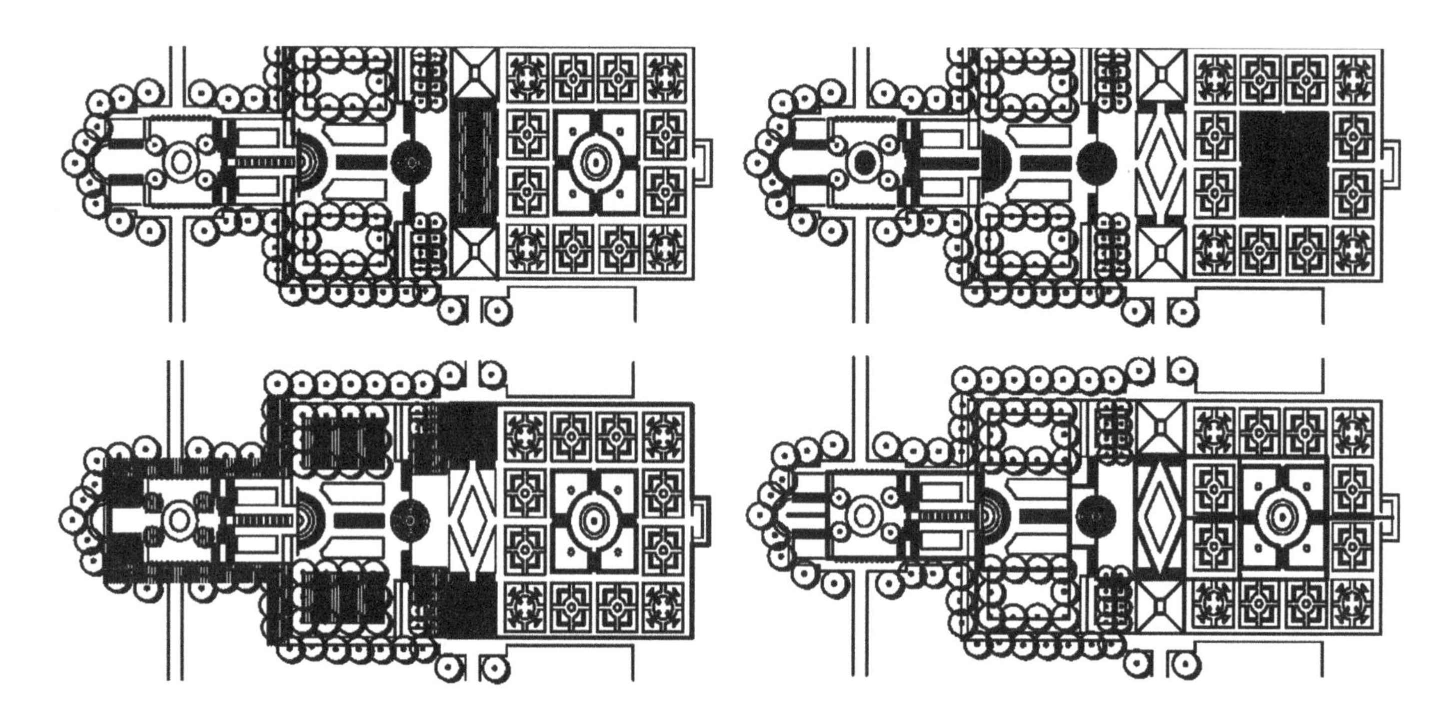

图4-40　朗特庄园

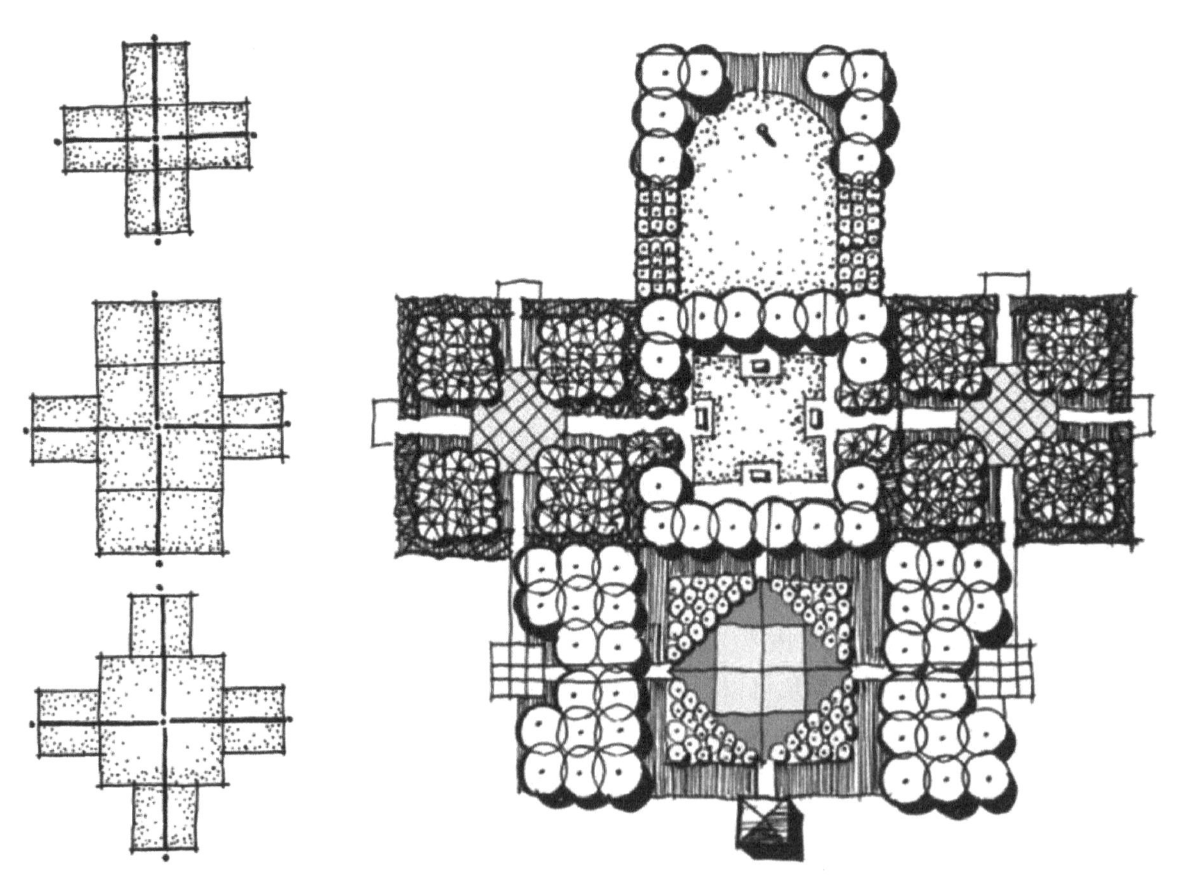

图4-41　十字轴网格结构

念是从轴线向外扩展网格。这个主题沿着与轴线不同的方向增加网格模块来形成扩展的空间。网格模块可以无限地增加只要它们依然对称在轴线的旁边。这种网格模块通常比用于双边网格或者十字轴网格的模块尺寸小，因此为设计提供了更细的尺度框架。聚合对称网格支持着有很多空间和元素的、复杂和多样的设计。设计的运动和实现可以是有变化的而不必沿着设计的主要轴线，这为空间提供了多种多样的体验。

D. 细分网格（subdivision）

双边网格、十字轴网格和聚合网格都能作为一个对称设计组织的整体结构。在很多情况下，网格的尺寸足以用来定义设计中的空间和元素，所以不必进一步细分网格。但是，有些情况下需要定义一个更新的网格来提供进一步的设计空间。

细分网格适于一个单体正方形或者长方形，沿着它内部轴线的结构细分成更小的网格。通常是把正方形或者长方形分成均等的空间（1/2、1/3、1/4、1/5等）。沿着一边的等分与另外一边可能一样也可能不一样。

不管什么类型的网格，网格都可以用于分离设计中的不同区域和材料的下部结构。图4－42演示了细分相邻空间的对称设计的演变过程。每一步都把空间分成更小的部分最后形成了多种材料的集锦。网格是所有空间组织中最有控制力的。

E. 四分法设计

基于直角模块内部分割的一个特殊的设计结构类型是四分设计，这种对称组织用正方形或者长方形的两条主要轴线来定义边界内的四格相等的形状。此外，两个轴线相交的点是模块内部的中心。这个点通常放置重要的元素，如雕塑和水体。细分成四份的概念还能继续在每个四分之一块中应用，因而形成更小的与整体有固定比例关系直角形式。

四分设计在设计史中一直被作为直角对称的基本序列形式来应用。波斯花园和很多著名的伊斯兰园林，如西班牙阿罕布拉宫的狮子庭院和印度的泰姬陵都使用了这种设计构造。类似的，一些意大利文艺复兴花园，如德埃斯特庄园和朗特庄园都用了四分组织结构。在意大利德埃斯特庄园的四分体块是由庄园延伸的轴线和反射池形成的横轴交叉形成的。四分结构在花园的北半部分最为明显，在那里分割了更小的空间和花园区域。

2）多形式直角对称

第二种直角对称的类型是沿着轴线组合直角形式而不使用底部的网格结构。直角形态是根据项目、现有场地条件和内容以及基本的设计原则来对称布置的。多形式直角网格不像基于网格的对称那么严格，而更适应于变化的场地条件。有两种类型的多形式直角对称：对称组合和不对称组合。

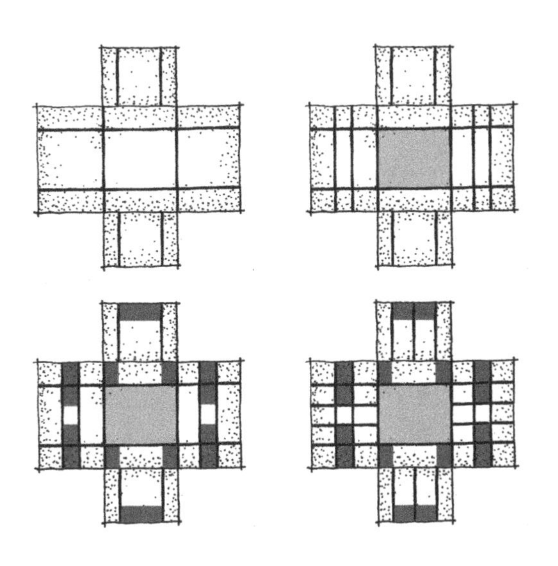

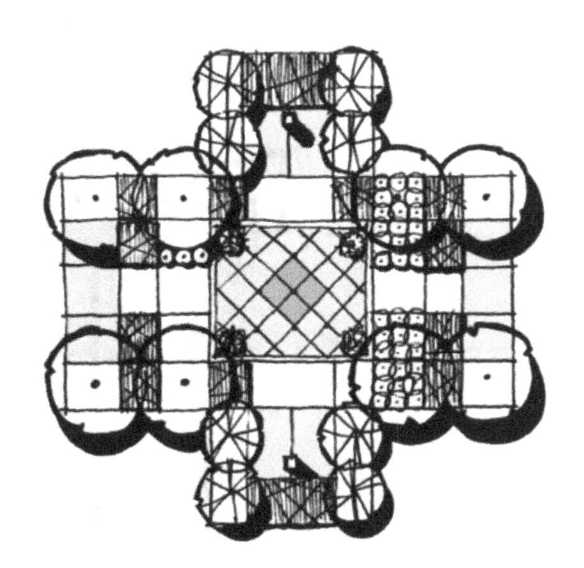

图4－42　细分相邻空间的对称设计的演变过程

A. 对称组合(symmetrical configuration)

最简单的创造多形状对称的技巧是把不同直角形状沿着中心轴线布置在一起。这些形状可能相邻、重叠或者从另一个形状中减去来建立设计的基础。类似的,非直角形状可能为了强调而从中间插入或者作为空间多样性的基础。不同空间的尺寸可能不同让设计能够简单地适用于不同的需求。通常情况下,一个空间为主体,其他空间为次要空间。把框架空间内部细分成不同的形状、大小和材料,提高了潜在的空间多样性。

B. 不对称组合(nonsymmetrical configuration)

第二种建立多形状对称的方法是以一种不对称的组合来创造一系列直角空间。空间组成部分是一系列尺寸、特点、材料、闭合感和形状都不相同的空间。尽管它们各不相同,每个空间都是对称布置。为了建立整体设计,个体空间都沿着一条或者多条轴线布置来统一整个空间。这些轴线虽然都保持直角的关系但是可以在长短和方向上都有所不同。这样的景观设计是很多单体对称空间的组合,却产生了不对称的布局。

当人们在多种多样的设计空间中移动时,设计会产生变化而令人兴奋的体验。当轴线统一整个空间的时候,人们期望多样性。设计题材可以形成景观序列,通过策略性的三维立体规划有意识地在一些关键点上隐藏或者遮挡一些景观。当人们到达一些景点时甚至会惊讶,因为看到了一些之前被隐藏起来而没有注意的景观。整体的不对称布局还让个体空间随着时间被加入到设计中,让整个组合有机地进化。

很多著名的英国园林都是用了这种设计手法,例如Hidcote Manner、Sissinghurst、Folly Farm(见图4-43)。在英国Birkshire,由Edwin Lutyens和Gertrude Jekyll设计的Folly Farm 就有很多沿着多个轴线和步行道组织的并置空间。每个空间都有它

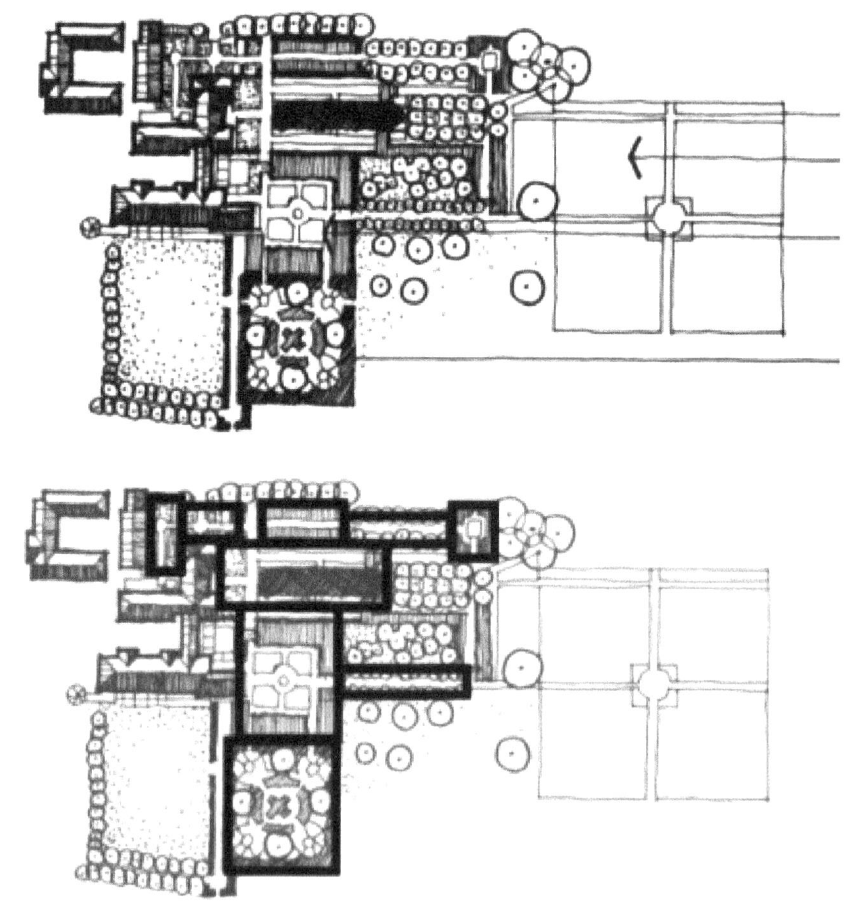

图4-43 英国Folly Farm

自己独特的地方，由墙或者树篱来围合并通常与周边空间相分割。因为连接空间的主轴线的存在使整个空间有一种协调感。南北方向的主要轴线从建筑延伸出来，在视觉上协调了花园和建筑。

2. 景观应用

1）空间基础

直角对称景观的主要应用是用做户外的空间基础。这类景观空间通常是传统的或者正式的，是从古到今的西方世界中最为持久的设计。

正方形和长方形是单个直角对称空间的基础。在传统设计中，建筑、墙、树木、树篱等都通常沿着空间的周长布置来定义明确的边界。所以当外部边缘与视线等高或者超过视线的高度时，在空间的内部和外部有一种明确的分割，并给人一种孤立和向内部聚焦的感觉。相反，如果边缘是低的，就能让视线穿透，给人一种开放的空间感。

单体对称空间的另一个显著特点是轴线。轴线是可以用很多方式来表达的。也许表达轴线的最显著的方式是一条贯穿空间的步道。这条线可以是地平面上的二维元素，也可以是三维的比如一排树。轴线也能用线性的构造物来定义，比如长廊和水池。最后，轴线还能用一个线性的空间来表达。这是一种暗示的定义轴线的方法，说明轴线并不一定是实体元素。

轴线影响着对称直角空间的每一方面。首先，轴线建立了一个有组织的体系来安置空间里的所有其他元素和材料。这些设计元素被安排与轴线平行或者垂直。不直接与轴线相接的设计元素和材料区域必须成对出现。最后，作为强调使用的单体设计元素需要放在轴线的交叉点、终点等地方。

轴线通过限制固定的笔直向前的通道限制了空间中的运动并为每个游客提供了相似的体验[见图4-44(b)]。这种限制创造了一个通往一个象征终点的通道，比如文化纪念碑。此外，在一个对称空间中的运动还可以暂时从轴线中移动到第二等级的道路或者没有限制的空间[见图4-44(c)]。这些变化的路径通常会回归到主要的轴线上。相似的，对称设计的轴线也能引导视线到空间的终点、边缘和焦点之上。

2）强调正面景点

如前面所说的，一个对称设计规定了景观中的运动体验，如设计焦点的正面景点。当游客沿着轴线向景点运动的时候，游客会一直看着焦点的相同面，因为视觉重心被放置于轴线的端点，不同的只是游客和焦点之间的距离。

3）建筑延伸

直角对称能够通过把户外空间的中心线与建筑的轴线或者平行线相接来让景观和相邻的对称建筑形成联系。这在所有组成部分中建立起紧密的联系，这个概念从意大利文艺复兴开始到当代设计一直被使用。

3. 设计导则

1）轴线的位置和方向

对于一个简单的直角场地，最好的位置是直接把轴线设计为场地的中心线这样能够强调场地内

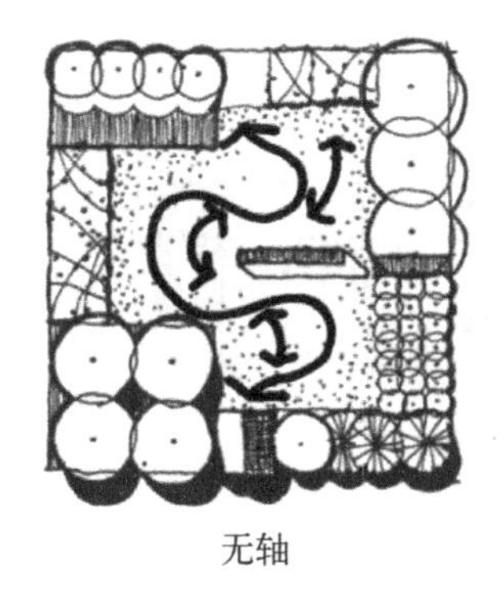

无轴

有轴

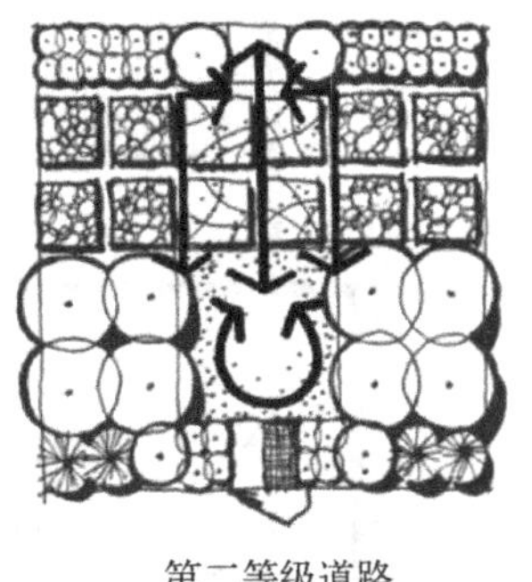

第二等级道路

图4-44　景观中的各类通道

在的结构。这对于那些缺少视线角度的均匀场地是合适的。但是，这种布置对于那些有变化的地形、随意的几何特征、树群、偶然放置的雕塑等场地是不适合。轴线应该位于那些让整体设计避开敏感地区的地方。轴线的方向应该考虑重要的建筑或者建筑入口、步道、视点等。这样的直角设计就不能充满这个场地，对于场地本身来说可能也不是对称的。

2）与地形的关系

与直线一样，直角对称最适用于那些平坦的或者坡度均匀变化的地方。对于那些自然变化有最高点和山脊线的地方，直角对称就显得不那么合适了。如果直角对称设计必须被放到有坡度的地形中，地形需要用挡土墙或者斜坡来分割出一系列的平面。这些高差的变化沿着轴线的延伸来形成空间。很多意大利文艺复兴的花园，如Villa Lante就是用这种方法来创造有坡度的地形空间的。

3）材料和谐

木本植物通常用直列或者网格的形式。植物材料应该沿着轴线布置来追求一种平衡感，或者在轴线的两边对称布置。单体植物最好用于轴线的末端、多轴线的交叉或者空间的中心。像这样布置植物的方法也用于雕塑和其他材料。自然植物在这种对称景观中不被推荐，除非用于直角空间的边缘。对称种植因缺乏可持续性和植物多样性而经常遭到批判。但是，可持续与否通常取决于植物的选择而不是植物的布置。

4.2.2.3 不对称

不对称的组合方式给设计师相对自由的组织空间。不对称直角设计作为现代设计运动的主要设计结构在1900年代早期占据了主要地位。例如毕加索的立体主义画派用多视点和抽象的几何形态来绘画，蒙特里安也以几何图形和色块来绘画抽象的艺术。在建筑方面，勒·柯布西耶、密斯·凡·德罗和佛兰特·怀特也在20世纪30年代到20世纪40年代的作品中运用了不对称的直接结构。密斯·凡·德罗是一个例子，水平墙体、平屋顶、开放平面以及室内室外的互动是现代设计的核心概念（见图4-45）。

在景观规划设计中较早使用不对称设计的包括：詹姆士·罗斯、加洛特·埃克博、丹·凯利和汤姆斯·邱奇，他们在20世纪40年代早期的设计中运用了不对称组织。不对称设计一直持续到当代景观规划设计中，并且发展成新的方式，强调大胆的形式而不是装饰。

不对称设计是结合实践和功能考虑的，并通过感受和直觉来组织。另外，不对称设计的另一个特点是设计的单体部分和整体部分的关系。在一个对称设计中，设计的组合元素要服从于总体布局的。相反，不对称设计的每一个单体元素都有其自身的主要意义；尽管还是要考虑总体布局，但它们和总体的关系相对不那么重要。因此，每个单体空间和设计元素给人不同的体验，这就会鼓励景观设计中的总体和细节的变化。

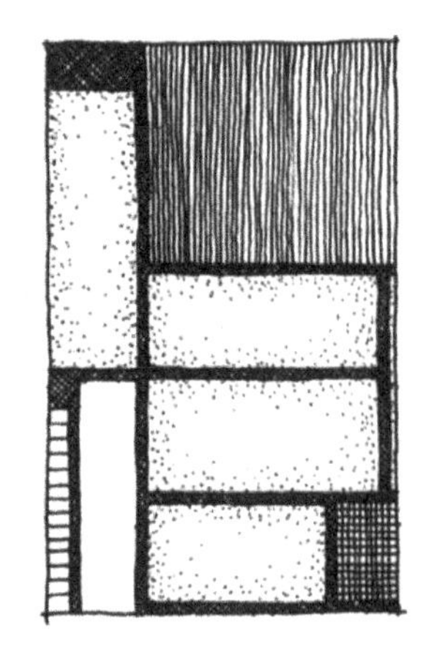

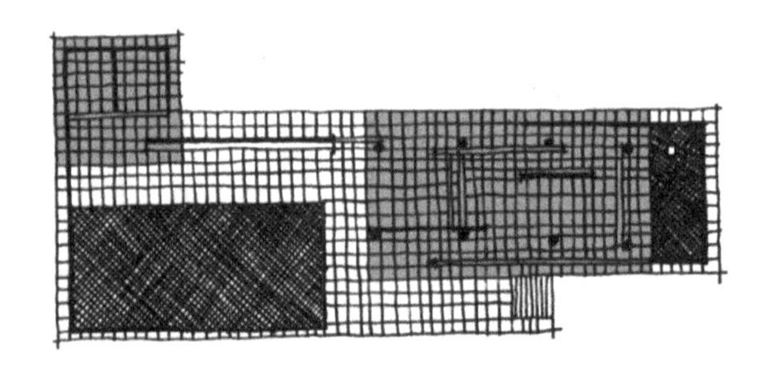

图4-45　1929年巴塞罗那国际展览设计的巴塞罗那亭

不对称直角形式在景观规划设计中的主要应用包括：空间基础、探索体验、建筑延伸和场地适应。

（1）单体空间：一个典型的不对称的边界是模糊的，通常表达了一种暗示的概念而不是明确而简单的定义。不对称直角空间还有一个特点就是不能保证从每一个视点都能看见场地的全部。最后，直角空间中一些重要的点是有策略地布置的，而不是对称地或者均等地布满整个空间。不对称空间提供了一系列的观赏点让游客在空间中运动不断地寻求新的观赏点和那些之前没有观察到的地方。

（2）多空间组合：在把一整块场地分割成很多小的空间和区域的时候常用减法作为一种变形方法。在做减法的过程中可以通过不断地细分整个场地，一直到得到需要的场地尺寸。这样细分的空间有点像网格，但是没有网格的重复性。不对称空间还可以通过叠加、连接和扩展来组合。不同的不对称形态可以用不同的图案和材料来表示。

几个直角空间可以通过空间张力来组合成一种不对称的空间来组织运动，例如在水池上设计平台步道来连接和组合空间（见图4－46）。

如前所述，不对称直角设计结构能够提供景观中的探索体验。不像在对称和网格空间中能够提前预判运动的方向，在不对称景观中游客常常沿着途径变化运动的方向。在自然景观中，游人的运动是漫游的和流动的，伴随着逐步显露的不断变化的风景。当然，在直角不对称空间中这种体验不如在自然曲线空间中那么随意和流畅。但是，不对称直角空间通过策划一系列聚焦点来抓住人的视线。

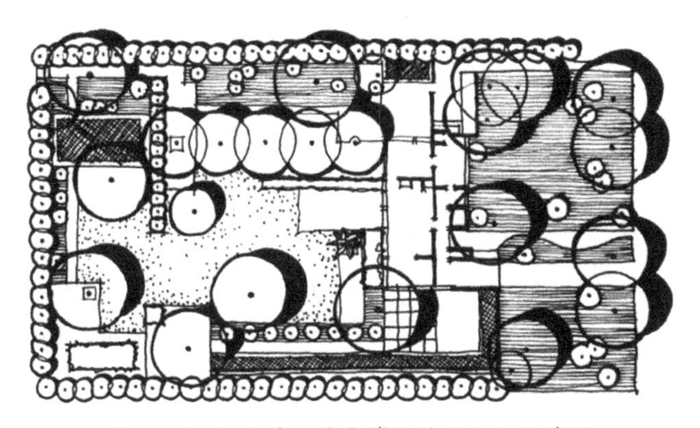

图4－46　加洛特·埃克博设计的私人水花园

有效地利用三维空间可以隐藏或者部分隐藏一些视点，让游人只能在特定的点才能观赏到那些之前看不到的景点。在这种景观中，游人是主动的参与者，而不是被动的观赏者。此外，不对称直角设计还能用于不对称建筑的延伸，帮助建筑和景观融于一体。

4.2.2.4　组织原则

形式演变过程是一个系统的过程或者说是组织技巧的应用过程，组织原则要贯穿于设计的始末。观察者对周围环境的兴趣和愉悦感来自于：① 新奇性引发刺激的需求（对变化的反应）；② 对熟悉的需求（对不变的反应）。

统一性：具有单体和整体的共性，把不同的景观元素组合成一个有序的主题。

协调性：针对各景观元素来说，要与周围环境相一致，保持流畅的过渡、牢固的连接，以及不同元素的缓冲。

真实和实用的价值：利于提高协调性，用真实感的自然材料处理园林景观好过无艺术感或功能性的人造材料。

趣味性：通过使用不同的形状、尺度、质地、颜色等元素，以及变换方向、运动轨迹、声音、光质等手段。

简洁化：简化线条、形式、质感、色彩，是设计有明晰的基本组织形式。

强调：有限地使用强调能使游人消除视觉疲劳并帮助组织方向，使一个元素或一个小区域有吸引力和影响力。

框景和聚焦：当周围元素的排列利于观察者注视某一特定景象时，利用这些元素帮助游人更多地聚焦某一景点。

平衡：更多应用于从静止的观察点进行观察，如阳台上、入口处或休息区；景观中这种平衡通常是指沿着透视线方向垂直轴上注意力的平衡；规则式（静态平衡）、不规则式（动态平衡）。

顺序：与运动有关，能使游人不断产生新发现的顺序是有效游览顺序，需要考虑方向、速度及运动方式，尽量避免回头路。

4.2.2.5 交通、路径的循环

当人们在景观设计的空间内运动时，获得的不仅是空间体验，他们在空间内的运动过程是机械的。运动赋予了空间活力。空间通过场地的交通流线得以塑造，它可以被设计成设计师所预想的样子，或者是适应现有的交通流线形式。以纽约的中央公园为例，它在原有的街道网格基础上建成，一条主干道从公园中穿过，形成有规律的空间间隔。这些街道在公园内下沉，园内小径和桥在其上穿过。公园内的小径按等级划分，有蜿蜒曲折的宽道，笔直的人行道和自行车通道，以及穿梭在林间空地和小山丘中的极细的小路，这些都使游人获得了愉悦的景观体验。即使是在场地规模偏小的情况下，许多场地也可以设有类似的复杂流线层。

运动总是与体验相关的。交通设计包括人行道、机动车道和自行车道。交通循环主要包括：① 路径；② 在空间中控制运动的因素。人们通常沿着最省力的路径运动，运动方向趋向于那些美丽的、引人好奇的或者最高的点。

4.2.3 模式辅助设计

模式就在我们身边，在自然环境和建成环境中。我们可以理解和使用这些模式来做更好、更有趣的设计。模式有很多，包括装饰设计、做饼干的模具、可复制的基本图案等。以设计为目的，我们把模式分为维度模式、图底模式和Turner模式。

1. 维度模式

2D形状：由长方形、三角形和圆形组成的自由形状。

3D空间：由立方体、长方体、金字塔和球形组成的自由形式。

4D时间和运动：空间的运动是多样的：可快可慢、平滑或曲折、向上或向下等。每种模式带来的空间体验都是不同的。时间可以通过很多尺度和观察变化来体验。这些变化包括：热量模式（白天和黑夜）、月亮模式（一个月的变化）、季节模式（一年的变化）等。

2. 图形背景模式

图底关系是用来分析和设计城市形态的抽象表现手法。图形是实的是体块，背景是虚的是空间。一个较早使用图底模式的城市规划是由罗马的Giambattist Nolli 在1748年出版的。他考虑到用公共空间作为一个类别来联系去教堂的可达空间，所以这里建筑被用于了背景也就是白色的空间。

3. Turner的模式

Turner认为自然模式是最为主要的，包括地理（岩石岩层和土壤类型）、生态（植被的廊道和斑块等）、水文（河流、湖泊和海洋）、生物（动植物的形态和成长模式）。

第二重要的是人工模式，包括建筑、道路、场地。

第三重要的艺术模式，包括艺术、故事、音乐等。

第四重要的原型模式或者模式语言。原型是用于解决那些循环出现的问题来满足人类的需要，例如乡土建筑的成功。每个模式都描述了一种反复出现在环境中的问题，并且提出了解决问题的核心方法。这样我们能够用这个方法解决一百万次问题，每次的方式都是不同的。原型模式被分为三种：聚落原型、建筑原型和园林原型。原型模式一共包含了253种模式。例如#31漫步道、#59安静的后街、#61小型公共空间、#106户外活动空间、#176花园座椅等。

人们对于Turner模式的评判是有好有坏的。反对Turner模式的人认为这种模式太形式主义、后现代主义和理想主义。赞成的人则认为这是一种科学的分类方法可以广为利用。

设计师可以在设计中用模式来分析现有的城市形态、识别自然系统、整合现有的自然内容和进程、激发创造力并创造一个使人满意的空间。

模式辅助设计利用这些模式（单个或者多个）

来帮助创造设计方案。

4.2.4 意境的含蕴

1. 场所精神

场所精神源于罗马，罗马人认为和生活场所的神灵妥协是生存最主要的重点。从前生存所依赖的是一种场所在实质或心理感受上"好的"关系。例如古埃及不仅依照尼罗河泛滥情形而耕种，甚至连地景结构也成为公共性建筑平面配置的典范，象征永恒的自然秩序，给人以安全感。

场所精神的发展过程保存了生活的真实性。艺术家和作家都在场所特性里找到了灵感，将日常生活的现象诠释为属于地景和都市环境的艺术。

现代旅游业证明了各地不同的体验是人类主要的兴趣之一，虽然这种价值在目前已经日渐丧失。事实上现代人长久以来一直相信科学和技术能让人们脱离对场所直接的依赖。这种观念已证实是错误的；污染和环境危机突然成为一种可怕的报应，因此场所的问题重新获得了它真正的重要性。

人类认同最高的程度有一种场所与实务的功能。因而海德格尔说："我等系由物所定。"我们的环境不只有能够造成方向的空间结构，更包含了认同感。人类的认同必须以场所的认同为前提。

认同感和方向感是人类在世存有的主要观点。因此认同感是归属感的基础，方向感的功能在于使人成为人间过客，自然的一部分。真正的自由是必须以归属感为前提，"定居"即归属一个具体的场所。

一个场所的认同性是由区位、一般的空间配置和特性的明晰性所决定。在任何情况下场所必须与场地、聚落和建筑细部有一种意义非凡的关联性存在。人为的场所必须以场所和自然环境间的关系去理解"场所之意欲为何"。今天的波士顿变成是一座"杂种"都市，旧建筑物仍保存着，使得新建筑看起来缺乏人性甚至荒谬，而且新的结构对旧环境产生了破坏效果。这不仅是尺度的问题，更是完全缺乏建筑特性的缘故。因此场所失去了与大地和苍穹之间富有意义的关系。

尊重场所精神并不表示抄袭旧的模式，而是意味着肯定场所的认同性并以新的方式加以诠释。场所的特性是由其空间的特性所决定的。

海德格尔所提到的物包括四个部分：天、地、人和神，这与老子的《道德经》理念不谋而合，都强调遵循自然和事物本身。西方的场所精神也能体现在中国古典园林的与自然和谐以及与场地本身和谐的理念。道家思想强调"无为"，中国古典园林设计也说"宜亭斯亭，宜榭斯榭"，现代景观设计提倡"少就是多"。这种依照场所本身的自然特征和文化特征来设计才更能体现场地的"场所精神"。

2. 中国古典园林的意境

意境最早可以追溯到佛经。佛家认为："能知是智，所知是境，智来冥境，得玄即真。"这就是说凭着人的智能，可以悟出佛家最高的境界。所谓境界，和后来所说的意境是一个意思。按字面来理解，意即意象，属于主观的范畴；境即景物，属于客观的范畴。但王国维在《人间词话》中却认为："境非独景物也，喜怒哀乐亦人心中之一境界，故能写真景物、真情感者、谓之有境界，否则谓之无境界。"由此看来意境这两个字似乎还不能割裂开来理解。"境界"一词虽不始于王国维，但自王国维给以详细解释后，便更加明确地成为衡量文学作品，特别是诗词高下的标准。其实广义地讲，一切艺术作品，也包括园林艺术在内，都应当以有无意境或意境的深邃程度而确定其格调的高低。

对于意境的追求，在中国古典园林中由来已久。由于中国的传统是文人造园，因而中国园林可以说是与山水画和田园诗相生相长，并同步发展的，而这两者从它一开始的时候就十分重视神思和韵味。唐代大诗人李白就曾多次提到南朝诗人谢灵运的诗句："池塘生青草，园柳变鸣禽。"对于南朝另一位诗人谢朓，李白也十分倾倒，并说："解道'澄江净如练'，令人长忆谢玄晖(即谢朓)。"可见早在魏晋、南北朝时出现的山水诗就已经蕴含着令人神往的境界。绘画的情况也是这样，例如东晋著名画家顾恺之就曾游览名山大川，对于大自然有着深刻的感受，所以在他所作的山水画中也包含着诗一般的意境。

对待诗、画的态度是这样，对待造园的态度也是这样，可以说从一开始就是按照诗和画的创作原则行事，并可以追求诗情画意一般的艺术境界。

中国画的最大特点就是写意，写意与写实的区别究竟在哪里？简单地讲，写实就是还自然的原貌，而不着重渗入人的主观感受。写意则不然，它虽然也要顾及自然的原来面貌，但却注入了人的主观感受。两相比较，它虽不酷似自然的原貌，却能传自然之神，所以具有更强的艺术感染力。在古代，诗人、画家游遍了名山大川后，要想把它移植到有限的庭园空间，原封不动地照搬是根本不可能的，唯一的办法，就是像绘画那样，把对于自然的感受用写意的方法再现于园内。《园冶》所说“多方胜景，咫尺山林”，实际上就是真实自然山水的缩影，作为艺术的摹写，理应具有绘画一般的意境。

清钱咏曾指出：“造园如作诗文，必使曲折有法、前后呼应”，这里所讲的似乎主要是模仿诗文的格式，其中中国古典园林更加注重的还是追求诗的意境美。很多园林景观都有自己的主题，而这些主题往往又是富有诗的意境的。例如承德避暑山庄，其中包括康熙三十六景和乾隆三十六景，这些“景”就是按照各自主体和意境的不同而命名的，康熙、乾隆还分别题有诗文。例如“万壑松风”建筑群，即因近有古松，远有岩壑，风入松林而发出涛声而得名的。鉴于这种意境，康熙曾赋诗云：“云卷千松色，泉如万籁吟。”倘无诗的意境，恐怕就很难触发康熙的诗兴了。

园林景观中的意境还经常借匾联的题词来破题，这种形式犹如绘画中的题跋，有助于启发人的联想以加强其感染力。例如网师园中的待月亭。其横匾曰“月到风来”，在这里秋夜赏月，对景品味匾联，确实可以感到一种盎然的诗意。在古典园林中像这样的例子比比皆是，有些匾联诗文虽不免有牵强附会之弊，但大多数还是比较真切地反映了园林景观的真实意境，这就是所谓的“景无情不发，情无景不生”。由此看来，中国古典园林确非仅有自然山水的形式美，而且还升华到了诗情画意的意境美。

3. 叙事景观

景观可以作为场景推进故事的发展，故事也可以赋予景观空间文化和历史的意义。很多公园中的设施比如喷泉、座椅或者铺装，常会有人名刻于其上。当游人看到这些人名时，总是不自觉地试图将上面的名字（见图4－47）和景观联系起来，想象这个人是谁，与这个公园有什么联系。景观中的故事可以是一些琐碎回忆，也可能是重大历史事件、神话、传说等。英国18世纪的霍尔家族设计建造的斯托海德（Stourhead）风景园则是以罗马诗人维吉尔的《埃涅伊得》为背景的。园林的中心是一个将斯托河截留而成的湖，象征着地中海。沿湖设计者布置了宅第、神庙、洞穴、古桥、乡间农舍等元素，其中一些带有明显的希腊神庙和古罗马建筑的特征。当游人沿湖漫步浏览的时候，他们其实在重拾英雄伊尼亚士的足迹。围绕整个风景园的环形路线似乎暗示着某种远古的仪式和终极的回归。

图4－47　铺装上的名字

中国园林史学者克雷格·克鲁纳斯(Craig Clunas)提出中国古代的“园”的概念并不是对某种空间用途的限定,而是文人通过绘画和文学描述的对象。换句话说,园林不是先于主观描述而客观存在的事物,而是通过描述的过程而形成的主观概念。如果回想一下西方“landscape”一词的缘由,也和早期荷兰绘画风格和题材紧紧相关。这样说来,景观从一开始就是一种叙事的风格和对象。景观从来就没有脱离叙事而独立存在过。林璎设计的华盛顿越战纪念碑就是一个成功的叙事景观的例子,这个纪念碑如同一个不能愈合的伤痕,深深地嵌入到大地中(见图4-48)。纪念碑向两个方向伸展,一边指向林肯纪念堂,一边指向华盛顿纪念碑(见图4-49)。黑色大理石映出若隐若现的人影,上面刻着参战士兵的名字,极易打动游人的心,让人们自然而然地联想起那些士兵的过往。又如罗斯福总统纪念公园和法国拉维莱特公园,就是利用空间的变化来叙事的。

马修·波提格(Matthew Potteiger)和杰米·普林顿(Jamie Purinton)所著的《景观叙事:讲故事的设计实践》(Landscape Narratives: Design Practices for Telling Stories)一书就是探索叙事景观设计。在理论部分,作者提出叙事和讲故事是不同的两个概念:叙事既是讲故事又是讲述,既是动作的对象又是动作的本身,既是讲述的内容也是讲述的方式,既是成果又是过程。每个故事都是一种叙事,但每个叙事不只是一个故事。叙事暗示着一种通过行为和体验的偶然性来获得知识的一种方式。景观叙事暗示了景观和叙事之间的关系,场所构成了叙事,景观不仅仅是故事发生的场景,而且其自身是一个不断变化的叙事。场所和事件一起产生故事。如同文中所言:“一条路可以形成了一种空间序列,同时也提供了各种人和人相遇的可能性。空间的尺度可以史诗般地宏大,也可以限定为个人化的戏剧性。景观中故事往往蕴藏着解读秘密的钥匙,或者说诱导观者的诠释。人们也经常会以一种故事的框架和风格去理解景观。”

常见的几种叙事组织方式包括:静止的(例如摄影作品和某些绘画,描述某一时刻发生的事件和它的场景);线性叙事(将一系列的事件根据时间先后顺序排列起来,有一种由因至果、由此及彼的逻辑过程);连续叙事(一系列的事件都发生在一个

图4-48 越战纪念碑鸟瞰

图4-49 越战纪念碑

统一的语境下）。设计者无法将观者的联想限定在某种框架当中，景观的意义既产生在设计者的构思当中，也产生于观者的解读当中。在传统的景观当中，设计师有可能会设计一个封闭的含义系统，通过各种象征和隐喻来传达给观者，如同斯托海德风景园一般。现代景观则更鼓励观者通过自己的体验来建立意义，而非被动地接受。伯纳德·屈米的拉维莱特公园（见图4－50）和彼得·艾森曼设计的柏林犹太人受难纪念碑就是这种开放的叙事景观的例子。

隐喻、转喻、提喻和讽喻都是阐述景观叙事的策略。讽喻和其他方法不同，它不是试图说服读者，而是通过一种带有荒诞性的分离和对立产生一种批判性。玛莎·施瓦茨设计的怀特海德生物研究中心屋顶花园就是以一种讽喻的姿态来应对甲方。甲方要求设计一个没有土壤和水的屋顶花园，施瓦茨用染成绿色的塑料来模仿法国园林那种几何形植被，以及日本枯山水般的抽象形体暗示着一种文化上的冲突，同时通过这种荒诞的戏剧性、批判地提出了“什么是园林”“什么是自然”这一问题。

《景观叙事》一书中讨论了几种叙事策略在景观设计当中的应用，包括命名、序列、揭示、隐藏、聚集和开启。

在20世纪上半叶，尤其是从1930年到1940年这段时间被视为道路建设的巅峰期。汽车的出现为宽阔的道路增添了一道迷人的浪漫色彩，而电影作为当时新兴的媒体技术备受青睐。景观设计师开始规划设计公路，从而为人们提供风景如画的公路风光，尤其是在美国。通过电影隐喻的手段，以车窗模拟摄像机的镜头，在驾驶过程中景观动态的透景时，

图4－50　拉维莱特公园

车内的视景也会随之展开，不断变化。

当然，其他的地面交通方式，从步行到铁路运输，也可以营造出同样的视觉效果。视景可以随着人们的移动而一点点展开，直到最后完全展现在人们面前。像一幅中国古代山水画一样，在这期间，它不断地制作悬念，给人们带来惊喜，为最后高潮的到来做好铺垫。

作业任务书

作业：校园一角设计

1. 设计目标

（1）掌握场地设计的基本程序。

（2）掌握平面图的基本表达方式，能够将自己的设计思路用图纸表达出来。

（3）掌握一点透视、两点透视以及人视点和鸟瞰图的基本画法。

（4）尝试对一块场地进行设计，满足其使用功能、生态功能和美观功能的需求。

2. 设计任务（场地A或场地B，任选一处）

场地A：按图4-51中的虚拟校园一角（图2-60与图2-61为设计范例）。

场地B：自选本校园100 m × 80 m场地，设计一处可用于班级（30人左右）聚会、摄影留念的场所。

用素描纸或白卡纸在A1幅面上绘制如下内容：

（1）自绘图框和图签。

（2）在100 m × 80 m范围内进行校园一角设计，比例1∶200（彩色），绘制平面图，长边的剖面图。

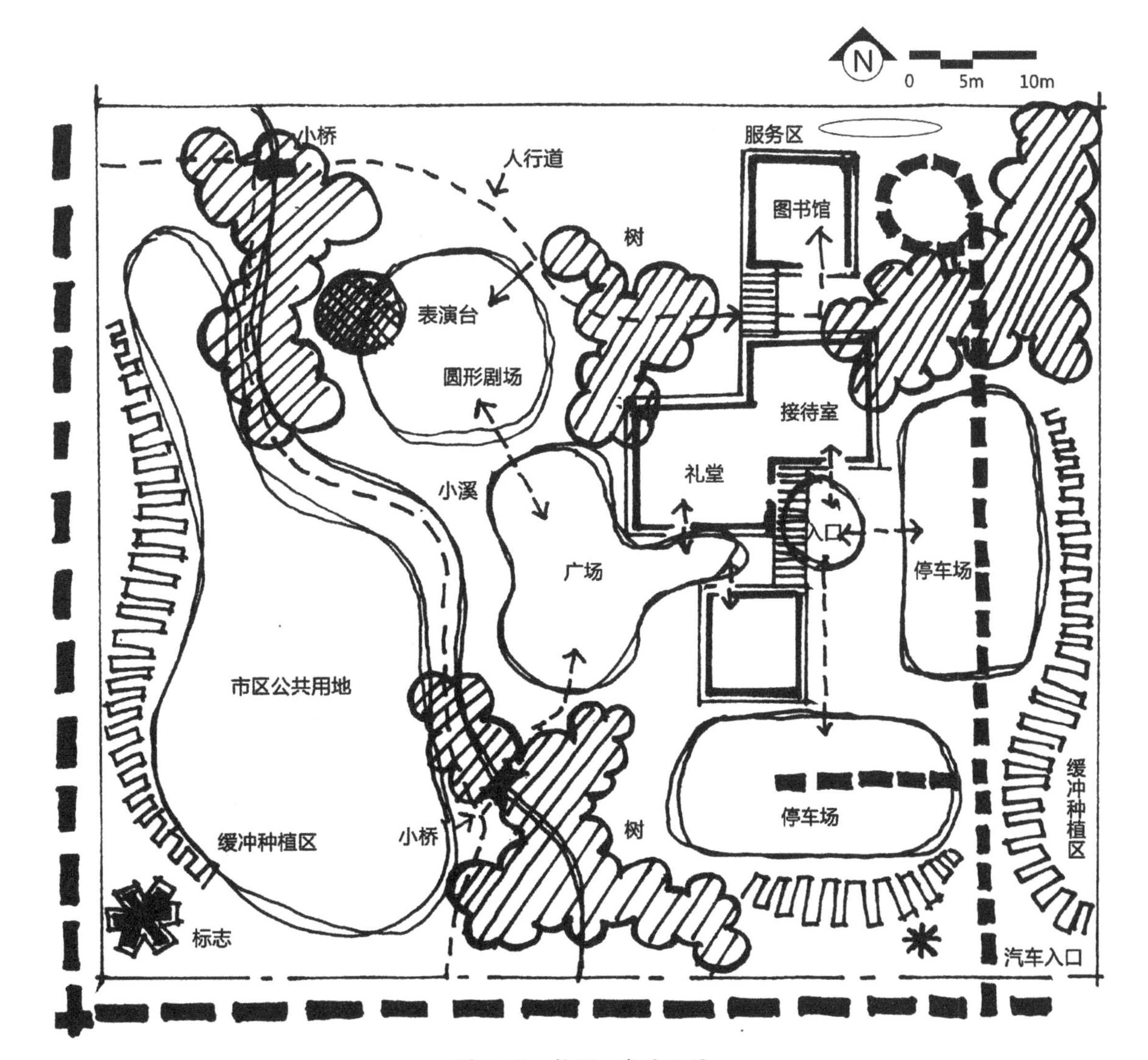

图4-51 校园一角平面图

（3）绘制鸟瞰图。

（4）对上述图纸用马克笔或彩铅进行上色。

3. 考核

1）考核标准

（1）图纸色彩协调，表达美观。

（2）校园一角设计布局合理，符合功能需求，与周边环境融合。

（3）鸟瞰图透视关系正确，场景感强。

（4）剖面图比例准确，剖切线为粗实线。

（5）图纸尺寸、布局、字体大小规范，图面整洁。

2）成绩组成

（1）图纸清洁美观，占20%。

（2）校园一角设计平面布局合理，符合功能需求，与周边环境融合，占40%。

（3）图面色彩协调，透视正确，剖面比例准确，占30%。

（4）图纸尺寸、布局、字体大小规范，图面整洁，占10%。

4. 进度安排

时间为2周。

第5章 园林设计的全过程

5.1 设计的全过程

设计的全过程包括从接受一个设计项目到项目的建成和维护，其间经历很多步骤。设计程序有很多作用：① 为获得设计方案，它能提供合乎逻辑性的、有组织的设计骨架。② 有助于确定设计方案能否与设计的先决条件（园址、顾客的需求、预算等）配合。③ 有助于帮助建设单位选择使用土地的最佳方案。④ 作为向建设单位解释设计和论证的基本资料。

Patrick Geddes（1915）认为设计过程应该“由普遍到特殊”或者“由特殊到普遍”，他提出了调查—分析—设计（survey-analysis-design，SAD）的设计方法。Norman K. Booth 也在《景观规划设计的基本元素》一书中详细介绍了设计的全过程。他认为设计过程也可以称为“问题—解决的过程”。它包括一系列可遵循的步骤。对于景观设计师来说，设计过程通常包括如表5－1所示的几个步骤。

表5-1 设 计 步 骤

设计步骤
1. 承担设计任务
2. 研究和分析（包括现状调查）
a. 准备基本图纸
b. 场地调研（数据收集）和分析（评价）
c. 与建设单位交流
d. 发展项目设计
3. 设计
a. 理想的功能结构图
b. 联系场地的功能结构图
c. 设计构思图
d. 形式组合研究
e. 初步设计
f. 方案草图设计
g. 总体平面图
h. 其他配套图
i. 局部设计
4. 施工图纸
a. 总体布局平面图
b. 竖向设计图
c. 种植设计图
d. 施工细节结构图
5. 施工
6. 工程估算（工程评估）
7. 养护和管理

设计过程的这些步骤，反映了一件事物自始至终的思维过程。然而这些步骤在进行时有很多是相互重叠和渗透的，并无明确的界限，可以前后同时进行。例如，当设计者还未进行场地调查和分析时，可能已开展了与建设单位洽谈的工作。有时设计程序有严格的阶段性，只有完成一个步骤后，才能进行下一步骤。有时这种顺序往往既有可逆性又有反复性，后一步骤得到的资料又反馈到先前的步骤中去。例如把广泛收集的各种典型的数据资料列成一场地分析图表，这个表直接决定以后设计思想的特点和设计形式。然而设计思想的形成，又需要从对场地的踏勘和访问建设单位与当地居民而获得。同时设计也就开始了。因设计者凭自己的经验和丰富的知识，结合场地本身的特征进行设计。这说明设计的步骤是相互联系和依赖的。

还有一些情况也得说明一下。首先，设计程序的应用能从一步变化到下一步，每一步都有严格的程式，然而要用不同的方法来完成。同样地，每一步骤的重点也可改变。例如，如果场地非常荒芜，或难以归类，则场地分析的意义就不是很大。另外，建设单位不关心应做什么，或要什么，这就不需纳入程序。在许多情况中，全部的设计过程，只用初步设计就可以完成，也就不需要再通过其他阶段了。

对于初学设计者来说，最重要的是要明白完美而且实际的设计并不会魔术般地产生出来，而是对景观反复思考与修改。没有不通过努力就能产生好的设计的奥妙公式，或神秘的灵感。而设计程序并非一输入资料就能得到圆满的设计方程式，它只是各项设计步骤的骨架。而设计的成功与否，在于设计师的观察、经验、知识、判断力和创造力。这些因素都运用在整个程序的骨架中。如果缺少某一因素，那么，即使设计者严格地按部就班地履行设计程序的每一步骤，也无法得到好的设计。在设计程序中，设计师要不断地思考将要出现什么和还有什么问题。“为什么我要这样做？”“什么是我希望达到的？”“这些必要吗？”“有更有效的方法吗？”设计需要更多方面敏锐的观察、缜密地思考、反复推敲以及某种程度在心灵方面的创造力等，来激发我们的情绪。再次，特别要强调的是，设计包括理性方面（归类、分析、设计的发展和结构知识）和直观的感性方面（造型和形体的感觉、美学特征等）。设计程序只是一种设计步骤的框架，它本身不能将理性和感性组合，而只是协助设计者将工作系统化，并尽可能地找出最佳的设计方案。

设计程序的意义在于组织设计者的设计过程，并避免在设计过程中忽略和忘记某些因素。对初学者按照程序来进行设计是非常必要的，并将每一步都记录归档。在学习初可能要多花时间与精力，但对有经验的设计师而言，一些设计步骤除非有不寻常的影响作用，一般都能很快地处理。经多次练习后，自然熟能生巧。

下面我们将仔细讨论设计程序的各个步骤。

5.1.1 承担设计任务

设计过程的第一个步骤是项目提案被景观规划设计师和建设单位（在合同中称之为“建设单位”）都接受，以避免日后产生误解和法律问题。在双方的第一次会议中，要讨论建设单位的基本需要和要求，景观规划设计师的构想，以及造价问题。讨论会后，设计者根据建设单位的意图，起草一份详细的协议书，如果建设单位无意见，双方便在协议书上签字，以免以后产生误解，甚至法律上诉讼等问题。双方按照协议履行各自的义务和权力。

选择并预约客户，尽量会见所有决策权及影响决策的客户。要体现设计师的专业性，比方着职业装显得自信；保持手、头发及衣服的整洁。会见客户需携带商业名片、宣传册、作品集、指南针、笔记本电脑、记录本、合同、卷尺、照相机之类。一般需要客户提供的有：信任、委托书、场地测量图、规划图等。从客户了解信息：设计理念与目标、客户偏好、地下管网、水文气象资料、现场景观取舍……总之认真倾听客人的谈话，并安排下次会见。设计取费一般按总造价的3%～5%取费；按面积取费时，每平方米10～30元是一个合理的区间。

5.1.2 研究和分析（包括现状调查）

一旦签订合同后，设计师便需要取得地形图和上位规划等相关分析资料，然后对场地进行实地勘察。实地调查就像写作和报告稿或研究大纲，都必须深入了解其课题的背景知识和利弊条件，才能知道较后阶段的创作。

这个步骤要完成一个场地基本图纸和现状调查和分析。

1. 准备基本图纸

在进行设计前，必须准备作为一切分析和设计所需的基本图纸。一般所要求的基本图纸由建设单位提供（如规划范围、地形图等）。假如建设单位无法提供此项资料，则可请测绘人员测绘，这些费用都应由建设单位负担。

对于小型的用地如私人住宅，建设单位或住户需要提供建筑和宅地方位的详细平面图、区域的现状图等。如果建设单位没有这些资料，设计师必须实地踏勘，进行草测，准备出所需要的平面图。作为小园址（0.1～2 hm^2）其比例尺为：1∶100、1∶250、1∶100、1∶200，而较大的园址其比例尺为：1∶350、1∶600、1∶1 200。比例尺的选择取决于设计目的所需的尺度。一般细部设计比例较大。图纸的大小也决定着设计的规模。在现状地形图上，基本图纸应该标出如下的信息：

（1）规划范围（产权线）。

（2）地形（虚线表示的等高线，所需的高程点）。

（3）植被（小尺度的场地，要包含树木的尺寸和种类等信息）。

（4）水体（溪流、湖面、水池等）。

（5）建筑信息，包括：① 底层平面的门和窗；② 地下室的窗户；③ 下水口；④ 室外水龙头；⑤ 室外电缆；⑥ 空调机和供暖泵位置；⑦ 室外照明等。

（6）其他构造物如墙体、围栏、电力、地下管道等。

（7）道路、停车场、公路、散步小径、平台等。

（8）基础设施包括电、气、水管、雨水管、污水管等。

（9）考虑开发设计的其他元素，如相邻的路和街道、建筑、植物、水体等。

（10）对深入设计所需考虑的任何因素。

2. 场地调研（数据收集）和分析（评价）

场地调研和分析让设计师对于场地有更多的了解来评价场地的特点、问题和可能性。识别场地的线索能够帮助设计提案更好地适用于现状条件，利用场地的优点尽量减少场地的负面作用。在场地调研和分析的过程中，我们应该调研、识别和记录现状（例如数据收集、标注位置和情况）和分析并评价现状的重要性。

最初的调查和分析的目的在于使设计者尽可能地熟悉场地，以便于确定和评价场地的特征、存在的问题以及发展潜力。换句话来说，就是场地的优缺点是什么？什么应该保留和强化？什么应该改造或修正？如何发挥场地的功能？什么是限制因素？对场地的感觉和反应如何？实质上，设计程序的这一步，很像你要写一篇文章或准备一篇报告而去收集资料和研究一样。不知道要表现的内容和特征，是做不了设计或写出文章的。

每一设计的处理，必须适合于场地的先决条件。因而场地分类和分析的第二个主要目的，是为设计提供“线索”来解决场地上现存的问题，并具有最大的正效益和最小的副作用。因此，场地的分类和分析，是协助设计者解决场地问题最有效的工具，虽然也可以向建设单位解释设计方案的逻辑推理过程。

在场地分类分析中，必须记载和评估下列内容。每项内容有两个明显的部分：① 分类、定义和现状记录。② 分析，对重要的情况作评估并做出判断。它是好还是坏？会如何影响设计？是否能被代替？是否会限制场地上某些特点的发挥等。记录场地现状资料是较容易的。可以用各种方法将资料组织汇编在一起。在收集资料中，照相机是有效的工具。因为照片可以用来查对用在设计中的每一份资料，或帮助人们回忆场地的现状情况。而决定资料或材料的重要性则较为困难。事实上，没有经验的设计师常常容易忽略这点。分析工组需要很多经验和知识，才能知道什么对设计有利，什么有害，以及预知设计方案将对环境产生什么影响？

一个场地调研和分析应该包括如下信息：

1）场地位置和周边环境的关系

（1）识别场地现状和周边的土地使用：相邻土地的使用情况和类型；相邻的道路和街道名称，其交通量如何？何时高峰？街道产生多少噪声？

（2）识别邻里特征：建筑物的年代、样式及高度；植物的生长发育情况；相邻环境的特点与感觉；相邻环境的构造和质地。

（3）识别重要功能区的位置：学校、警察局、消防站、教堂、商业中心和商业网点、公园和其他娱乐中心。

（4）识别交通形态：道路的类型、体系和使用量；交通量是否每日或随季节改变；到场地的主要交通方式；附近公共汽车路线位置和时刻表；有无人群集散地。

（5）相邻区的区分和建筑规范：允许的土地利

用和建筑形式；建筑的高度和宽度的限制；建筑红线的要求；道路宽度的要求；允许的建筑。

2）地形

（1）坡度分析：标出供建筑所用的不同坡度；用地必须因地制宜，适宜场地中的不同坡度。

（2）主要地形地貌：凸状地形、凹状地形、山脊、山谷。

（3）冲刷区（坡度太陡）和表面易积水区（坡度太缓）。

（3）建筑内外高差。

（4）台阶和挡土墙。

3）水文和排水

（1）每一汇水区域与分水线：检查现在建筑各排水点；标出建筑排水口的流水方向。

（2）标出主要水体的表面高程、检查水质。

（3）标出河流、湖泊的季节变化：洪水和最高水位；检查冲刷区域。

（4）标出静止水的区域和潮湿区域。

（5）地下水情况：水位与季节的变化、含水量和再分配区域。

（6）场地的排水：是否附近的径流流向场地？若是，在什么时候？多少量？场地的水需要多少时间可排出。

4）土壤

（1）土壤类型：酸性土或碱性土？沙土还是黏土？肥力？

（2）表层土壤深度。

（3）母土壤深度。

（4）土壤渗水率。

（5）不同土壤对建筑物的限制。

5）植被

（1）植物现状位置。

（2）对大面积的场地应标出：不同植物类型的分布带；树林的密度；树林的高度和树龄。

（3）对较小的园址应标出：植物种类、大小、外形、色彩和季相变化、质地、任何独特的外形或特色。

（4）标明所有现有植物的条件、价值和建设单位的意见。

（5）现有植物对发展的限制因素。

6）小气候

（1）全年季节变化，日出及日落的太阳方位。

（2）全年不同季节、不同时间的太阳高度。

（3）夏季和冬天阳光照射最多的方位区。

（4）夏天午后太阳暴晒区。

（5）夏季和冬季遮阴最多区域。

（6）全年季风方位。

（7）夏季微风吹拂区和避风区。

（8）冬季冷风吹拂区和避风区。

（9）年和日的温差范围。

（10）冷空气侵袭区域。

（11）最大和最小降雨量。

（12）冰冻线深度。

7）建筑现状

（1）建筑形式。

（2）建筑物的高度。

（3）建筑立面材料。

（4）门窗的位置。

（5）对小面积场地上的建筑有以下要标明：室内的房间位置；如何使用和何时使用？何种房间使用率更高；地下室窗户的位置；门窗的底部和顶部离地面多高；室外下水、水龙头、室外电源插头；室外建筑上附属的电灯、电表、煤气表；由室内看室外的景观如何？

8）其他构造物

（1）墙、围栏、平台、游泳池、道路的材料、状况和位置。

（2）标出地面上的三维空间要素。

9）基础设施

（1）水管、煤气管、电缆、电话线、雨水管、化粪池、过滤池等在地上的高度和地下的深度；与市政管线的联系；电话及变压器的位置。

（2）空调机或暖气泵的高度和位置、检查空气流通方向。

（3）水池设备和管网的位置。

（4）照明位置和电缆设置。

（5）灌溉系统位置。

10）视线

（1）由场地每个角度所观赏到的景物。

（2）了解和标出由室内向外看到的景观、思考在设计中如何加以处理。

（3）由场地内外看到的内容：由场地外不同方位看场地内的景观；由街道上看场地。何处是场地最佳景观；何处是场地最差景观。

11）空间和感受

（1）标出现有的室外空间：何处为"墙"（绿篱、墙体、植物群、山坡等）；何处是树荫。

（2）标出这些空间的感受和特色：开敞、封闭、欢乐、忧郁。

（3）标出特殊的或扰人的噪声及其位置：交通噪声、水流声。

（4）标出特殊的或扰人的气味及位置。

12）场地功能

（1）标出场地怎样使用（做什么、在何处、何时用、怎样用）。

（2）标出以下因素的位置、时间和频率：建设单位进出路线和时间；办公和休息时间；工作和养护；停车场；垃圾场；服务人员。

（3）标出维护、管理的地方。

（4）标出需特别处理的位置和区域：沿散步道或车行道与草坪边缘的处理；儿童玩耍破坏的草坪。

（5）标出达到场地时的感觉如何。

*与建设单位和使用人群交流：与那些将来会使用这块场地的人交流，因为这些人会提出不同的意见，而这些意见正是我们的设计需要考虑的。例如目前很多现状调查会发放问卷给潜在的使用人群来挖掘他们到底在这块场地中需要什么。

*发展项目：我们要考虑：① 目标；② 设计元素；③ 设计的特殊要求。

3. 上位规划与目标制订

上位规划包括所有规范场地所在区域范围内已有的各类规划，包括总体规划、控制性详细规划、城市绿地系统规划、农田水利规划等。总体规划涉及的内容有很多，例如总体规划的路网是确定控制性详细规划以及后续规划设计的路网的基本依据，总体规划所确定的功能结构与规划人口分布图也要指导后续规划；总体规划的土地利用图是对用地进行规划布局的一个依据。

控制性详细规划（regulatory plan）以城市总体规划或分区规划为依据，确定建设地区的土地使用性质、使用强度等控制指标、道路和工程管线控制性位置以及空间环境控制的规划。根据《城市规划编制办法》第二十二条至第二十四条的规定，根据城市规划的深化和管理的需要，一般应当编制控制性详细规划，以控制建设用地性质，使用强度和空间环境，作为城市规划管理的依据，并指导修建性详细规划的编制。控制性详细规划是城市、镇人民政府城乡规划主管部门根据城市、镇总体规划的要求，用以控制建设用地性质、使用强度和空间环境的规划。

城市绿地系统规划是对各种城市绿地进行定性、定位、定量的统筹安排，形成具有合理结构的绿地空间系统，以实现绿地所具有的生态保护、游憩休闲和社会文化等功能的活动。绿化与水体绿化以及重要的生态景观区域等在规划时统一考虑，合理安排，形成一定的布局形式。城市绿地系统的布局在城市绿地系统规划中占有相当重要的地位。因为即使一个城市的绿地指标达到要求，但如果其布局不合理，那么它也很难满足城市生态的要求以及市民休闲娱乐的要求。反之，如果一个城市的绿地不仅总量适宜，而且布局合理，能与城市的总体规划紧密结合，真正形成一个完善的绿地系统，那么这个城市的绿地系统将在城市生态的建设和维护以及为市民创造一个良好的人居环境，促进城市的可持续发展等方面起到城市的其他系统无可替代的重要作用。

对上位规划进行分析后，应结合上位规划的目标和限制、建设单位的设计意图和场地本身的情况来制订规划设计的目标。

5.1.3 立意

所谓立意就是设计者根据功能要求、艺术要求、文化要求、环境条件等因素，综合考虑而产生出来的总的设计意图。是在设计开始阶段，在头脑中酝酿构思，对方案总的发展方向有个明确的意图，对总体布局归属哪一类进行确定。它是在设计过程中来用何种构图手法的根据，即所谓“意在笔先”。明确立意之后，接下来的功能分区和造型设计均以立意为中心展开。立意的可能性有很多种，例如中国古典园林常常以四季、天气、植物等自然现象立意，现代景观常以奋发图强的现代精神或环保为主题的生态理念立意。更明显的立意手段出现在很多纪念园中，所需纪念的人、物或者事件构成了立意的题材。

5.1.4 设计

本小节内容需要应用第4章所学的构图与空间序列知识。

1. 理想的功能结构图

考虑和寻求设计的主要功能区和空间的最好的关系，挖掘如何联系或者分离设计的功能和元素。理想的功能结构图通常是泡泡图或者抽象的线条来组成。

这是设计阶段的第一步骤。在此阶段，设计师在图纸上以图示的形式，来进行设计的可行性研究（注意在此阶段，设计师开始设计时是用“理想的图示”来进行，它是较为理想的功能图，更为抽象、更简单、更通俗）。并将先前的几个步骤，包括场地调查、分析、用户意图及设计深入等研究得到的结论和意见放进设计中。在设计阶段，研究开始是属于较一般的、松散的、较粗放的设计（功能分区图和设计构思图），而在较后阶段，则为深入、确切而肯定的设计方案（单体设计）。

功能分区图是设计开始的起点。功能分区的目的是确定设计的主要功能与使用空间是否有最佳的利用率和最理想的联系。此时的目的是协助设计的产生，并检查在各种不同功能的空间中可能产生的困难以及与各设计因素间的关系。在此，设计者力求将不同的功能安排到不同部分中去，使功能与形式成为一体。

理想的功能分区图与场地无直接的关系，它只是将设计的主要功能与空间的关系用一般的圆圈或抽象的图形标识出来。故在此为初步设计阶段，并非设计的正式图。这些圆圈和抽象符号的安排，是建立功能与空间的理想关系的手段。在制作理想的功能结构图时，设计者必须考虑下列问题：

（1）什么样的功能产生什么样的空间，同时与其他空间有何衔接。

（2）什么样的功能空间必须彼此分开，要离多远？在不调和的功能空间之间，是否要阻隔或遮挡？

（3）如果从一空间到达另一空间，是从中间还是从边缘通过？是直接还是间接通过？

（4）功能空间是开敞，还是封闭？是否能向里看，还是由里向外看的空间。

（5）是否每个人都能进入这种功能空间？是否只有一种方法或多种方法？理想的功能分区是画在白纸上，不用任何比例，它必须表达如下内容。

（6）一个简单的圆圈表示一个主要的功能空间。

（7）功能空间彼此间的距离关系或内在联系。

（8）每个功能空间的封闭状况（开放或封闭）。

（9）屏障或遮蔽。

（10）从不同的功能空间看到的特殊景观。

（11）功能空间的进出口。

（12）室内的功能空间与预想的室外空间一致。

2. 联系场地的功能结构图

设计的下一步，是把所知道的场地资料和情况，在功能分区图的基础上，用场地功能关系图表示出来。场地功能关系图，将表示与理想功能分区图一样的内容，不同之处在于多了两个附加考虑因素：① 功能空间必须表现精确的基地条件，包括与原有建筑的内部房间的关系。② 功能空间必须依据比例、尺度来绘制，以帮助记忆。在这一步，设计者需要注意关于场地的主要功能空间的位置和关于功能空间彼此的关系。

由于设计者现在将场地中的因素考虑进去了，在功能分区图的基础上有所深入，使设计更具体化、更符合场地的实际情况。这种对分区图的改变不必担心或保留。设计师可以直接在场地分析图上叠加图，加以研究和发展出场地功能关系图，这是强迫设计者在发展设计中加深对场地的了解。场地功能关系图是落实在功能空间的实际比例尺寸上，因此叠加图技术有助于使设计师很容易看到场地的实际情况和空间的大小、位置、尺度。根据先前的设计程序步骤筛选出最佳方案。

3. 设计构思图

设计构思图是由场地功能关系图直接演变而成。两者不同之处是，构思图的图面表现和内容都较详细。构思图将场地功能关系图所组合的区域分得更细，并明确它的使用和内容。构思图也要注意到高差的变化，然而并不涉及此区域的造型和形式的研究。构思图可以套在场地功能关系图上进行，以便于将前阶段形成的想法、位置和尺寸深入地考虑。设计构思图考虑得越深入，后面的步骤就越容易。

4. 形式组合研究

这个步骤中，注意力转向设计的表现和感受，更为主观。设计构思中的泡泡图和抽象符号在这个步骤变成精确的形式。这个步骤把图纸放在概念规划图纸的上面以确保保留基本的布置。形式组合研究在小尺度的设计中更为重要。对于一个小规模的城市广场，设计方案可能有一个主题，有直线、曲线、弧线、圆形、三角形的造型构图，这些设计的形状和造型，都可以在设计构思图中发展出所需要的形式。当然设计者必须选择一个造型设计主题，使它最适合于设计要求。设计主题的选择，可根据场地的特点、尺度或建设单位及设计师对场地位置的偏好而定。而造型主题为整个设计空间的安排奠定了结构和顺序，故造型主题是设计的骨架，也就是前面所提到的立意。设计师根据确定的造型基本主题，把图上的圆圈和抽象符号变成特定的、确切的造型。

设计程序中的这一步里，主要考虑因素是建筑物与场地的视觉关系。一个好的设计其建筑和环境是相互协调的，并出现一种强烈的相同造型主题的感觉。要使场地与建筑融为一体，在研究设计造型构图时的第一步，是延伸和强调印象线，有时称“强感线”，例如建筑物的墙、门或窗的边缘与周围环境的关系。这些扩展线是从建筑物与场地间混乱的线条造型中归纳总结出来的。

造型研究，是处理设计中硬质结构因素（如铺装地面、道路、水池、种植池等）和草坪边缘线条的手段。造型最适用于较小的场地，而不适合于大面积场地，如公园规划或风景区。虽然能用在其中的特殊区域或局部，那只能是总体规划的组成部分。

1）*初步设计*（preliminary design）

初步设计是将所有的设计素材，以正式的或者半正式的制图方式将其正确地布置在图纸上。全部的设计素材一次或多次地被作为整个环境的有机组成部分来考虑研究。这个步骤考虑如下问题：

（1）全部设计素材所使用的材料（木材、砖、石材等）和造型。

（2）植物材料的尺寸、形状、颜色和质地。在这一步，画出植物的具体表现符号，如观赏树、低矮常绿灌木、高落叶灌木等。

（3）设计的三维空间的质量和效果：包括每种元素的位置和高度，例如树冠（canopy）、凉棚、绿廊、树篱、墙及土山。

（4）主要的高差变化：初步设计最好是在造型研究的基础上发展深入完善。将草图纸覆盖在造型图上，作出各式不同类型的草图。直到做出设计者觉得满意的方案为止。可能先前的概念和造型在此有很大的改变，因为设计师在推敲设计内容时，对比较特殊的因素可能产生一些新的构思，或受到另外一些设计因素的影响或制约，所以要反回去修改原来的图纸。

2）*方案草图设计*（schematic design）

有些设计过程中包含方案草图设计。对于小尺度的设计，方案草图设计和总平面同时进行。但是，对于包含多种土地利用的数公顷的大尺度设计工程，需要更为细致的方案草图设计。

3）*总体平面图*（master plan）

在初步设计图向建设单位汇报后，设计师根据建设单位的意见，重新对设计做了修改后，在原图上做出修改后的图。总平面是初步设计的细化。初步设计通常用随意的线条勾画，而总平面的图纸更为严谨和精细。总平面图的一些建筑线、产权线和硬质结构因素（如墙、平台、步行道等）的边缘线是利用丁字尺、三角板等绘图工具绘制而成。

4）其他配套图（other drawings）

在完成总平面图之后，还有相应的配套图纸要求，如种植设计图、竖向设计图、道路交通图、小品设施图等，以及相应的剖面图和透视图来更好地诠释设计。

5）局部设计（partial design）

一些设计要求做深入的局部设计。对于一些较小的场地，如住宅或一个小型公园，总体图和局部图用一张图就行了。然而一些设计内容包含了对土地使用的多重性，可以用局部放大，便于研究各个细节问题。

6）技术设计图（detail design）

这个步骤主要考虑细节表现和材质的整合。例如铺装形态、墙体和树篱的表现形式、出入口设计等。技术设计图给了设计师和建设单位一个清楚详细的设计状况，特别是在那些有争议的地方。技术设计图只是联系了设计的观赏特性和比例尺度，而不考虑详细技术和结构。

5.1.5 草图

草图（sketch）是一种能快速完成且能捕捉到场地或理念本质的绘画方式。它同时也是传递和交流想法的一种快捷方式。很大一部分具有决定意义的绘画往往都是出现在设计师的速写本上，甚至是设计师餐后使用的餐巾纸上。草图常常可以捕捉到设计师头脑中闪现的灵感火花。

草图提供了一种可操作的速记方式，它可以把一些非常重要的关键要素浓缩于一根根简洁的线条之中。这点有些类似于卡通画，卡通画往往能通过一些简单的线条表达出丰富的内容。例如，一个圆圈，里面加一条两端向上弯曲的线和两个点，这个图案就代表微笑。但是，这个图案还具有更多的积极意义，如代表一种乐观的态度。如今，这还是亚文化群体常常使用的一个标志。大量的信息和理念都可以浓缩于最简单的图案之中。

简洁的草图有助于设计师清晰地将设计理念表达出来，并且很好地将这些理念传递给客户。通过一致的、连贯的、有序列感的概念草图，客户可以对场地空间的复杂信息和设计理念有一个更加正确的理解。

1. 观测草图

观测草图往往是艺术家和设计师中意的一种风景绘画形式。当然，最简单的捕捉景色的方式是通过照相机拍摄，只要站在观测点按一下快门就可以完成。但是，设计师在观察景色时往往想突出其中的某些要素，而照相机是不能完成编辑工作的。此外，在拍摄过程中，照相机还要受到景框和各种各样镜头的限制。所以，拍摄是单纯欣赏景色的好方法，但却不是认知场景所需要的方法。

观测草图在很多方面都具有积极的意义，它使人们可以通过图画置身事外，为人们提供一种便于理解和观察的方式。此外，这种方式对设计师来说更加有益，因为其赋予设计师一种可以不断进行观察的手段。设计师可以通过绘制草图不断地对场地进行感知和理解，这是一个熟悉场地并对场地加以感受和识别的过程。观测草图记录下了一系列的时间片断，是设计师对场地认知记忆的记录。通过这些草图，设计师可以更好地向他人传递和与他人交流思想。

2. 概念草图

概念草图是提出和交流设计思想的一种非常便捷的方法。概念草图通常会采用一些数据或者列表的形式。泡泡图就是一个典型的例子，它频繁地被应用于景观设计之中，用于展示场地内不同部分的不同用途。

概念草图在表达空间、功能、流线之间的联系方面也同样有效。在方案设计前期，概念草图常常可以避开那些可能会起到干扰作用的繁琐细节，并进一步把那些对设计有帮助的要素进行灵活运用。概念草图还常常是最终形成设计方案的关键。在与客户和社会公众交流的过程中，概念草图同样是一个好帮手。

3. 分析草图

分析草图是设计初期阶段在对场地进行调查和分析的过程中绘制的。与概念草图相类似，它对表现空间之间的关系帮助很大。所不同的是，分析草图可以表达出更多的场地信息。比如场地的自然特征可以通过分析草图来加以分析，其中可能包括该场地的主导风向；目前最重要的自然环境要素；甚至关于一些濒危物种栖息区的划定。对场地中的物质要素以及人们活动特征与自然环境相冲突的方面进行记录，并通过分析图进行标识，这样可形成一系列关于场地及其内部特征要素的分析草图。

分析草图在设计的各个环节中都是有帮助的，它是分析和捕捉场地内部特征要素的最主要、最根本的工具。这些特征要素往往是多变且相互影响的。分析草图在前期场地分析中发挥着不可替代的作用。

5.1.6 方案的比选与类似案例研究

在很多情况下，针对一个项目设计组可能设计两个或者更多的设计方案来进行比较和分析。每一个方案都有其优点和缺点，通过分析之后，可能选择某一方案进行下一步的结构设计和施工；也可能结合两个或者多个方案的优点成为一个设计来进行接下来的工作。方案的比选能够帮助设计者和建设单位找到方案的优点和不足，及时进行改善和提高，以避免一些错误的发生。此外，还能保证设计方案的品质。

在方案设计的前期，通常设计师还会进行一些类似案例的研究，来获取关于类似项目的设计信息，从而使设计方案在前人的基础上更有进步和提高。在进行案例研究分析的时候，首先要注重案例的典型性。尤其当类似案例很多的情况下，选择典型的案例更能清楚地说明这类项目的问题所在。此外，应尽量选择近年完成的案例。由于社会的发展和进步，尤其是新技术和新材料的产生，很多过去的案例可能已经跟不上时代的步伐，一些设计方法也许已经不适于新时期的设计。

5.1.7 设计方案与展示设计方案，向客户汇报

方案的构思：用泡泡图表划分全部区域并组织场地平面。

平面的构成：通过加或减的办法，表达从概念到平面形式的落实。

展示方案：通过效果图和文字解释来展示方案。

向客户汇报：数据要翔实，言语要生动煽情，思路要清晰；可以先演练一遍。可以采用动画或多媒体的形式。

充分地沟通：客户的想法、设计师的理念要充分沟通协商。设计师要充分阐述现场局限与有利条件。

5.1.8 初步设计与施工图纸

完成方案设计后，设计者下一步进行初步设计及施工图设计。方案设计更多需要从视觉角度展示更多的细节及对设计概念进行论证；而初步设计通常包括总体布局设计平面、高程图、种植图、施工细节和文字说明。从尺寸上细化方案，以便为施工图做好准备。

施工图设计：包括总图、定位、竖向设计、建筑小品、给排水、电器照明、建筑小品的建筑及结构施工图、绿化设计、背景音乐、卫生设施、指标牌等图纸。为避免引起歧义，设计师需要准备材料样板：准备硬质材料、绿化材料、灯具样板等。

5.1.9 施工

当全部的结构图完成后，用它们进行招标。虽然过程各有不同，但承包合同一般售于较低的承包者。当工程合同签字后，承包者便对设计进行施工。工程的时间是变化的，可能为一天或数月。设计者应常到现场察看，尽管没有承包施工人员的邀请，但景观设计师尽可能地去现场察看工程的实施情况，提出需要注意的意见。在一定条件下，在施工阶段时常有问题发生，设计人员必须加以回答和解决。

在设计的实施阶段要求改变设计的某些方面这是常有的，设计师要保证工程的顺利进行，因此这些变更和改动应越快越好。

5.1.10 参与项目验收

与图纸一致：检查现场与图纸是否一致，特别是硬景与软景的规格是否与设计一致，效果的好坏，是否具有安全隐患等。

设计的确认：在竣工验收单上签字确认项目是否达到验收条件。

5.1.11 施工后评估与养护管理

工程完工并不意味着一个设计过程的结束。设计师通常要观察和分析这些工程来发现这个设计的成败和优缺点。这些观察和评价通常在施工结束后，设计师从设计建成后的使用中学习更多的知识。设计者应自问："这个设计的造型和功能是预先所想象的吗？""此设计哪些是成功的？""还存在什么缺点和不足？""对所做的内容，下次需如何提高？"设计者从施工中学习知识是十分重要的。能把从中得到的收益带到将来的相似设计中去，避免下次重犯同样的错误。对做好的设计应有个评价和总结，以便在以后的设计中有所前进和提高，故评价也是设计程序的一部分。

设计程序的最后是养护管理。设计的成功不仅是图纸设计得好，施工中保质保量，而且还在于良好的养护管理。一个设计常常遇到两个问题：资金缺少，养护管理很差。养护管理者是最长远的、最终的设计者。因为错误线型的校正，植物的形体和尺度，有缺陷因素的矫正，一般的修剪和全部的收尾工作，都取决于养护管理人员。如果在养护管理阶段，没有对设计存在的缺陷有所认识，或没有完全理解设计意图，最终设计将不会收到最佳的效果。对于设计者，在设计的初期考虑到养护管理是十分重要的。

5.2 风景园林规划设计绿地类型

自2002年9月1日起实施由中华人民共和国建设部批准《城市绿地分类标准》，这是行业标准，编号为CJJ/T 85—2002。

该标准统一全国城市绿地分类，科学地编制、审批、实施城市绿地系统规划，规范绿地的保护、建设和管理，改善城市生态环境，促进城市的可持续发展。适应绿地的规划、设计、建设、管理和统计等工作。绿地按主要功能进行分类，并与城市用地分类相对应。绿地分类采用大类、中类、小类三个层次，类别采用英文字母与阿拉伯数字混合型代码表示（见表5-2）。

表5-2 绿地分类

类别代码			类别名称	内容与范围	备注
大类	中类	小类			
G1			公园绿地	向公众开放，以游憩为主要功能，兼具生态、美化、防灾等作用的绿地	
	G11		综合公园	内容丰富，有相应设施，适合于公众开展各类户外活动的规模较大的绿地	
		G111	全市性公园	为全市民服务，活动内容丰富、设施完善的绿地	
		G112	区域性公园	为市区内一定区域的居民服务，具有较丰富的活动内容和设施完善的绿地	
	G12		社区公园	为一定居住用地范围内的居民服务，具有一定活动内容和设施的集中绿地	不包括居住组团绿地
		G121	居住区公园	服务于一个居住区的居民，具有一定活动内容和设施，为居住区配套建设的集中绿地	服务半径：0.5～1.0 km

（续表）

类别代码			类别名称	内容与范围	备注
大类	中类	小类			
G1	G12	G122	小区游园	为一个居住小区的居民服务、配套建设的集中绿地	服务半径：0.3～0.5 km
	G13		专类公园	具有特定内容或形式，有一定游憩设施的绿地	
		G131	儿童公园	单独设置，为少年儿童提供游戏及开展科普、文体活动，有安全、完善设施的绿地	
		G132	动物园	在人工饲养条件下，移地保护野生动物，供观赏、普及科学知识，进行科学研究和动物繁育，并具有良好设施的绿地	
		G133	植物园	进行植物科学研究和引种驯化，并供观赏、游憩及开展科普活动的绿地	
		G134	历史名园	历史悠久，知名度高，体现传统造园艺术并被审定为文物保护单位的园林	
		G135	风景名胜公园	位于城市建设用地范围内，以文物古迹、风景名胜点（区）为主形成的具有城市公园功能的绿地	
		G136	游乐公园	具有大型游乐设施，单独设置，生态环境较好的绿地	绿化占地比例应大于等于65%
		G137	其他专类公园	除以上各种专类公园外具有特定主题内容的绿地。包括雕塑园、盆景园、体育公园、纪念性公园等	绿化占地比例应大于等于65%
	G14		带状公园	沿城市道路、城墙、水滨等，有一定游憩设施的狭长形绿地	
	G15		街旁绿地	位于城市道路用地之外，相对独立成片的绿地，包括街道广场绿地、小型沿街绿化用地等	绿化占地比例应大于等于65%
G2			生产绿地	为城市绿化提供苗木、花草、种子的苗圃、花圃、草圃等圃地	
G3			防护绿地	城市中具有卫生、隔离和安全防护功能的绿地。包括卫生隔离带、道路防护绿地、城市高压走廊绿带、防风林、城市组团隔离带等	
G4			附属绿地	城市建设用地中绿地之外各类用地中的附属绿化用地。包括居住用地、公共设施用地、工业用地、仓储用地、对外交通用地、道路广场用地、市政设施用地和特殊用地中的绿地	
	G41		居住绿地	城市居住用地内社区公园以外的绿地，包括组团绿地、宅旁绿地、配套公建绿地、小区道路绿地等	
	G42		公共设施绿地	公共设施用地内的绿地	
	G43		工业绿地	工业用地内的绿地	
	G44		仓储绿地	仓储用地内的绿地	
	G45		对外交通绿地	对外交通用地内的绿地	
	G46		道路绿地	道路广场用地内的绿地，包括行道树绿带、分车绿带、交通岛绿地、交通广场和停车场绿地等	
	G47		市政设施绿地	市政公用设施用地内的绿地	
	G48		特殊绿地	特殊用地内的绿地	
G5			其他绿地	对城市生态环境质量、居民休闲生活、城市景观和生物多样性保护有直接影响的绿地。包括风景名胜区、水源保护区、郊野公园、森林公园、自然保护区、风景林地、城市绿化隔离带、野生动植物园、湿地、垃圾填埋场恢复绿地等	

表5-2中分类非常详尽，在实际情况中，各项目并非是平均存在的。一般而言，在我国当今飞速城市化进程中，主要项目类型以G11公园绿地、G13专类公园、G135风景名胜公园、G14带状公园、G41居住绿地偏多些。

下面阐述一下绿地的主要类型及绿色基础设施问题。

5.2.1 城市公园绿地规划设计

城市公园绿地是城市中向公众开放的、以游憩为主要功能，有一定的设施，同时兼有健全生态、美化景观、防灾减灾等综合作用的绿化用地，是表示城市整体环境水平的和居民生活质量的一项重要指标。

1. 城市公园绿地的历史

综观人类六千年的造园发展史，会发现最开始的园林发展是为帝王皇室、达官贵人、富商巨贾等少数特权阶层服务的。17世纪中叶，英法相继发生了资产阶级革命，新兴的资产阶级统治者没收了封建领主及皇室的财产，把大大小小的宫苑和私园向公众开放，并统称为公园。真正意义上的近代城市公园，是由美国景观设计师奥姆斯特德（Frederick Law Olmsted 1822—1895）于1859主持修建的纽约中央公园（New York Central Park），占地344 hm^2。曼哈顿岛的建设，就是从该公园的建立开始的。一百多年来，中央公园在寸土寸金的纽约曼哈顿始终保持了完整，未曾受到任何侵占，至今保留当初优美的自然风貌，并成为城市户外生活及文化生活的一部分，犹如城市的“会客厅”。他在规划构思中所提出的设计要点，后面被美国景观设计界归纳和总结为“奥姆斯特德原则”。其内容为：

（1）保护自然景观，恢复或进一步强调自然景观。

（2）除了在有限的范围内，尽可能避免使用规划形式。

（3）开阔的草坪要设在公园的中心地带。

（4）选用当地的乔木或灌木来造成特别浓郁的边界栽植。

（5）公园中的所有园路应设计成流畅的曲线，并形成循环系统。

（6）主要园路要基本上能穿过整个公园，并由主要道路将全园划分为不同的区域。

公园里保留有原生的植被，岩石群及当初的水库，还有一些立交道路：行人下穿，马车在上。这反映了当时的交通工具的使用状况，至今得以保留以便游人快速游园。每年夏天数万人参加的草坪音乐会，是纽约的大型文化活动，令人印象深刻。曼哈顿岛中央公园的建设，也带领了其他美国城市的公园建设热潮，成为快速城市化的前奏。

1840年鸦片战争以后，在中国的西方殖民者为了满足自己的游憩需要，在租界兴建了一批公园，其中最早的是在上海公共租界建成开放的外滩公园，全园面积2.03 hm^2。上海的租界内1902年建有虹口公园（今“鲁迅公园”），1908年建有法国公园（今复兴公园）和天津1917年建的法国公园（今“中心公园”）。

辛亥革命后，全国各地出现一批新的城市公园，包括先后开放的皇家花园，如颐和园，及各地兴建的“中山公园”；1949年新中国成立后，特别是1990年后，我国的公园事业蓬勃发展，兴起了“人民广场”热、滨水绿地热、各种级别的“世界园艺博览会”、“国际园林博览会”及全国与省级的园博会热潮。公园在城市化的过程中，带动了地价的上升。此时的绿地也开始大多免费向百姓开放，公园绿地的建设遇上了前所未有的机遇。

2. 城市公园绿地指标和游人容量

按人均游憩绿地的计算方法，可以计算出城市公园绿地的人均指标和全市指标。游人容量是确定内部各种设施数量或规模的依据，也是公园管理上控制游人量的依据。

（1）人均指标（需求量）计算：

$$F = Pf/e$$

式中，F为人均指标，m^2/人；P为游览季节双休日居民的出游率；f为每个游人占有公园面积，平方米/人；e为公园游人周转系数。

大型公园，取$P_1 > 12\%$，$60\ m^2$/人$< f < 100\ m^2$/人，$e < 1.5$。

小型公园，取$P_2 > 20\%$，$f_2 = 60\ m^2$/人，$e < 3$。

城市居民所需城市公园绿地总面积由下式可得：

$$城市公园绿地总用地=居民（人数）\times F_{总}$$

（2）城市公园绿地游人容量计算：

$$C = A/A_m$$

式中，C为公园游人容量（人）；A为公园总面积（m^2）；A_m为公园游人人均占面面积（m^2/人）。

公园游人人均占有面积在我国以60 m^2为宜，人均指标低的城市，陆地面积不得低于人均15 m^2。风景名胜区则宜大于100 m^2。

3. 公园的各种类型

公园是向公众开放，以游憩为主要功能，兼具生态、美化、防灾等作用的绿地。从《城市绿地分类标准》来看，中国的公园绿地按主要功能和内容，分为综合公园（全市性公园、区域性公园）、社区公园（居住区公园、小区游园）、专类公园（儿童公园、植物园、历史名园、风景名胜公园、游乐公园、其他专类公园）、带状公园和街旁绿地。近年兴起的体育公园是专类园的一种形式。各种级别的园艺园林博览会，如世博局举办的世界园艺博览会、下面是国际园艺博览会对几种常见的公园绿地类型进行的说明。

1）综合性公园

综合性公园包括有较多的活动内容与设施，用地相对较大，一般不少于10 hm^2，游人容纳量为服务范围内居民的15%～20%，每个游人的活动面积约为10～50平方米/人。50万人中以上的城市，全市性公园需要考虑到10%居民同时游园。其用地面积一般为10～100 hm^2或更大，服务半径3～5 km，居民步行约30～50 min内可达，公交约10～20 min可达。区域性公园服务于市内一定区域的居民，一般为10 hm^2左右，服务半径1～2 km，步行15～25 min内可达，公交约5～10 min内可达。

综合公园除具有一般公园的作用外，对丰富城市居民的文化娱乐生活方面负担着更为重要的任务，体现在游乐休憩方面、文化节庆方面及科普教育方面。其中的功能区域可分为：① 观赏游览；② 安静活动；③ 儿童活动；④ 文娱活动；⑤ 科普文化；⑥ 服务设施；⑦ 园务管理等方面的内容。

2）儿童公园

儿童公园的建设目的，是让儿童在活动中接触大自然，熟悉大自然；接触科学，掌握知识。一般单独或组合设置，拥有部分或完善的儿童活动设施为学龄前儿童或学龄后儿童创造和提供以户外活动为主的良好环境，供他们游戏、娱乐、开展体育活动和科普活动并从中得到文化与科学知识。是有安全、完善设施的城市专类公园。儿童公园分为综合性儿童公园、特色性儿童公园及小型儿童乐园三类。

儿童公园需要实现的功能，依据儿童对象的生理、心理特点和活动要求，一般可分为：① 学龄前儿童区：属学龄前儿童活动的地方；② 学龄儿童区：是学龄儿童游对活动的地方；③ 体育活动区：是进行体育活动的场地，也可设障碍活动区；④ 娱乐和少年科学活动区：可设各种娱乐活动项目和少年科学爱好者活动设备以及科普教育设施等；⑤ 办公管理区：对于小型儿童公园，此区可放在园外。

3）动物园

动物园是在人工饲养条件下，移地保护野生动物，供观赏、普及科学知识，进行科学研究和动物繁殖，并且具有良好设施的城市专业公园。一般可分为：传统牢笼式动物园、现代城市动物园、野生动物园、专业动物园与夜间动物园几种类型。设置动物园目的，可保护野生动物，进行动物知识的宣传教育，进行科学研究，供人们消遣、休息及娱乐，让市民通过动物园，得以认识自然。

动物园的规划设计需要关注以下几个问题：

（1）动物园总体规划布局。

（2）饲养动物种类、数量，展览分区方案，分期引进计划。

（3）展览方式、路线规划，动物笼舍和展馆设计，游览区及设施规划设计。

（4）动物医疗、隔离和动物园管理设施。

（5）绿化规划设计，绿地和水面面积不应低于国家规定的标准。

（6）基础设施规划设计。

（7）商业、服务设施规划设计等。

4）植物园

植物园是从栽培药用植物开始的，东西方的情况有些相似，中国开始于北宋年间，比西方要早大约5个世纪。现代意义上的植物园，是搜集和栽培大量国内外植物，进行植物研究和培养，并供观赏、示范、游憩及开展科普活动的城市专类公园。

植物园按业务范围分：① 以科研为主的植物园；② 以科普为主的植物园；③ 为专业服务的植物园；④ 属于专项搜集的植物园。植物园按职能范围分：① 科研基地；② 科学普及；③ 示范作用；④ 专业生产；⑤ 参观游览。

5）世界园艺博览园

1939年，负责协调管理世界博览会事务的国际组织——国际展览局（International Bureau of Exposition，BIE）正式成立，总部设在法国巴黎。世界园艺博览会是世界博览会中的一类，世界博览会分为综合性和专业性两大类。综合性世界博览会是由参展国政府出资，在东道国无偿提供的场地上建造自己独立的展览馆，展示本国的产品或技术；专业性世界博览会是参展国在东道国为其准备的场地中，自己负责室内外装饰及展品设置，展出某类专业性产品。

专业性博览会分为A1、A2、B1、B2四个级别。其中A1类是级别最高的专业性世界博览会。云南昆明1999年举办的世界园艺博览会就是A1类。

世界园艺博览会的类别如下：

A1类——大型国际园艺展览会。这类展览会举办每年不超过1个。A1类展览会时间最短3个月，最长6个月。在展览会开幕日期前6～12年提出申请，至少有10个不同国家的参展者参加。此类展览会必须包含园艺业的所有领域。

A2类——国际园艺展览会。这类展览会每年最多举办两个，当两个展会在同一个洲内举办时，它们的开幕日期至少要相隔3个月，展期最少8天，最多20天。至少有6个不同的国家参展。

B1类——长期国际性园艺展览会。这类展会每年度只能举办一届。展期最少3个月，最多6个月。

B2类——国内专业展示会。

自首届世界园艺博览会以来，世界园艺博览会的举办规模呈不断扩大的趋势。由占地面积几万平方米，参展国家十几个，逐渐发展到占地近500万平方米，参展国家近百个，观众人数达6 000多万人次，经济收益最高达4亿多美元。

自1960年在荷兰鹿特丹举办首次国际园艺博览会以来，至2011年，共举办过30次世界园艺博览会。世界园艺博览园是其某次举办的会址中专类公园的一种。博览会是世界各国园林园艺精品、奇花异草的大联展，是以增进各国的相互交流，集文化成就与科技成果于一体的规模最大的A1级世界园艺博览会。会期通常为6个月，自晚春起，经盛夏至中秋。历史上，世界园艺博览会的举办地大都是经济比较发达的欧洲国家和美国，在亚洲，日本先后在1970年（大阪）、1975年（冲绳）、1985年（筑波）、1990年（大阪）举办过4届，韩国在1993年（大田）举办过1届，泰国在2006年（清迈）举办过1届。1999年起，中国也举办了世园会，分别是“1999年昆明世界园艺博览会”（A1类）、“2006中国沈阳世界园艺博览会”“2010年台北国际花卉博览会”“2011西安世界园艺博览会”“2013中国锦州世界园艺博览会”和“2014年青岛世界园艺博览会”。已经申办成功的还有“2016年唐山世界园艺博览会和2019北京世界园艺博览会”（A1类）。世园会对我国的经济、文化、旅游、环境等发展产生重要影响。

世界园艺博览园，一般分为园艺观赏区和休闲娱乐区。具体由几部分内容组成：

（1）园艺展示：这是“世园会”的主体和核心，在满足国际园艺生产者协会（AIPH）要求的基础上进行创意和发挥。含室外展区及室内展馆。

（2）休闲娱乐：用花草树木打造休闲娱乐区的

环境，使园林艺术与休闲娱乐有机结合，体现另一种类型的园林风格。可供大型演出，还包括不同国家风情的休闲娱乐设施。

（3）综合服务：包括旅客接待中心、大型停车场、旅游纪念品商店、花卉交易中心、美食街、咖啡厅和酒吧等。

（4）展会活动：通过举办各类丰富多彩的活动吸引国内外游客。包括庆典活动、馆日活动、文艺演出、展示交易、学术交流、竞赛评奖和休闲娱乐活动等。

自1999年昆明世界园艺博览会开始，21世纪各种层次的园艺园林博览会，在全国各地方兴未艾，是风景园林界的大事，反映了我国在快速城市化过程中的风景园林建设热潮。

6）体育公园

体育公园是主题公园的一种类型，园内把体育健身场地和生态园林环境巧妙地融为一体，是体育锻炼、健身休闲型的公共场所。由于竞技体育的发展，各种层次的体育比赛，如：奥林匹克运动会、青年奥林匹克运动会、残奥会、亚运会、全运会、大运会及省、城市级别的运动会，促进了体育场地及相应的体育公园的发展。

由于人民生活水平的提高与健康意识的提升，当今群众性体育运动发展也非常迅猛。如路跑族、公路自行车运动爱好者、爱好广场舞的大妈们、学习溜旱冰的小朋友、爱好篮球等球类运动的年轻人，各类活动都对公园绿地的设计提出相应要求。

体育公园既有专类的公园，也可以在综合公园中辟出专门的体育活动区域，可设置适合跑步的线型塑胶跑道、适合学龄前儿童与学龄儿童、青年人运动的专门分区。这种分区，要注意与安静休息区间的区隔，注意噪声的影响。

5.2.2 带状公园与绿道

公园绿地在城市中的分布，常呈斑块状的独立分布。其所能产生的影响，尤其是市民能够凭感官直接感受到的影响一般只局限于周边地带，对提高整个城市的环境质量及品位，还有很多的不足之处。19世纪后半叶，欧美一些国家逐渐意识到这一问题，逐渐建立起城市公园系统的概念。

所谓的城市公园系统，主要以合理分布的各类公园作为重点绿地，再依据城市的特点设置带状绿地、环状绿地或楔形绿地，用绿化道路串接公园和公共绿地，使之城为覆盖整个城市的绿化网络。带状公园与绿道（belt parks and greenways）就是指各类呈带状分布的绿化道路，包括城市中一般的道路绿化、林荫景观道（boulevard）以及滨河、滨水的带状游憩园等。由此进一步扩展，则可将穿越城市的公路、铁路、高速干道的绿化向城市郊，甚至更远的区域延伸；城市周围的防护林带、城市以外的公园道路（parkway）也被纳入带状绿地的范畴。

1. 带状公园

带状公园一般呈线性带状，为生物的迁徙和取食提供保障，为物种之间的相互交流和疏散提供有利条件；另一方面，作为线性空间，鼓励人们步行、骑自行车、慢跑，有利于促进人们的身体健康。带状公园可以用来连接城市中彼此孤立的自然板块，从而构筑城市绿色网络，缓解各动植物栖息地的丧失和割裂，优化城市的自然景观格局。

带状公园与广场及其他公园等集中型开敞空间相比具有较长的边界，给人们提供了更多的接近绿色空间的机会，具有良好的可达性；而且由于宽度相对较窄，视线的通透性较好，这种环境通常较广阔幽深的公园更加安全。

按照城市带状公园的构成条件和功能侧重点的不同，可分为生态保护型、休闲游憩型、文化历史型等三种类型。具有生态、社会与经济三种功能的统一。

2. 绿道

19世纪的城市公园运动和20世纪的开敞空间规划浪潮之后，美国建成了大量的公园和开敞空间。然而，这些绿地之间相互独立、分散，缺少系统性的连接和更为宏观的有机规划。因此，美国在21世纪所要完成的任务就是将这些分散的绿色空间进行连通，形成综合性的绿色通道网络，简称绿道网络。由于认识到了绿道网络在环境保护、经济利益、美学上的巨大价值，美国各州从20世纪中叶开始，就分别对本州的各类绿地空间进行了连通尝试。70年代开始有了"绿道"概念。但是，其正式提出还是在1987年的美国总统委员会的报告中。该报告对21世纪的美国作了一个展望；"一个充满生机的绿道网络……使居民能自由地进入他们住宅附近的开敞空间，从而在景观上将整个美国的乡村和城市空间连接起来……就像一个巨大的循环系统，一直延伸至城市和乡村。"

此后，绿道概念开始被广为接受。绿道的规划和实施也开始大量出现。美国现在每年正在规划和建造的绿道有几百甚至是几千条。美国的景观规划设计师们认为，把成千上万的公园及开敞空间加以连通的时刻已经来到：这就是从多层次上对美国的绿道进行连通性规划建设，最终形成全美综合绿道网络。

"绿道"英译"greenway"分成两个部分："green"表示自然存在——诸如森林河岸，野生动植物等；"way"表示通道。合起来的意思就是与人为开发的景观相交叉的一种自然走廊。对于受人为干扰的景观而言，绿道具有双重功能。一方面，它们为人类的进入和游憩活动提供了空间；另一方面，它们对自然和文化遗产的保护起到了促进作用。广义上讲，"绿道"是指用来连接的各种线型开敞空间的总称，包括从社区自行车道到引导野生动物进行季节性迁移的栖息地走廊；从城市滨水带到远离城市的溪岸树荫游步道等。

但是，"绿道"内涵很广，它在不同的环境和条件下会有不同的含义。因此，对这一概念的定义总会有一定的局限性。在此可以引用查理斯·莱托（Charles Little）在其经典著作《美国的绿道》（Greenway for American）中所下的定义：绿道就是沿着诸如河滨、溪谷、山脊线等自然走廊，或是沿着诸如用作游憩活动的废弃铁路线、沟渠、风景道路等人工走廊所建立的线型开敞空间，包括所有可供行人和骑车者进入的自然景观线路和人工景观线路。它是连接公园、自然保护地、名胜区、历史古迹，及其他与高密度聚居区之间的开敞空间纽带。从地方层次上讲，就是指某些被认为是公园道路或绿带（greenbelt）的条状或线型的公园。

根据形成条件与功能的不同，绿道可以分为下列种类型：

（1）城市河流型（包括其他水体）。这种绿道极为常见，在美国通常是作为城市衰败滨水区复兴开发项目中的一部分而建立起来的。

（2）游憩型。通常建立在各类有一定长度的特色游步道上，主要以自然走廊为主，但也包括河渠、废弃铁路沿线及景观通道等人工走廊。

（3）自然生态型。通常都是沿着河流、小溪及山脊线建立的廊道。这类走廊为野生动物的迁移和物种的交流、自然科考及野外徒步旅行提供了良好的条件。

（4）风景名胜型。一般沿着道路、水路等路径而建，往往对各大风景名胜区起着相互联系的纽带作用。其最重要的作用就是使步行者能沿着通道方便地进入风景名胜地，或是为车游者提供一个便于下车进入风景名胜区的场所。

（5）综合型。通常是建立在诸如河谷、山脊类的自然地形中，很多时候是上述各类绿道和开敞空间的随机组合。它创造了一种有选择性的都市和地区的绿色框架，其功能具有综合性。

3. 步行街

为了减少或是局部消除车辆给道路造成的污染，归还被汽车夺去的道路空间，还步行者以安全与舒适，步行街应运而生。对一些人流量较大的路段实行交通限制，完全或部分禁止车辆通行，让行人能在其间随意而悠闲地行走、散步与休息，这就是所谓的步行街（pedestrian mall）。分别有商业步行街、历史街区步行街与居住区步行街几类。虽然车辆一般不能通行，但是从外围进入步行街是需要很强的可达性的。这就需要从城市规划层面进行支持，充分考虑公交、轨交、小汽车的到达方式。

步行街一般有如下特点：

（1）点、线、面结合。视线焦点、小型广场及街道排列呈点线面方式的不同组合。

（2）功能带设计。功能带是一条贯穿整个步行街，向人们提供休闲座椅及绿化、夜间照明、信息查询、艺术雕塑等必要功能的地带，一些与之相关的给排水及背景音乐也由此一同设计。在步行街中，由于游人的自由穿插，从一个商店到另一个商店购物，人流的活动是无组织性的。为了平衡人的前进方向与人在步行街休闲功能的矛盾，在街道的剖面设计上，我们需要考虑人们购物的通道，当然此通道也有紧急通道的作用，同时也需要考虑为人们提供一些功能性的场所。由于步行街功能带是线型的，能连续提供游人休闲及照明等功能，这种空间自然而然就像街道一样是线型的，或说是带状的。

（3）文化展示。步行街也有旅游、展示及文化的功能，它提供了一处文化展示的平台。城市的历史传承与文化积淀在步行街的文化设施与广场活动、节假日的商业活动上均有体现。

（4）绿化种植。绿化种植一般不应遮挡游人视线，故以大树树池种植或种植容器为主。绿化体量上一般偏少。

（5）铺装。步行街中的硬质景观是一个非常重要的景观元素，地面铺装景观在步行街中装饰性非常强，展示步行街街道的功能与空间布局。

（6）广场。广场常是步行街空间转换的节点。强调广场的多功能性，不仅可用于休闲，也可用于表演或商业售卖。

5.2.3 居住区绿地、工业绿地和棕地

1. 居住区绿地

由于城市经营与土地财政的原因，21世纪的第一个10年，房地产在中国大地迅速崛起。各种容积率的居住区、各种各样的户型、各种档次的住宅不断涌现。与之相对应的居住区景观也经历了飞速的发展。这种适应全面建设小康社会的发展要求，满足21世纪居住生活水平的日益提高需求，中国环境景观设计达到了国际先进水准。居住区景观设计的目的，就是为了让广大城乡居民在更舒适、更优美、更健康的环境中安居乐业。

居住区按居住户数或人口规模分为居住区——居住小区——组团三个级别。在社区公园上，分为居住区公园及小区游园两个级别，除此以外的绿地统归于“居住绿地”。

在对居住区绿地进行规划前，我们需要坚持以下原则：

（1）前期介入，同步规划的原则。提倡规划、建筑、园林三合一的同步规划，园林景观规划从前期开始就介入总体规划的策划，以达到景观与居住建筑环境的和谐统一。

（2）以人为本，可持续发展原则。居住区绿化环境应处处体现为民服务，创造良好的人性化环境。以协调园林景观与住宅环境的关系为基础，营造建筑、环境、人群的良性循环，创造稳定持续的园林景观。

（3）生态优先、因地制宜原则。以生态学基本理论为指导，合理地规划绿地，最大限度地充分利用土地资源和高效节能措施。保留利用好原有的植被和地形、地貌景观。以强调植物造景为主，最大限度提高住区环境中的绿地率，绿视率和绿化覆盖率，达到改善环境质量，创造生态和谐、养护简便的优美景观。

（4）突显个性、简洁整体原则。结合居住环境，创造具有环境特色的个性景观，避免不同居住区环境景观的雷同。环境景观应与时俱进，有时代特征和文化内涵。总体布局提倡自然、简洁、整体性强，使园林景观达到简洁而不单调，丰富而不零乱。

居住区环境景观设计应坚持以下原则：

（1）坚持社会性原则。赋予环境景观亲切宜人的艺术感召力，通过美化生活环境，体现社区文化，促进人际交往和精神文明建设，并提倡公共参与设计、建设和管理。

（2）坚持经济性原则。顺应市场发展需求及地

方经济状况，注重节能、节材，注重合理使用土地资源。提倡朴实简约，反对浮华铺张，并尽可能采用新技术、新材料、新设备，达到优良的性价比。

（3）坚持生态原则。应尽量保持现存的良好生态环境，改善原有的不良生态环境。提倡将先进的生态技术运用到环境景观的塑造中去，利于人类的可持续发展。

（4）坚持地域性原则。应体现所在地域的自然环境特征，因地制宜地创造出具有时代特点和地域特征的空间环境，避免盲目移植。

（5）坚持历史性原则。要尊重历史，保护和利用历史性景观，对于历史保护地区的住区景观设计，更要注重整体的协调统一，做到保留在先，改造在后。

表5-3为软质景观元素一览表，表5-4为硬质景观元素一览表。

表5-3　软质景观元素特征一览表

景观元素性质	景观元素类型	景观元素名称	景观元素特征
软质景观元素	植物景观元素	树林	以乔木为主体适量配置灌木、地被或草坪混合或单纯组合的较大面积成块的栽植形式。数量一般在30株以上
		树丛	由同种类或不同种类的乔灌木组合而成，体现植物单体和群体组合美的栽植形式，数量一般2～30株
		孤植	单株乔木或灌木，树姿美观，独立成一景的栽植形式
		行道树	大乔木在道路两侧成行栽植，排列整齐，规格统一，株距相等的栽植形式
		树阵	在地坪、广场上树木成行成排，整齐划一的栽植形式
		花坛	以一二年生的草本花卉为主，有一定几何形状的种植床，规则或不规则的群体栽植，表现图案或色彩美的花卉布置形式
		花境	以多年生宿根花卉和低矮花灌木为主，平面规整狭长，立面错落自然，表现花灌木自然组合美的带状布置形式
		花丛	以一二年生的草本花卉或多年生宿根、球根花卉为主，自由灵活布置在树丛、树林边缘的花卉布置形式
		花钵	以一二年生草本花卉或多年生宿根花卉为主，具有一定造型的栽植容器，表现花卉装饰效果的布置形式
		草坪	以禾本科耐践踏草本植物为主体的，需定期轧剪覆盖地表的低矮草层
		草地	以禾本科耐践踏草本植物为主的，一般不进行轧剪，任其自然生长的低矮草层
	地形景观元素	土山	以土为主，石为辅，表现以植物为主的自然山地景观
		坡地	以起伏的土坡，表现草坪、地被、乔灌木为主的自然丘陵景观
		湿地	浅水滩与水生植物共生的表现自然沼泽景观的水景布置形式
		溪	山上的潺潺流水，水流较平缓的水景布置形式
		涧	两山之间的细长流水，水流较湍急的水景布置形式
		河	平面形状自然狭长，以表现流动水体为主的水景布置形式
		湖	平面形状自然圆胖，以表现平静水体为主的水景布置形式

表5-4　硬质景观元素特征一览表

景观元素性质	景观元素类型	景观元素名称	景　观　元　素　特　征
硬质景观元素	活动功能为主的道路场地景观元素	道路	以穿越、散步、活动为主的景观通道
		地坪	以活动、休息为主的功能性场地
		广场	以观赏、休闲为主的装饰性场地
		沙（砾）地	自然沙砾铺设的活动休闲场地
	休息功能为主的建筑小品景观元素	亭	供游人休息、赏景或构成景观的开敞小型园林建筑
		花架	可攀爬植物并提供游人遮阴、休憩和观景之用的构架
		长廊	供游人休息、赏景或构成景观的独立有顶的过道
		膜结构	供游人休息、赏景或构成景观的装饰拉膜构架
		座椅	供游人坐憩、赏景之用的单体设施小品
		桌凳	供游人坐憩、棋牌活动之用的组合设施小品
	装饰功能为主的建筑小品景观元素	雕塑	具有纪念、标志、装饰等功能的独立形象雕刻造型艺术
		喷水池（旱喷泉）	在水池或广场上塑造的经加压后形成喷涌水流的装饰小品
		人工跌水	水体经泵压后顺着人工阶梯由高向低跌落的水景
		景墙	起分隔空间和装饰效果的墙垣小品
		置石	以自然山石或仿石材料不加堆叠布置成自然露岩的表现形式
		假山（塑石）	用土、石或人工材料构筑的模仿自然山景供作造景或登高览胜的构筑物
	配套功能为主的建筑小品景观元素	庭院灯	以夜间照明和装饰为主的高杆照明设施
		草坪灯	以夜间照明和装饰为主的低矮照明设施
		标识牌	用于标明小区布局、门牌号和告示的小品设施
		废物箱	为保持环境清洁卫生而设置的箱体小品设施
		音响设施	用于传播各种信息的播音设施
		挡墙	用于阻挡土方和造景作用的矮墙小品
		驳岸	用于水体护岸和美化造景作用的护坡设施
	健身功能为主的功能设施景观元素	儿童活动设施	以儿童游戏活动为主具有一定活泼造型的活动设施
		健身娱乐设施	以健身锻炼和娱乐活动为主体的器械和设施
		体育运动设施	以小型体育活动为主的器械和场地

2. 工业绿地与棕地绿化

工业绿地是创造一个适合于劳动和工作的良好环境的措施之一，一般绿地占工业用地的20%以上。工业绿地应根据该工业的性质、行业特点及所处的环境的不同而设计，体现现代化工厂和当代产业工人的风貌特色。

工业绿地的绿化，典型的是工厂绿化。工厂绿化一般分为厂前区绿化、工厂道路绿化、办公区绿化、生产区周边绿化、防护带绿化及其他绿化。由于工厂本身性质不一，部分有特殊要求，如治污、隔音、防尘等要求。又由于其土壤成分和环境条件一般较为恶劣，对植物的生长极为不利，需要选择一些抗逆性强的植物。

随着城市的发展，经济转型升级，土地用途与地租的变化，使得工业用地在变动迁移之中。一定时间，部分工业用地会成为废弃地，也就是所谓的“棕地”。棕地一词来自工业化西方国家，用“brownfield”来表示废弃地。中国一般将其直译为“棕地”。美国国家环保局（EPA）对棕地的定义是：“废弃的、闲置的或没有得到充分利用的工业或商业用地及设施。”欧洲国家则不仅指城市中的闲置、遗弃、污染的土地，也包括了某些农业用地。西方各国虽然对棕地的定义各自有所侧重，但核心的含义都是指因工业开发而被污染、闲置、废弃的土地。污染包括对地下水与土壤的污染。绿化的对棕地的治理一般需要遵循以下步骤：

1）消除污染

棕地一般存在土地污染和水污染，如尾矿带来的重金属污染，被污染的土地经雨水冲刷后造成地表水、地下水污染。污染程度较轻的土地可采用生物吸附和自然降解的方法；污染重的可设保护区实施隔离专案处理。对流经污染土地的地表水经合理引导汇集后进行无害化处理。

2）环保治水

环保治水包括地表水和地下水。在确保来水无污染的前提下，依据地质地貌设计径流引导雨洪，合理调蓄，一方面利于防灾减灾；另一方面补充地下水。棕地的水治理应突出环保，取其自然，观赏性是次要的。

3）复垦归绿

矿业一般存在对地表植被的大量破坏，因而造成生态环境的恶化。所以，棕地生态修复的核心工程是植被恢复。所谓恢复实际是模拟自然状态形成“人造景观”。

棕地复垦就要首选恢复林木植被，从生态角度看只有林木对水土保持、改善空气质量直至改善城市的小气候——生态环境恢复有利。

4）工业遗址保存

工业遗址保存应有选择，主要是满足生态恢复要求、景观营造及游人游览的要求。

5）谨慎对待或制止“二次开发”

棕地的恢复一般不是市场经济推动的，否则人们不会废弃它。更多是市场经济失灵之处。治疗工业化给它留下的创伤，要谨慎对待甚至适当情况下要坚决制止地方政府和开发商以盈利为目的的二次开发，让土地休养生息。

5.2.4 风景名胜区

在绿地的分类标准中，风景名胜区、森林公园和自然保护区属于G5，归于“其他绿地”一类，有别于位于城市建设用地内的“风景名胜公园”（G135）。风景名胜区也称风景区，是指风景资源集中、环境优美、具有一定规模和游览条件，可供人们游览欣赏、休憩娱乐或进行科学文化活动的地域。风景名胜区一般具有独特的地质地貌构造、优良的自然生态环境、优秀的历史文化积淀，具备游憩审美、教育科研、国土形象、生态保护、历史文化保护、带动地区发展等功能。

中国的风景名胜区分为国家级风景名胜区及省级风景名胜区两个级别。英语中的“National Park”，即“国家公园”，相当于中国的国家级风景名胜区。自1985年中华人民共和国国务院发布了《风景名胜区管理暂行条例》以来，至2013年1月15日，共公布了225家国家级风景名胜区名单。

风景名胜区综合考虑其性质、规模及特点，一般将其功能可分为核心保护区和外围保护区，进一步可划分为以下几个区：核心（生态）保护区、游览区、住宿接待区、休疗养区、野营区、商业服务区、职工生活区、居民生活区、农林生产区、农副业区等。

5.2.5 绿色基础设施

绿色基础设施是在尽量不改变自然环境的前提下，利用自然和自然规律的基础设施建设。城市绿色基础设施是指：“城市有机系统中覆盖绿色的区域，是一个真正的生物系统‘流’。”这意味着绿色基础设施的元素只包含绿色区域，不包括其他开放的场所，如硬质铺装构成的广场、没有植被绿化的街道等。除了常规的绿地系统外，采用人工湿地的方法，收集、净化山区地表水，并将其纳入城市供水系统，以此保障生态过程正常运行，为城市和社区居民提供高品质的生活环境，也是绿色基础设施的重要组成部分。

推动绿色基础设施的广泛应用，首先是各类场地尺度意义下的建筑实践，基于"生命支持"的生态系统服务价值目标，绿化基础设施的实践活动可以归类为以下7种理念和途径。

1. 绿色基础设施途径

1）生物滞留系统

它包括了有助于提升水体质量的过滤介质与植物。生物滞留系统（bioretention systems）及雨水花园的基本功能就是控制雨水渗流。目前的研究主要集中在雨水的涌入与外流、污染的集中与降低上。在实际操作中，生物滞留系统被认为其在污染物消除方面效果显著。

2）人工湿地

人工湿地（constructed wetlands）定义为"人为设计制造的，由饱和基质、植物（挺水、浮水、漂浮和沉水）、动物、水体组成的，通过模仿自然湿地来满足人类需求的复合系统"。与自然湿地相类似，人工湿地也是一个复杂的综合系统。被看作是绿色基础设施的人工绿地也可以如自然湿地一样带来多种效益，它们既可作为一种经济高效的防洪措施、用于城市雨洪管理，也可作为野生动物栖息地，同时也能提升景观的审美情趣、提供游憩设施。

3）雨洪管理

雨洪管理（storm water management）是把从自然或人工集雨面流出的雨水进行收集、集中和储存，作为水文循环中获取水为人类所用的一种方法。可提供类似"海绵"的功能，水多则涵养，缺水则释放，起调控雨洪平衡的作用。美国科罗拉多州深处北美内陆，海拔高气候干旱——"一英里干旱平原"作为较早控制和管理雨洪技术的代表。1974年美国科罗拉多州和佛罗里达州率先制订雨洪管理条例，宾夕法尼亚州（1978年）和弗吉尼亚州（1999年）随即出台相应技术手册。德国污水联合会（ATV）、雨水利用专业协会（FBR）制定了雨水利用与管理的技术性规范和标准。英国提倡可持续城市排水系统（SUDS），澳大利亚倡导了水敏性城市设计（WSUD）。

4）透水性铺装

美国环保局表示：绿色停车场是指通过一系列技术的综合运用，如透水性铺装（permeable paving）来减少停车场存在的不可渗铺装。传统非渗透铺装的地表（地面铺装）引发了许多城市问题，如暴雨径流导致的水道污染和水土流失，带来更大污水处理压力，以及加重了城市热岛效应等。

5）绿色街道

根据波特兰市的实践，绿色街道（green street）是一种集合了透水表层、树木覆盖、景观元素的相融街道。绿色街道的设计目的包括：减少雨水径流和降低面源污染，缓解汽车尾气带来的空气污染；将自然元素纳入街道；为慢行交通系统的通行提供机会。

6）屋顶与垂直绿化

生物屋顶是"被覆盖了植被的屋顶，是用生长着的植物来代替裸露的合成屋顶、复合和木质屋面板瓦、黏土和水泥瓦，以及金属板、拉膜等各种屋顶材料，其主要目的和重要功能是减少暴雨径流。生物屋顶另一项比较明显的附加利用价值是减少热岛效应，城市中心产生的热浪将会增大城市污染的风险，而生物屋顶的降温作用恰好可以减弱这一风险。生态绿墙是建筑物或构筑物中的垂直绿化元素，即利用植物的部分覆盖或全部覆盖发挥作用。屋顶绿化主要有两种不同的技术类型：生态绿墙与绿色立面。生态绿墙是一种由固态定在垂直墙体上的栽植面、垂直模块和种植毯组成的墙面系统。绿色立面这种墙面系统则引导攀援植物与地被植物沿着经过特别设计的支撑结构生长。

7）城市公园

目前的研究已经可以量化城市公园的效益，例如，根据Bowler等人2010年的研究，城市公园的气温可以比未绿化地区低10℃左右。此外，近期的研究正试图在每一棵树的基础上量化城市森林的部分效益，包括缩减能源需求、降低碳排放、提高空气质量，滞留暴雨、减少高温带来的健康损害等。关于城市公园保健效益的研究也逐渐出现。

2. 城市尺度的绿色设施实践

1）城市滨水区与河道岸带

城市滨水区与河道岸带指以自然生态驳岸和绿化型岸带为主的城市滨水区域河道景观绿带。城市滨水区与河道作为绿色基础设施其所发挥的作用非常综合。尤其当其规模尺度较为庞大，如长度在数千米、面积在数十公顷或数平方千米的河道滨水区，除了雨洪调节，还因其多样化的滨水湿地陆地而兼具水体净化、生物栖息、绿色廊道、游憩娱乐等多重功效。

2）城市绿色廊道

城市绿色廊道是线性的开放空间形式，根据结构具有生态、景观、保健和其他社会功能，其主要作用是将分散的景观元素构成一个独特完整的体系，其中的基本元素是植被。绿色廊道是一个线性地带，连接绿色空间，主要强调生态作用。但它们也有连接自然遗址、文化景观和风景名胜的功能，其作用是多样化的。它们对某些动植物种类提供了食物和一切必要的生活条件、动物的栖息环境和环境保护屏障。具有降低噪声、过滤污染功能，也是提升周围的环境质量的一种生态资源。

3）城市绿色斑块

城市绿色斑块集合了在一个城市空间中的所有植被和动物栖息地的生态体系，它包括了私人用地、公园、保护区中的具有一定规模的树林植被。城市绿色斑块承载着多种功能：创造适宜的微气候，减弱城市“热岛效应”，碳汇作用，营造社交空间，净化空气（树木及植被可过滤空气中的污染物），净化水质（植被根系可阻止泥沙及污物随水流排入当地水体中），促进居民身体健康来减少医疗费用，提供更多在“户外课堂”学习的机会，促进城市旅游业发展来增加财政税收，通过公园产生的吸引力来增加商业活力，用优美的自然风光使处于城市喧嚣中的人们获得喘息的机会，生物多样性保护等。

3. 从城市扩展至乡村及特殊人居环境的绿色基础设施

随着地球气候变化的大范围影响及全球化发展的“蝴蝶效应”，区域性的绿色基础设施已逐渐被关注。绿色基础设施的研究已不仅局限于基于城市系统的研究，进而转至乡村、流域、旷野等更丰富的景观环境，尺度也由建成区、市区扩展为市域，进而转向县域、省域和以地貌特征为划分的不同大范围景观地带。此类研究实践案例之一是以黄土高原甘肃环县半干旱区为实验基地的区域性绿色基础设施规划已全面展开，基于当地人居环境缺水少绿的特征，结合气候转型的机遇，把握聚居背景中人为建设与自然演替的耦合特征：在宏观尺度，以景观化集水造绿活动为契机，开展网络型的立体植被水域空间建设，形成区域性的绿道规划演变为“绿色城市/城镇/乡村”；在中观尺度，以生态化集水造绿活动为契机，在以绿道为框架的水绿立体网络中重点建设关于水的绿色基础设施与关于绿的绿色基础设施，以乡村尺度的雨水管理系统与功能性植被系统相结合，凭借有限的自然条件，形成具有促进作用的向原始植被发展的生态演替；在微观尺度，以人居化集水造绿活动为契机，实现低影响开发，在半干旱区将雨水收集、就地入渗、庭院/屋顶绿化等绿色基础设施相结合，形成“雨水收集与入渗+旅游活动兴起—经济收入增长—人居环境改善”的良性发展模式。

5.3 风景园林职业规划

学以致用，用以促学。我们进行专业学习的目的，就是为以今后的职业发展，为社会贡献自己的聪明才智。在了解我们能做哪些事情之前，我们先看看风景园林产业全过程是什么样的。随着我国风景园林行业市场的不断发展和完善，对其产业链方面的研究越来越有必要。所谓产业链，是指在一种最终产品的生产加工过程中（从最初的自然资源制作成最终产品到达消费者手中）所包含的各个环节所构成的整个生产链条。在产业链中，每一个环节都是一个相对独立的产业，因此，一个产业链也就是一个由多个相互链接的产业所构成的完整的链条。认识产业链的各个环节，有助于入职风景园林各项工作。

5.3.1 风景园林产业链

在园林行业产业链中，其构成大体可分为三大类：一是园林资材的生产制造，包括花木研发与培育和园林建材与器械的生产提供；二是园林服务，包括园林规划与设计、园林工程施工及养护与管理（即生产加工过程）；三是园林产品零售，其组成有形式多样的批发店、零售店和花园（园艺）中心等。理想的园林产业链应是这三大类的融合，即包含园林资材供应与销售、设计与施工和养护管理等不同环节，种植业、服务业和销售等产业环环相扣。园林产业的上游以园林资材等原材料的供应为主，包括花木、肥料、药品等软质资材和石材、管材、水电设备等硬质资材，甚至养护管理中运用的剪草机、枝剪等园林器械设备的供应也归属于园林产业链的上游产业；中游以原料的加工生产为主，值得注意的是，原料的供应对于设计环节具有“信息品”的作用，如园林设计中植物配置的苗木信息、园林构筑物和硬质铺砖的石材信息等，设计的过程可以理解为对“信息品”进行技术加工的过程，其产品即为最终设计图，而工程施工则是立足于设计环节提供的设计图的基础上，运用工程管理知识对花木、石材、水电设备等资材进行有机加工，得到工程产品；下游产业则以工程产品养护和园艺产品销售为主，通过对工程产品的养护，最终得到具有良好景观效果的园林产品，从而达到投资主体（用户）的产品需求，获取收益。在另一方面，园林资材（如花木）可以通过一定的处理与加工形成园艺产品（如鲜切花、盘花、花束、花篮等）在批发店、零售店、园艺或花园中心等市场主体构成的分销体系中销售。从这可以看出，园林（艺）产品的最终完成到收益实际就是一种销售过程，在这个意义上，园林产业链也就具有了传统产业链中原料供应—加工生产—产品销售的一般特征，下面对园林产业链各环节进行具体分析。

1. 资材供应环节

风景园林产业所要求的乔木、灌木、地被等绿化苗木，铺装石（木）材、雕塑、小品等园建材料和水电设备、草坪建植机械、树木移植机械、草坪养护机械等园林器械资材的供应主要来源于种植业、建筑业和专用设备制造业等，它们处于风景园林产业链的最上游，负责园林产品原材料的加工制造与供应，并通过将所加工制造的产品提供给设计方、施工方、养护管理方或家庭园艺产业来获取利润（见图5-1）。

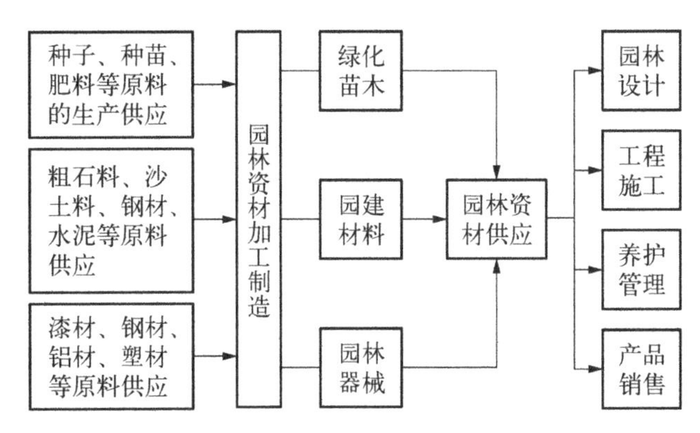

图5-1　资材供应环节产业链

需要说明的是，园林资材对园林设计阶段供应的是信息，是一种无形的产品，用以保证园林设计的科学性，而对养护阶段供应的资材主要是用来维护、改善现有风景园林产品，如苗木、水泵、剪草机等，而工程施工阶段则是园林资材供应的主体。

2. 园林设计环节

园林设计是整个风景园林产业链中的核心部分，与上游的园林资材供应商、下游的工程施工和养护管理承包商及最终用户均有着密切联系。在产业链中的职责是按照用户的需求，根据场地特征，为用户提供规划与设计服务，例如公园和其他休闲区域、机场、高速路、医院、学校、商业区、休闲区等，涉及土地特征、建筑的位置和结构、场地的使用和景观工程设计等方面的专业知识。这不仅要求设计者具有丰富的植物配置能力，还要求其具有园林硬质景观（园林小品、构筑物）构造与水电布置方面的技术与知识（见图5-2）；除此之外，设计创意与设计技术（如手绘能力、效果图制作等）也非常重要，这些对于园林设计者来说，需要认真学习与实践。

从图5-2中可以看出，设计阶段不仅要对园林资材进行处理，对场地的特征也要仔细考虑。另外，通常认为设计阶段的下游是工程施工环节，而忽略

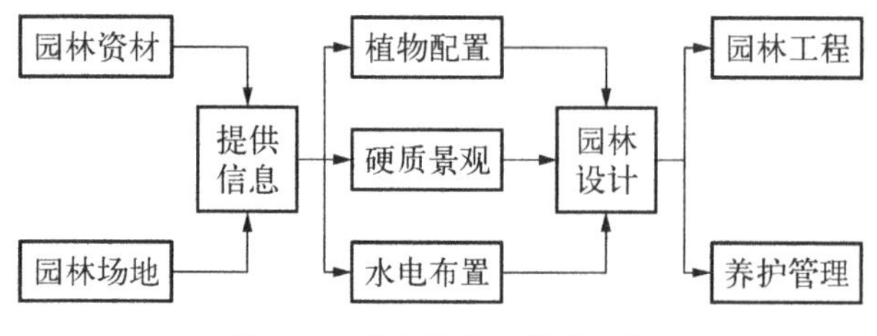

图5-2　园林设计环节产业链

了设计与养护管理之间的关系，实际上，设计产品对养护管理的实施有着非常重要的作用，如水电管线等隐蔽工程的维护、绿化苗木的补植和园林构筑物的补建与维修，就需要借助设计图纸。

3. 工程施工环节

工程施工环节是风景园林产业链的重点，包括绿化工程，园路、园桥、假山、小品等园建工程和水电工程等。其主要任务是利用工程管理知识，根据场地实际情况和设计内容，对其上游提供的园林资材进行恰当运用和有机整合，包括乔、灌、地被等绿化苗木，铺装、石材、雕塑、水泥等园建材料和水电管线、松土机、建植机、移植机等园林器械，并最终完成工程产品，最后提供给下游环节进行养护管理（见图5-3）。然而，在园林工程实际施工过程中，对于非主体工程部分，总承包商往往采取分包的形式，通过与分包商订立合同对分包商进行质量、进度、安全等方面的监督、指导和管理。

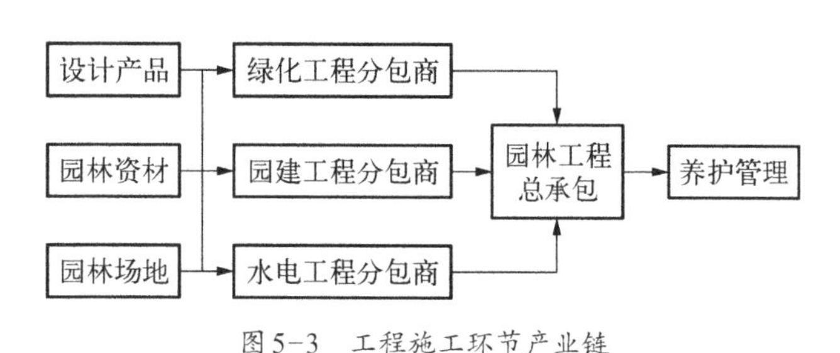

图5-3　工程施工环节产业链

4. 养护管理环节

园林养护管理是风景园林产业链中园林产品完成的最后一环，是一个持续的过程，它主要包括两部分，一是工程产品的养护管理，即园林工程在完全移交用户、没有形成园林产品之前的养护管理，一般由工程施工方完成；二是园林产品的养护管理，即工程产品形成园林产品之后的养护管理，一般由用户另外选择养护管理承包商。在这一环节中，设计产品提供养护指导，工程产品提供养护内容，而园林资材则提供绿化苗木、肥料、药品、水泵、树木修剪机械等养护原材料和设备，再利用养护管理技术与知识对工程（园林）产品进行养护，最后移交给用户（见图5-4）。

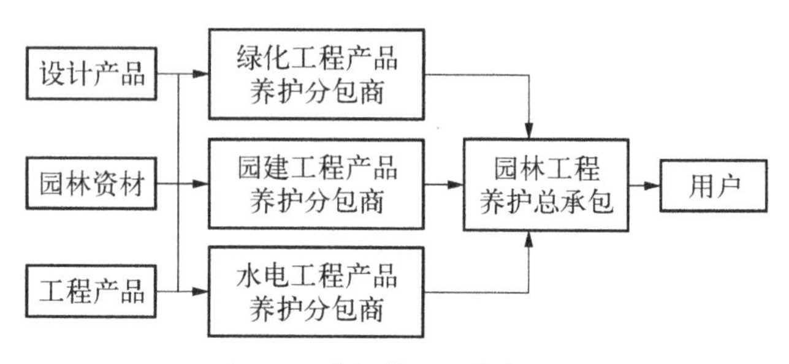

图5-4　养护管理环节产业链

5. 产品销售环节

园林产品销售包括园林花木及园林机械设备的批发与零售、园林建材的销售和各种花店、花园（园艺）中心、连锁超市、建材店等构成的分销体系中园艺产品的销售。在这个环节中，其上游是园林资材供应，中游是资材的进一步加工与制造，然后进入分销体系进行销售，最后到达用户手中（见图5-5）。需要注意的是，从用户的角度讲，销售商提供的不同服务实质上就是不同的产品，以花店节日花篮的销售为例，花店作为销售商属于园林花木培育生产的下游产业，但花篮则是由不同花卉、器皿、装饰材料和人工服务加工而成，在这种情况下，作为下游产业的销售商既是生产者，又是面向用户提供产品的销售商。

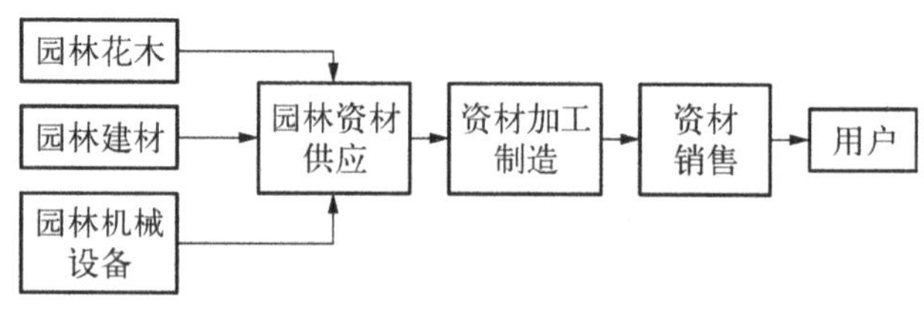

图5-5　产品销售环节产业链

6. 终端用户分析

从整个园林产业链的走向来看，不管产业链如何复杂，整个链条中各环节、各渠道直接或间接的最终指向都是园林产品用户。从园林项目投资主体出发，我们可以把园林产品用户分为四大类：一是政府，主要是以改善城市环境，提高城市风景园林水平和市民生活质量为目的；二是地产商，主要以提高地产附加值、改善居住或办公环境和提升生活品质为主要目的；三是企事业单位，主要以改善办公环境、提升单位形象或满足特殊功能（如医疗保健）为主要目的；四是个人，主要以改善自身居住环境，提高生活品质或寄托情感为目的（见图5-6）。前三类终端用户也需要一定数量的风景园林专业毕业的学生。

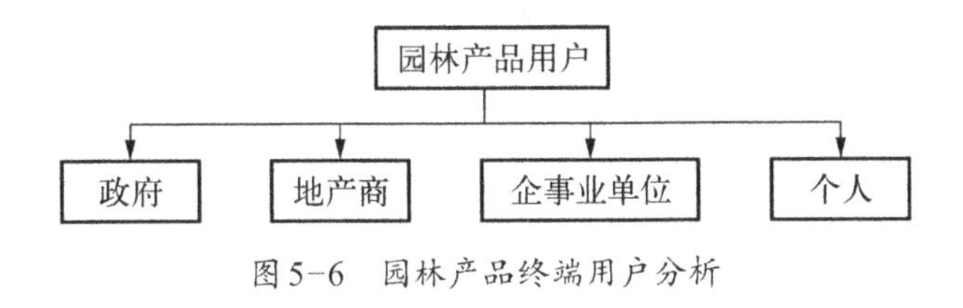

图5-6　园林产品终端用户分析

7. 全产业链结构

综合上文分析，我们最终可以得到风景园林产业链整体结构（见图5-7）。

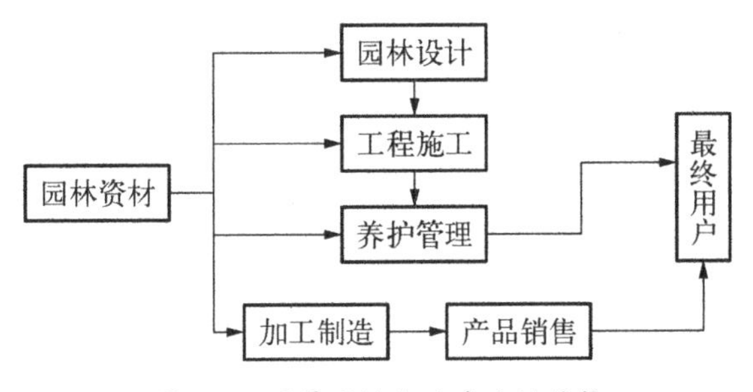

图5-7　风景园林行业产业链结构

从产业链整体结构及上文分析可以看出，在市场供需等因素的作用下，园林产业链各环节之间形成了紧密相连的有机体。一方面，上游资材的供应状况直接决定了中游生产加工水平，以设计环节为例，一个科学的园林设计，其基础之一就是材料的可获取，从而直接影响到工程施工中园林产品的顺利完成，进而影响到用户（消费者）的接受程度；另一方面，市场需求或偏好在影响园林产品销售的同时，也逐级将影响传导至中、上游环节，规范并制约着各环节的进一步发展，如用户对园林风格或材料的喜好，直接决定着设计取向，进而影响到园林资材的生产取向。因此，园林产业链在园林资材供应、设计与施工中的加工生产和园林（艺）产品销售之间实质上也是基于供给与需求的双向传导。对风景园林专业学生而言，全产业链均是我们的就业、创业方向。风景园林的最终产品如公园、居住小区的附属绿地等都可能成一个实体或者是某个实体的一部分，也需要有志于从事风景园林事业的专业人才加入。

5.3.2　风景园林职业规划

根据中国职业规划师协会的定义是：职业规划就是对职业生涯乃至人生进行持续的系统的计划的过程。一个完整的职业规划由职业定位、目标设定和通道设计三个要素构成。职业规划也称为“职业生涯规划”。在学术界人们也喜欢称为“生涯规划”，在有些地区，也有一些人喜欢用“人生规划”来称呼，其实表达的都是同样的内容。职场规划包括个人职业规划与组织职业规划。园林专业的同学，需要参照风景园林产业链，做好职业规划。

1. 职业规划

1）职业规划的影响因素

个人自身的因素、所在组织所提供发展条件的因素及社会环境所给予的支持和制约因素。

2）职业规划的作用

（1）确认人生的方向，提供奋斗的策略。

（2）突破并塑造清新充实的自我。

（3）准确评价个人特点和强项。

（4）评估个人目标和现状的差距。

（5）准确定位职业方向。

（6）重新认识自身的价值并使其增值。

（7）发现新的职业机遇。

（8）增强职业竞争力。

3）职业规划方法与步骤

职业规划是针对职业困惑、面向职业发展的一系列服务的统称。相对于专家咨询的双向高成本和实时性要求，客户自服务是更具可行性的道路。

事实证明，被动接受极少带来明显的行动效果。“鱼、渔”规律必须引入到职业规划中来。方法包括：镜子和尺子、方法与视角、信息支持以及确定性。

（1）职业规划的首要环节是“职业方向定位”，请记住它是“最重要的”，它是你职业生涯的“镜子和尺子”，用于看清你的职业特质，指导你5～10年的职业积累和发展。

有人说它具有灯塔、航标等设施的照亮和引导作用，一点都不过分。事实上，职业方向为你聚拢心力和有限的资源，揭示出关键特质的程度差异。总之，对职业方向与职业特质的坚定把握，是从战略高度对职业成功的把握，是最有效的把握方式。

（2）另一把尺子就是“职业核心能力测评”。对于大多数受过高等教育的人来说，它并不是那么必需。大学正规学历教育中核心能力的训练，完全可以支持你基本的职业发展目标。

如果你认为自己的大学学习不那么顺利或成功，或者你有很高的职业发展期望，就有必要通过“职业核心能力测评”进行胜任力评估，用以支持你制订的职业目标并树立一个能力提升的方向与标准。

（3）组织环境对人职业发展过程的巨大影响，使得“职业成熟度测评”变成了“第二重要”的服务环节。

如果你并不掌握资源、权力，就不要试图去改造组织环境，因为个人并不具备这样的力量，这个想法过于理想化了。主动适应环境是个聪明的选择，不假他人之手，凭借自身努力就可以把握。

组织原则、职业规则、人际策略、方法视角、自我管理等等都标志着你的“职业成熟度”水准，决定着你的回报速度。对于付出了巨大的努力仍然得不到认可、经常归罪于环境恶劣、不断忍气吞声或动辄冲冠一怒的人来说，“职业成熟度测评”是你的经验丰富、老谋深算的良师益友。

（4）缺乏信息支撑的决策是可怕的决策，正所谓“心中无数点子多，头脑糊涂决心大”。职业规划注重方法论，是因为方法论与价值观一样，是“形而上”的“道”，是必需的前提。但如果不与“形而下”的“器”相结合，“道”亦成为在半空中漂浮的空谈。

因此职业规划最终必须体现为“职业决策”，而“职业信息库”恰恰是它的信息支撑。即使成本花费巨大、盗版风险极高也不能掩盖职业咨询师和客户的强烈呼声。职业咨询师、分析师都会为此添砖加瓦，而其结构和内容是历经了反复设计与调整的，而且还会继续。

（5）无法回避的是，在你历经思考和学习之后，仍然需要获得“确定性”支持。特别是遇到复杂情况时，取舍、策略、次序、轻重、缓急的筹划都需要专家的深度参与。

2. 职业规划分类与原则

职场规划分个人职业规划（设计）和组织职业规划（设计）两个方面。在任何社会、任何体制下，个人职业设计更为重要，它是人职业生涯发展的真正动力和加速器。其实质是追求最佳职业生涯发展道路的过程。

职业生涯规划按照时间的长短来分类，可分为人生规划、长期职业规划、中期职业规划与短期职业规划四种类型：

（1）人生规划：整个职业生涯的规划，包括从求学阶段的学业规划到退休之后的生活规划，设定整个人生的发展目标。如规划成为一个有数亿资产的公司董事。

（2）长期职业规划：5～10年的规划，主要设定较长远的目标。如规划30岁时成为一家中型公司的部门经理，规划40岁时成为一家大型公司副总经理等。

（3）中期职业规划：一般为2～5年内的目标与任务。如规划到不同业务部门做经理，规划从大型公司部门经理到小公司做总经理等。

（4）短期职业规划2年以内的规划，主要是确定近期目标，规划近期完成的任务。如对专业知识的学习，2年内掌握哪些业务知识等。

1）内职业生涯与外职业生涯

内职业生涯是指在职业生涯发展中透过提升自身素质与职业技能而获取的个人综合能力、社会地位及荣誉的总和，它是别人无法替代和窃取的人生财富；外职业生涯是指在职业生涯过程中所经历的职业角色（职位）及获取的物质财富的总和，它是依赖于内职业生涯的发展而增长的。

每个人都需要选择职业，每个人都渴望成功，许多人并不知道什么职业最适合自己，怎样设计才容易事业有成。比如“经商热”时，一些并无商业才能的人也纷纷“下海”去办公司；研究生、大学生毕业时，大多首先选择经济发达地区和大单位，然后才考虑专业及个人所长。这种“随大流”“随热门”的职业选择方式，由于欠缺对自身特点和环境的认识，往往难以在事业中有所发展。要想成就一番事业，就必须规划自己的职业生涯。

2）职场规划三原则

职场人士在职业规划时，必须考虑到行业的特性与个人的优缺点，这样才能制订合理、有指导意义的职业规划。

（1）职业发展目标要契合自己的性格、特长与兴趣。职业生涯能够成功发展的核心，就在于所从事的工作要求正是自己所擅长的。从事自己擅长的工作，我们会工作得游刃有余；从事自己所喜欢的工作，我们会工作得很愉快。如果所从事的工作，既是自己所擅长又是喜欢，那么我们必能快速从中脱颖而出。而这正是成功的职业规划核心所在。

（2）职业规划要考虑到实际情况，并具有可执行性。有些职场人士很有雄心壮志，短时间内工作虽具有一定飞跃性，但更多时候却是一种积累的过程——资历的积累、经验的积累、知识的积累，所以职业规划不能太过好高骛远，而要根据自己实际情况，一步一个脚印，层层晋升，最终方能成就梦想。

（3）职业规划发展目标必须有可持续发展性。职业发展规划不是一个阶段性的目标，而是一种可以贯穿自己整个职业发展生涯的远景展望，所以职业发展规划必须具有可持续发展性。如果职业发展目标太过短浅，这不仅会抑制个人奋斗的热情，而且不利于长远发展。

社会处于一个动态变化过程中，我们需要做好提前规划，“以不变应万变”；世事无常，我们也需要“活到老，学到老”。

作业任务书

作业：校园一角设计模型制作

1. 设计目标

（1）掌握模型设计的基本程序。

（2）掌握平面图的基本表达方式，能够将自己的设计思路用模型表达出来。

（3）熟悉模型板（雪覆板）、ABS塑料板、木板、泡沫板和其他材料制作模型方法。

（4）熟悉主体模型配景，通过色彩对色、材料对比等方式突出重点表达内容。

2. 设计任务（场地A或场地B，任选一处）

（1）上一章中，我们完成了以“图4-51”为场地（场地A）或自选100 m×80 m场地（场地B）的设计图纸，请根据个人场地选择和设计图纸，制作相应模型（1∶150）。具体模型做法，请参考第2.5节。

（2）用仿宋字体写200字左右的模型介绍。

（3）图名、指北针和比例与姓名和学号一同编排于模型底板上。

3. 考核

1）考核标准

（1）模型色彩协调，表达美观。

（2）布局合理，建筑小品尺度恰当，细部符合人体工程学尺度。

（3）绿化苗木大小合适，符合比例尺度要求。

（4）模型内容与说明布局合理，字体大小规范，模型整洁，粘接可靠。

2）成绩组成

（1）模型色彩协调，表达美观，占20%。

（2）布局合理，建筑小品尺度恰当，细部符合人体工程学尺度，占40%。

（3）绿化苗木大小合适，符合比例尺度要求，占30%。

（4）模型内容与说明布局合理，字体大小规范，模型整洁，粘接可靠，占10%。

4. 进度安排

时间为2周。

附录　案例研究

案例研究，是针对特定场所、项目、组织或景观的多方面综合分析，是对真实生活背景下当代现象的实证主义调查。风景园林设计与理论常采用这种研究形式。以下案例研究是有关美国康奈尔大学所属康奈尔种植园布赖恩・C・内文（Brian C. Nevin）游客中心的风景园林设计。由该校教师米歇尔・帕尔默（Michele Palmer）女士所写，本写作项目得到美国风景园林学基金会（The Landscape Architecture Foundation）资助并得到了出版授权，供学有余力的同学学习。

Cornell Plantations Brian C. Nevin Welcome Center

1. Introduction

The Cornell Plantations is a university-based public garden with 4,000 acres of natural and designed landscapes and around the Cornell campus. Despite its size and stature, "Plantations" had no visitor center, accessible classrooms, or distinct point of arrival, and its 25-acre Botanical Garden was fragmented by ad hoc, driveways, parking areas, and service structures.

The Brian C. Nevin Welcome Center project is part of a comprehensive landscape reorganization of the heart of the Botanical Garden, part of the "Plantations Transformation" fundraising campaign designed to make the project area more attractive as a destination, more effective as a gateway to the Plantations' other holdings, and more compelling as a model of sustainable practices.

In its 2002 Master Plan, Plantations responded to the need for a more cohesive and welcoming visitor experience with recommendations for the restoration of a historic schoolhouse, the preservation of well-loved gardens, the consolidation of vehicular circulation and parking, the relocation of service structures, the construction of a new visitor center, and the creation of a "Bioswale" Garden that would demonstrate the use of plants to mitigate stormwater impacts. The phased implementation of the Master Plan culminated in the opening of the Nevin Welcome Center in January, 2011.

For "green infrastructure" landscapes to be broadly accepted, they must be perceived as visually appealing and the goal from early in the project was to create a garden that also functioned as a stormwater practice. The garden has been very well received and Don Rakow, Executive Director of Cornell Plantations from 1993 to 2013, has described the bioswale as "one of Plantations' most popular gardens and a model for other university-based public gardens around the nation."

1.1 Collaborative Design

Cornell Plantations' horticultural, education, and ecological mission and its in-house expertise created unique opportunities for collaboration. Every part of the project — building and landscape alike — reflects interdisciplinary teamwork, none more than the bioswale. There, the landscape architect, architect, civil engineer, and client each made unique and essential contributions, with Plantations' Landscape Designer, Irene Lekstutis, and Director of Horticulture, Mary Hirshfeld, stepping forward as de facto members of the design team. Their work was especially notable not only in shaping the final design of the plantings and guiding them through establishment, but in their understanding of the land, its microclimate, and its soils, all with a depth of knowledge only attainable through decades of hands-on gardening.

1.2 Design Intent and Constraints

It was the intention of the Landscape Architect Tobias Wolf that the Design express natural processes:

An ancient oxbow meander of Fall Creek created the "bowl" that defines the Botanical Garden, carving the slopes around the garden and leaving Comstock Knoll at its core. Today, the periglacial creek is echoed in the bioswale's function and form. The bioswale receives surface runoff from the gently sloped floor of the bowl; its curve echoes that of the creek and the surrounding escarpments; and its plantings are massed to evoke the movement of water — with lower grasses and spreading perennials "flowing" around "fixed" clusters of trees, shrubs, and shrub-like perennials towards a bridge-like path that provides a visitor overlook.

The bioswale also articulates new functions with new forms, which shape and reveal the movement of water. As visitors move from their cars into the gardens, they follow the course of the water, over a nearly-flush curb that catches sediment, across a river rock strip and walk over a planted "filter strip" on elevated steel grates, and then down the length of the bioswale to its outlet. Along the way, they may observe the gradation of plants from the most heat- and drought-tolerant nearest the parking lot to the most moisture-loving and immersion-tolerant at the bioswale's center (Figure 1).

Figure 1 *Interpretive Sign, Cornell Plantations*

The practice called the 'Bioswale Garden' at the Plantations is actually a system comprised of sheet flow from lawn areas and the parking lot, a filter strip and a dry swale practice all of which work together to both filter stormwater and attenuate peak flow rates. It has been questioned why porous pavement is not part of this system. Poor soils with low percolation rates make large installations of porous pavement problematic in this area and large amounts of mulch and decaying plant matter were deemed to cause a risk for clogging pavement surfaces. It was decided that having the parking area directly sheet flow to the filter strip was the best option given the conditions.

1.3 Expandability

The Plantations continues to develop new gardens and in the near future plans to install a Peony Garden, an Asia Garden and implement pedestrian walkway improvements. Because these projects were considered in the 2002 Master Plan and planned for in the stormwater management, the bioswale will only require a minor expansion to serve these new projects.

2. Research Strategy and Methods Used

As is the mandated by the format of the case study program, the performance benefits studied fall under three broad categories: Environmental, Social, and Economic. The primary source of information about the project was the design team and the construction documents for the project. Staff from the Cornell Plantations met on site and consented to interviews and a site tour, sharing their knowledge of the design process and the post-construction functioning of the project. Also, an interesting advantage of the project's location on the Cornell campus was the opportunity to work with researchers and professors at Cornell, who also contributed to our understanding of the project. Detailed information about the performance benefits assessed follow as performance indicators.

3. Performance Indicators

3.1 Environmental

3.1.1 Performance Indicator 1

Eliminates an estimated 78,000 gallons of runoff per year, reducing annual storm-water runoff from the site by 31%.

Methods: The Virginia Runoff Reduction Method (RRM) Worksheet developed by the Center for Watershed Protection was used to model the pre and post stormwater conditions of the site. The worksheet is a spreadsheet-based tool designed for users to determine compliance with Virginia stormwater legislation by estimating runoff reduction from the first one inch of rainfall. The spreadsheet is based on the "Runoff Reduction Method" developed by the Center for Watershed Protection (CWP) to estimate changes in site runoff volume and pollutant load as well as the reductions in runoff and pollutant loadings associated with management practices installed on site. The "Runoff Reduction Method" was developed by the CWP in order to provide a new regulatory framework which incentivizes sustainable site design strategies and more accurately accounts for overall management practice effectiveness. The RRM uses current research to isolate pollutant concentration reduction efficiency from previously unaccounted for reductions in runoff by certain management practices. The method assigns efficiency credits for nutrient removal and runoff reduction by each practice based on median efficiency rates reflected in current research. (Figure 2)

For the purpose of this case study, the calculator

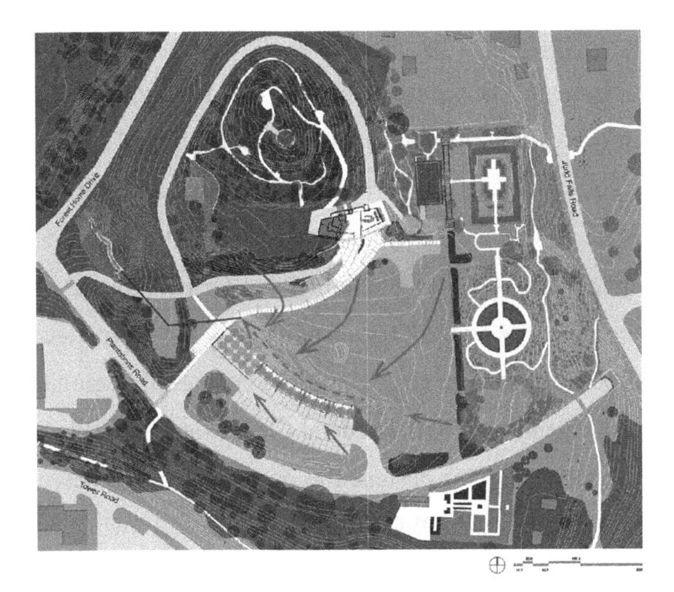

Figure 2 *Site Plan with Flow Lines, Baird Sampson Neuert Architects Inc., Michele Palmer*

was run twice in order to compare pre-development runoff and pollutant levels to post-development, post-treatment levels. The following steps were used to calculate runoff and pollutant levels in both pre-development and post-development conditions:

1. Determine site conditions including annual rainfall as well as the acreage of forest, turf and impervious cover (broken down by hydrologic soil class) for each drainage area. Values were collected using area takeoffs from aerial photos of the site, construction documents, and the project engineer's calculations. These values are used to calculate the runoff coefficients (R_v) for each drainage area which are then used to calculate the total quantity of runoff generated, or initial 'treatment volume' (Tv) on the site. This step is completed in both pre-development calculations (Table 1) as well as post-development calculations (Table 2).

2. Determine the catchment area and connections of each stormwater management practice on the site. These values were collected using area takeoffs from construction documents and are based on calculations provided in the project documentation. This step is only completed for post-development calculations and the input values selected in this study may be found in the flow charts below in the stormwater management summary (Figure 3).

Table 1 Pre-Development Land Cover Summary

	A Soils	B Soils	C Soils	D Soils	Total	% of Total
Forest (acres)	0.68	0.37	2.41	0.00	3.46	*30.51*
Turf (acres)	0.76	4.97	0.00	0.00	5.73	*50.53*
Impervious (acres)	0.87	1.22	0.06	0.00	2.15	*18.96*
Site Rv: 0.29					11.34	*100.00*

Table 2 Post-Development Land Cover Summary

	A Soils	B Soils	C Soils	D Soils	Total	% of Total
Forest (acres)	0.67	0.50	1.91	0.00	3.08	*29.00*
Turf (acres)	0.54	5.24	0.00	0.00	5.78	*54.43*
Impervious (acres)	0.35	1.35	0.06	0.00	1.76	*16.57*
Site Rv: 0.27					10.62	*100.00*

3. Enter local values for 1-year, 2-year and 10-year storm events (2.30 inches, 2.65 inches, and 3.90 inches, respectively) and enter average annual rainfall of 37" in Ithaca.

4. Use the final one inch storm event runoff volumes and pollutant loads to estimate annual runoff quantities and loads (Table 3). Because this runoff calculation only accounts for runoff generating storm events, the equation below only accounts for the 90% of annual rain events which produce runoff. While 10% of the remaining runoff producing rain events are in fact larger than the 1" event used by the Virginia spreadsheet, the RRM accounts for these larger events by using management practice credit values based on efficiency rates reported in a wide variety of existing research, including larger storm events (larger than 1"). With the one inch storm event used by the Virginia spreadsheet, one can approximate annual runoff using

the following equation:

1 *Storm RVR* × (37 *runoff*)/(1 *runoff*) × 90% = *RVR Annual Volume*

Where *RVR* = Runoff Reduction Volume

Limitations: Area values used in the modeling were calculated by area take-offs from construction documents. This introduces potential for human error in the calculations. The modeling developed by the Center for Watershed Protection was developed for the State of Virginia rather than New York. All of the state specific models developed by the Center are based on the same underlying scientific studies but reflect a particular state's regulations that are all regional implementations of the Federal Clean Water Act. While the spreadsheet is designed to evaluate projects based on Virginia's local WQv rain event size of 1" which is sized to account for 90% of annual runoff producing storm events, this does not affect the final calculation of annual impact used in this study. Also, the CWP notes that the credit values assigned to calculate the nutrient removal efficiencies and runoff reduction efficiencies of certain management practices are based on limited existing research. In these cases, the CWP assigns values based on its best judgment based on the currently available data. Finally, the accuracy of results produced by this methodology requires that the practices studied were designed according to certain 'minimum eligibility criteria', built within the last three years, and maintained properly.

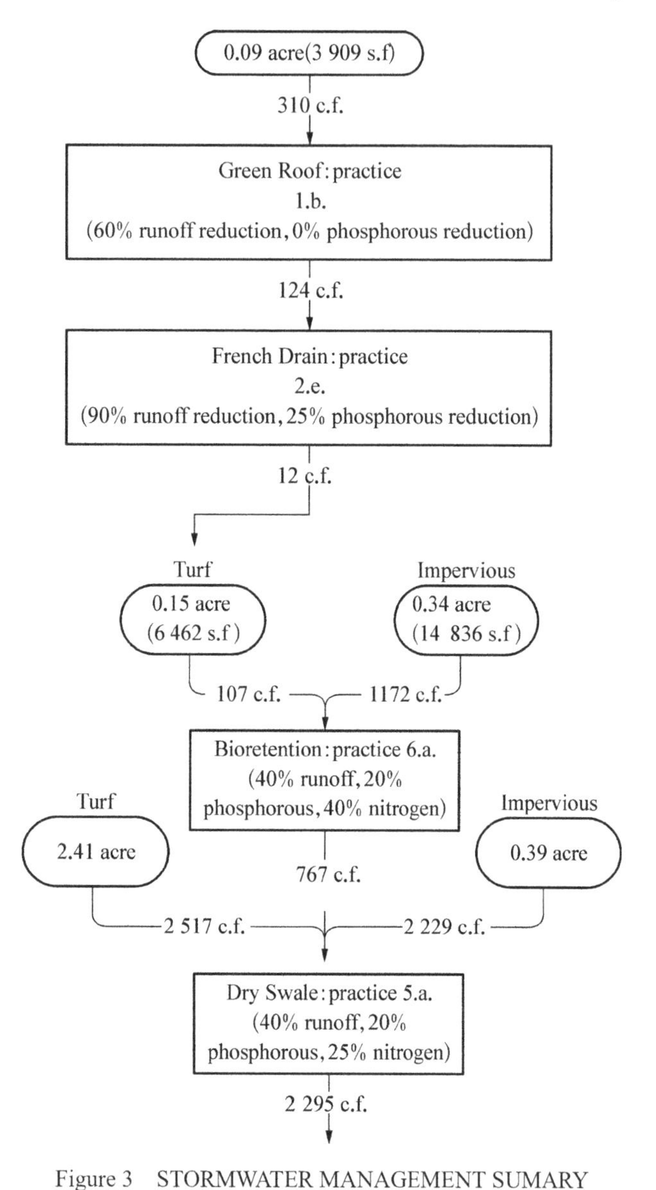

Figure 3 STORMWATER MANAGEMENT SUMARY

* Values the above boxes summarize the predicted reduction rates for each practice.

3.1.2 Performance Indicator 2

Reduces peak stormwater flow rates by 81%, 62% and 58% respectively for 1 year, 10 year, and 100 year storm events through all GI practices. The bioswale specifically stores up to 0.13 acre-ft (5 663 cubic ft) of runoff.

Table 3 Stormwater Summary

	Pre-Development	Post-Development	Runoff Reduction	Treated Volume	Pre-Post Change	% Change
One Inch Storm Runoff Volume (ft3)	11 876	10 548	2 297	8 251	−3 625	−31%
Annual Storm Runoff Volume (acre-ft)	9.08	8.06	1.76	6.30	−2.78	−31%

Methods: Review of project Stormwater Pollution Prevention Plan (SWPPP) provided by T.G. Miller Engineers and Surveyors, P.C.

3.1.3 Performance Indicator 3

- *Reduces pollutants in parking lot runoff as measured by increased concentrations of heavy metals in bioswale soils and decreased concentrations in outflow water.*

[Lauren McPhillips contributed to the following text]

It is important to reduce concentrations of metals in runoff from parking lots and buildings, because many of these metals could have adverse effects on biota in downstream water bodies. Nutrients, both nitrate and phosphorus, are a concern because high concentrations can lead to algal blooms in ponds, lakes, and estuaries, which can subsequently cause anoxia and 'dead zones.' In the case of this bioswale, where outflow had an increase in nitrate and dissolved phosphorus and concentrations that are generally considered high, it will be important to better optimize organic amendments to the soils in order to reduce leaching of these nutrients while still maintaining plant health (Figure 4).

Methods: Water quality function was assessed by partners from the Biological & Environmental Engineering Department, Todd Walter and Lauren McPhillips. Their work included collecting soil and water samples in the bioswale to assess whether the bioswale is accumulating contaminants and improving the water quality of incoming runoff. (Figure 5)

Samples of bioswale inflow runoff and outlet flow from the basin underdrain were taken during two storm events(Figure 6). These samples were analyzed for nitrate (NO_3^-) using ion chromatography, dissolved phosphorus (DP) using a phosphorus colorimetric autoanalyzer, as well as metals and particulate phosphorus (PP) using nitric acid digestion and ICP spectroscopy (Figure 7); concentrations were compared between inlet and outlet samples (Figure 8).

Soil samples were obtained from three locations inside the basin as well as three locations outside the basin which had the same original soil media but did not receive storm runoff. Samples were analyzed for total metal concentrations using a nitric acid digestion and ICP spectroscopy.

Limitations: The water samples only provide

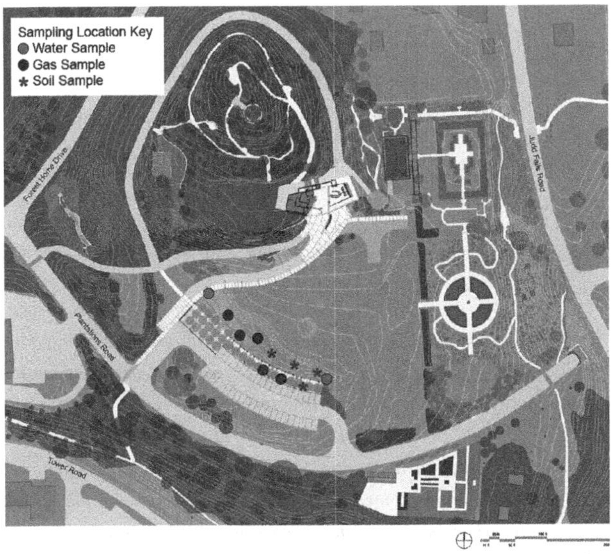

Figure 4 *Sampling Locations,Baird Sampson Neuert Architects Inc., Michele Palmer*

Figure 5 *Lauren McPhillips Setting Up Water Sampling, Mujahid Powell*

Figure 6 *Photos of inlet sampling location for bioswale, with (a) showing where runoff from the parking lot drains into the stone diaphragm and then through the grate to the bioswale, where we sampled (b), Lauren McPhillips*

a snapshot of pollutant concentrations in site runoff from two dates when we could access bioswale outlet flow; these 'snapshots' are complemented by analysis of pollutants in basin soils, which provides a more integrated assessment of basin water quality function over its lifetime. There is no way to sample only the outflow from the bio-retention practice tree strip. Sheet flows from the lawn as well as water filtered

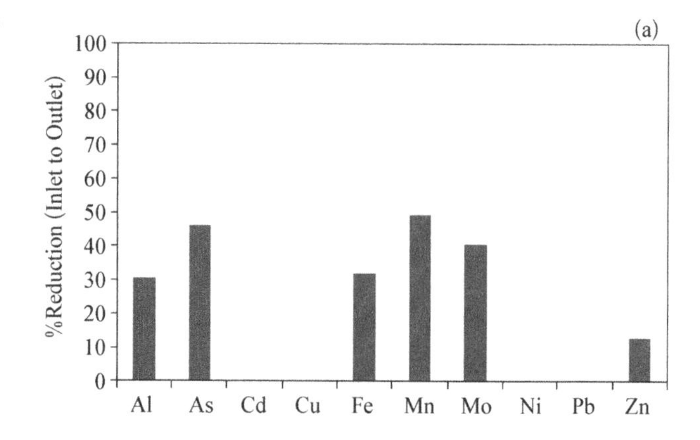

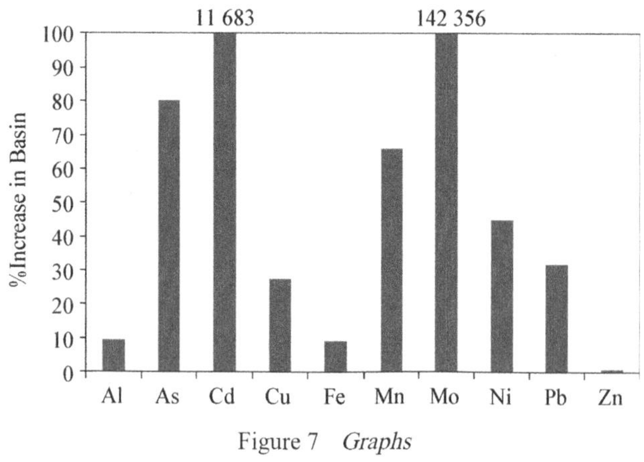

Figure 7 *Graphs*

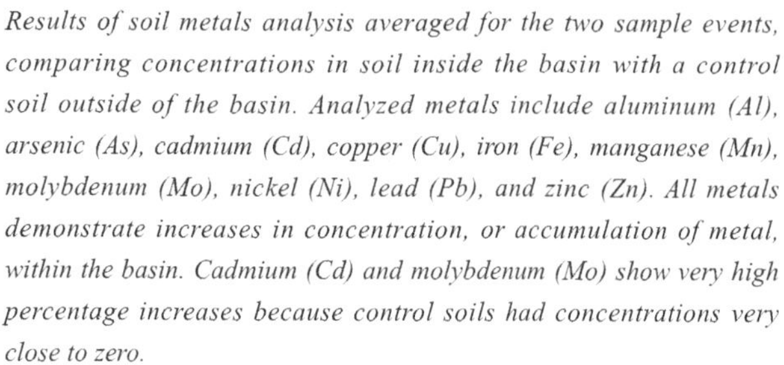

Results of soil metals analysis averaged for the two sample events, comparing concentrations in soil inside the basin with a control soil outside of the basin. Analyzed metals include aluminum (Al), arsenic (As), cadmium (Cd), copper (Cu), iron (Fe), manganese (Mn), molybdenum (Mo), nickel (Ni), lead (Pb), and zinc (Zn). All metals demonstrate increases in concentration, or accumulation of metal, within the basin. Cadmium (Cd) and molybdenum (Mo) show very high percentage increases because control soils had concentrations very close to zero.

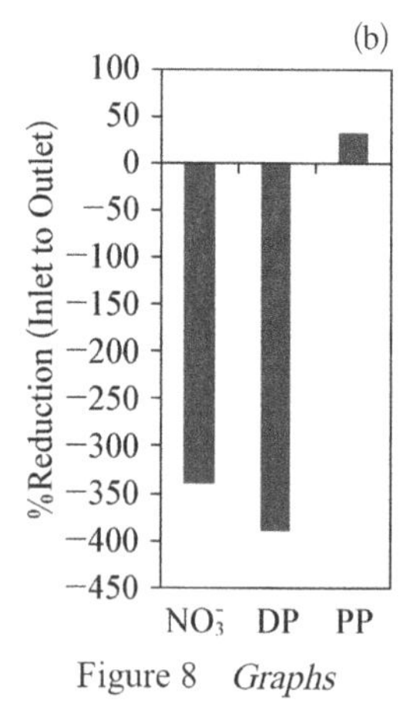

Figure 8 *Graphs*

Results of water analysis, comparing concentrations of nutrients and metals in inflow with outflow. Analyzed metals (a) demonstrate no change between inflow and outflow (primarily because levels were overall very low) or reduction in concentration between inflow and outflow. Dissolved nutrients, nitrate (NO_3^-) and dissolved phosphorus (DP) (b) demonstrate an increase in concentration between the inflow and outflow, whereas particulate phosphorus (PP) shows a decrease in concentration.

by the bio-retention practice are combined in the bioswale. Deborah Caraco, P.E. from the Center for Watershed Protection mentioned that the results of the water analyses may under-estimate the efficacy of the bioswale as they do not account for runoff reduction due to infiltration or evaporation; both of these processes reduce the flow volume and thus could increase concentration of pollutants. In the future, having data on flow volumes entering and leaving the basin could allow calculation of total pollutant loads.

3.1.4 Performance Indicator 4

Increases biodiversity. The bioswale contains over 50 plant species, giving it a Reciprocal Simspon Index of 11.5, which is 26.3 more than that of a turfgrass seed mix typically used for dry swales.

The Reciprocal Simpson Index is a common variation of the Simpson's Index of Diversity which is used to measure biodiversity. Biodiversity encompasses both species richness and species evenness which reflect the total number of species in a sample as well as the balance between the populations of each species respectively. The value of this index starts with one as the lowest possible figure, where higher values equal greater diversity. The value one would represent a community containing only one species. The maximum value possible is equal to the total number of species in the sample, meaning that the populations of each species in the bioswale are equally abundant.

Methods: The Reciprocal Simpson Index was used to compare biodiversity between the current plantings in the Bioswale Garden and a typical turfgrass seed mix which is an acceptable treatment for a dry-swale practice in the State of New York. This index was determined by counting the number of individuals of each species present in the bioswale and entering the data into a spreadsheet using the following formula to calculate the Reciprocal Simpson Index(Table 4). Similarly for the turfgrass(Table 5), the biodiversity value was calculated using the species proportions of a typical seed mix in place of actual quantities. This is an acceptable way of calculating the Reciprocal Simpson Index.

$$D=\frac{1}{\left(\frac{\sum n_i(n_i-1)}{N(N-1)}\right)}$$

D = Diversity, n_i = population of an individual species, N = Total number of individuals

Table 4 Reciprocal Simpson Index of Species Present in the Bioswale

BIOSWALE:

$$11.530=\frac{1}{\left(\frac{180\,222}{1442\,(1442-1)}\right)}$$

Totals:	1442	180222
Species (52 total)	n	$n(n-1)$
Achilleamillefolium	12	132
Agastachefoeniculum	3	6
Amsoniarigida	10	90
Amsoniahubrichtii	23	506
Asclepiasspeciosa	7	42
Baptisia x bicolor	12	132
Baptisia x variicolor	12	132
Baptisia alba	13	156
Baptisiamegacarpa	6	30
Baptisiasphaerocarpa	6	30
Calthapalustris	6	30
Chelonelyonii	7	42
Echinacea purpurea	75	5550
Echinacea pallida	10	90
Echinacea paradoxa	33	1056
Eupatorium dubium	21	420
Eupatorium maculatum	20	380
Filipendulacamtschatica	5	20
Filipendularubra	15	210
Gilleniatrifoliata	14	182

（续表）

BIOSWALE: $11.530 = \frac{1}{\left(\frac{180\ 222}{1442\ (1442-1)}\right)}$		
Totals:	1442	180222
Species (52 total)	n	$n\ (n-1)$
Heleniumautomnale	12	132
Helianthus angustifolius	4	12
Hibiscus moscheutos	7	42
Inulaorientalis	10	90
Iris x robusta	15	210
Iris ensata	25	600
Iris laevigata	11	110
Iris versicolor	10	90
Kalimerisincisa	31	930
Lialisspicata	13	156
Monardadidyma	54	2862
Ploxpaniculata	4	12
Rudbeckiasubtomentosa	12	132
Solidagorugosa	218	47306
Stachysbyzantina	5	20
Veronialettermannii	22	462
Veronicastrumvirginicum	26	650
Betulanigra	5	20
Rhusglabra	6	30
Carpinuscaroliniana	6	30
Aroniaarbutifolia	10	90
Cotinuscoggygria	8	56
Cercidiphyllumjaponicum	15	210
Ilex verticullata	25	600
Lindera benzoin	4	12
Ostryavirginiana	4	12
Panicumvirgatum	297	87912
Pennisteumalopecuroides	2	2
Schizachyriumscoparium	37	1332
Sesleriaautumnalis	77	5852
Sporobolusheterolepis	145	20880
Acer x freemanii	12	132

Table 5 Reciprocal Simpson Index of Species Present in the Turf Grass

TURFGRASS: $0.439 = \frac{1}{\left(\frac{4350}{100\ (100-1)}\right)}$		
Totals:	100	4350
Species (3 total)	n	n (n−1)
Poapratensis	60	3540
Loliumperenne	25	600
Festucaovina	15	210

Limitations: The species of some plants may have been misidentified because of similarities between plants of the same cultivar or genus when they are not in bloom. As a result, some species may have been over-counted or under-counted. Also, any limitations inherent to the Reciprocal Simpson Index while the Simpson Index in its pure form is considered a dominance index because it weights towards the abundance of the most common species, the Reciprocal Simpson Index corrects for this bias producing a true biodiversity measure.

3.1.5 Performance Indicator 5

• *Increased overall soil health in the bioswale by 28% according to the Cornell Soil Health Assessment Training Manual. Soil amendments increased soil organic matter by 74% and active carbon by 37% as compared to the adjacent turf.*

During construction, soil was stripped and stockpiled and then placed back onto the site. Topsoil used for lawn areas was not amended. The topsoil for the bioswale was amended with compost and sand to make a well-drained soil for the filter practice. While the water holding capacity was lower for the bioswale soil, it should be understood that the soil mix is intended to be well drained to function as a filter practice so the lower test result in this case is desired and expected.

Dr. Bassuk and Prof. Peter Trowbridge have been studying the benefits of soil amendment on the Cornell campus for nearly a decade and they have found that a simple process of amending with 1/3 compost by volume and annual mulching thereafter continues to improve soil health over time. Organic matter in soil increases water holding capacity and provides nutrients and energy to plants. Research shows that active carbon is a 'leading indicator' of soil health, correlating with percent organic matter and biological activity in soil. While soil health may seem like a less tangible benefit, there are two aspects to the amendment process that are key to understanding the benefit.

1. A poor soil can be amended at a low cost with good result, thereby avoiding the cost and environmental impact (stripping another site) of importing soil.

2. A healthy soil produces healthy plants, allowing them to provide the visual and ecosystem benefits expected with fewer replacements required.

Overall, the bioswale soil was healthier in key ways, especially evident in the penetrometer reading. If a soil is too dense for plants to grow in, then the other indicators such as moisture and nutrition are irrelevant if plants' roots can't reach them (Table 6).

Methods: Soil samples and penetrometer readings were collected in the bioswale and the adjacent turf with research partner Dr. Nina Bassuk in order to conduct a full soil health analysis at Cornell University's soil lab. Test results may be found below:

Table 6 Soil Health Assessment Results

Indicator	Turf		Bioswale		% Change Value	% Change Rating
	Value	Rating	Value	Rating		
Available Water Capacity (m/m)	0.26	97	0.15	63	−42%	−35%
Aggregate Stability (%)	22.7	26	51.6	81	111%	211%
Organic Matter (5)	5.1	89	8.9	100	74%	12%
ACE Soil Protein Index	7.1	40	19	100	167%	150%
Root Pathogen Pressure (1–9)	4.0	63	5.0	50	25%	−20%
Respiration	0.78	12	0.81	45	38%	275%
Active Carbon (ppm) [Permangate Oxidizable]	551	37	759	81	38%	119%
pH	7.1	100	7.3	89	2%	−11%
Phosphorous	36.4	19 High, potential impact risk	179	0 High, potential impact risk	391%	100%
Potassium	211.9	100	138.6	100	−35%	0%
Minor Elements Mg, Fe, Mn, Zn	182, 1.8, 13.8, 0.2	56, Zinc Deficient	442, 2.0, 45.2, 3.1	100	142%, 11%, 228%, 1450%	79%
Penetrometer Depth	1"	N/A	18"	N/A	94%	N/A
Overall Quality Score (Out of 100)	58	Medium	74	High	28%	N/A

Limitations: The soil health test was originally developed for agricultural applications and so underlying assumptions about the soil health are focused on crop production rather than landscape plants. Generally all plants require moisture, oxygen and nutrition, all of which are evaluated as part of the test. The indicator ratings need to be understood in relation to each other rather than as individual values. For example, while the turf soil has a higher water holding capacity, it is a dense soil with a high clay content. Since it is too dense to allow healthy root growth, the water present would not actually be available to individual plants.

4. Social

Performance Indicator 6–8

• *Provides recreational and educational opportunities for an estimated 50 000 visitors per year based on 2013 counts. 68% of 71 survey respondents achieved the bioswale learning objectives, answering 7 out of 9 questions correctly.*

• *Helps galvanize visitor interest and support for green infrastructure. 92% of the 71 survey participants said they were interested in seeing green infrastructure in their communities, and 52% report that they are likely to install smaller scale practices in their home landscape.*

• *Provides a variety of learning experiences to approximately 12 460 people per year at low or no cost, including exhibits, lectures, youth programs, tours, internships, and a volunteer program.*

Methods: Visitor counts and participant counts were provided by the Cornell Plantations education and outreach staff. Program statistics include programs throughout the Plantations and the Welcome Center sponsored activities are not tracked separately.

In 2013 the Plantations' education programs served:

• 9433 Participants in Adult Education

• 2095 Participants in Youth Education

• 933 Cornell Students

Plantations staff participated in the development of a survey to assess visitors' understanding and support for green infrastructure(Figure 9). This is an important measure of success for this project, as the client is an educational organization. As part of the project, the Cornell Plantations established a set of learning objectives for visitors and developed an interpretive sign which explains the function of the green infrastructure system around the parking lot:

Most visitors will:

◦ Realize that water is much cleaner when it leaves the bioswale than when it entered.

◦ Recognize that a bioswale is a more sustainable alternative to a conventional drainage culvert system.

• Some visitors will:

◦ Describe where the water comes from that enters the bioswale and where it goes from there.

◦ Describe in their own words how water is filtered by the filter strip and bioswale.

◦ Name one plant in the bioswale and briefly

Figure 9 *Preparing Survey Collection near Interpretive Sign, Michele Palmer*

explain why it was selected.

◦ Appreciate that Cornell Plantations constructed a bioswale rather than a conventional drainage system.

◦ Recognize that smaller scale bioswales can be created for home landscapes.

In order to gauge a visitor's understanding of green infrastructure practices in the botanical garden, the survey uses a standard Likert scale questions which allow respondents to self-report their level of understanding, as well as a short quiz using true or false questions to assess whether or not the project's learning objectives are being achieved. In addition to understanding, the survey asked participants to report their support for green infrastructure being constructed in their community, as well as the likelihood that the participant will install green infrastructure in their home landscape (Table 7).

The survey was administered to visitors on an ongoing basis between mid-June and mid-July in both paper and digital form as well as through in-person surveys recorded by the researchers on two occasions. Paper surveys and a collection box will be provided near visitor information in the visitor center. A digital version of the survey was created using 'Qualtrics' online survey software, and publicized by posting QR codes and URLs to the survey around the Nevin Center site. The in-person survey occurred on two occasions, first in early June, and the second time on July 19, to compare responses in early summer to responses late in summer when plantings are lusher.

Survey Notes: 71 Cornell Plantations visitors responded to the survey between early June and late July 2014. 68 responses were collected in person, 3 responses were submitted in paper form to the visitor center welcome desk, and none were collected online due to problems with the online survey form. The survey also collected the following visitor demographic profile:

- AGE: 7.0% aged 18–24, 28.2% aged 25–44, 46.5% aged 45–64 and 18.3% 65 years or older.
- TRAVEL DISTANCE: 7.0% less than one mile, 26.8% 1–10 miles, 8.5% 11–50 miles, 14.1% 51–100 miles, 43.7% more than 100 miles.
- TRAVEL METHOD: 12.7% walking, 0.0% biking, 85.9% car, 0.0% public transportation, 0.0% Other.
- VISIT FREQUENCY: 50.7% first visit, 31.0% less than once per month, 5.6% once a month, 8.5% once a week, 2.8% Daily.

Limitations: The survey was only administered over a short period of time over summer months while students are not on campus and survey recruitment may have been more successful among certain population groups, therefore not representing the full visitor body accurately. In addition, it was noted that asking questions to visitors prompted them to observe

Table 7 Distribution of Survey Questions Correct Answers

Number of Correct Answers	1	2	3	4	5	6	7	8	9	*Total
Number of Respondents	1	1	3	1	5	8	14	21	13	71
Percent of Respondents	1.4%	1.4%	4.2%	1.4%	7%	11.3%	19.7%	29.6%	18.3%	100%

* Total includes respondents who answered all questions incorrectly. (4 respondents)

- 78.9% (56) of respondents agreed that their visit to the Cornell Plantations increased their understanding of green infrastructure including bioswales and green roofs. (49.3% strongly agree and two respondents chose not to answer the question)
- 91.5% (65) of respondents described themselves as interested in seeing sustainable features such as rain gardens, bioswales and green roofs. (23.9% very interested)
- 52.1% (37) of respondents stated that they likely would install sustainable features such as rain gardens, bioswales and/or natural filters at their home. (26.8% very likely)

and think more than they may have otherwise.

5. Economic

5.1 Performance Indicator 9

• *Saves $316 or 14% of the building's predicted annual heating and cooling costs by using a green roof instead of a white roof.*

Methods: Green roofs act as insulators for buildings, reducing energy needed to provide cooling and heating.Review of LEED documentation provided by Cornell University Plantations which states that 68% of the roof is vegetated. The project specifications were reviewed and Bioroof Systems, the installer of the green roof was contacted about specifics of the installation and provided a depth of media installed. The GBRL Green Roof Energy Calculator (v 2.0), was used to calculate potential savings. This calculator interpolates the simulation results to determine a predicted energy and cost savings based on the user input values for building type, location, green roof leaf area index, soil depth and area.

The following information was used in the calculator:

• New Office Building in Albany, NY

• Total roof area of 3 517 ft^2

• Growing Media Depth of 6 inches

• Leaf Area Index of 4.5

• Covers approximately 68% of the total roof area (the rest categorized as a dark roof i.e. solar panels)

• Not irrigated

For reference, the annual whole building electricity consumption for the specified green roof was calculated by the GBRL Green Roof Energy at 145 259 kW · h and the annual gas consumption at 474 Therms.

Annual Energy Savings compared to a Dark Roof (albedo = 0.15)

Electrical Savings:1 120.4 kW · h

Gas Savings: 5.9 Therms

Total Energy Cost Savings (1): $−5.12

Annual Energy Savings compared to a White Roof (albedo = 0.65)

Electrical Savings: 517.5 kW · h

Gas Savings: 27.5 Therms

Total Energy Cost Savings (1): $316.07

Limitations: The nearest city available to input was Albany, New York, which has a similar climate but may vary from the project location. Heating and cooling costs predictions are extracted from the LEED documentation for the 5 082 sf interior space of the building. Predicted base line costs for the natural gas heating are $1 911 and electrical cooling $281.79 for a total of $2 192.79 annually. This may not represent actual costs.

5.2 Performance Indicator 10

• *Stimulated Cornell Plantations' fundraising with a $4.8 million in project specific donation to the Nevin Welcome Center and 13.5 million raised for the "Plantations Transformation" campaign. Naming rights for garden areas are expected to raise at least an additional $1 million.*

Methods: Development staff at the Plantations was consulted to understand the funding of the Nevin Welcome Center. Since the Plantations is a botanical garden, the focus is on its landscapes and the buildings would theoretically not be in existence. To serve the botanical garden mission, building and service improvements were needed to make the landscapes more accessible and appealing to visitors. 13.5 million dollars was raised in a campaign called 'Plantations Transformation' which partially funded the Nevin Welcome Center as well as other improvements to the landscape and other service buildings. While the Welcome Center building was one focus for fundraising, the surrounding landscape and Bioswale Garden were strong contributing factors in the efforts. Included in the total 13.5 million was a single large donation by Madolyn M. Dallas and Glenn Dallas which funded the Tree Plaza which transitions the visitor experience from the parking area to the main walk to the Nevin Center building.

'Naming rights' continue to create funding opportunities. There are minimum donation amounts for specific naming opportunities but there is no set maximum. Two large opportunities are still open:

- $550k for the Bioswale Garden
- $500k for the patio, terrace garden and tropical plantings, all at the entrance to the Nevin Center.

Limitations: There is no set monetary value for the 'naming rights' opportunities, so the impact of donations cannot fully be projected. The value of the donations towards landscape cannot be separated from the building as both were part of the same fundraising campaign.

6. Lessons Learned

C.U. Structural Soil Tree Health

- *Several Katsura (Cercidiphyllumjaponicum) trees planted in structural soil have not been thriving, with explanations varying from pH intolerance to inadequate soil volume and poor species selection. Tests and calculations show that at 7.4—7.6, pH is within tolerable levels for Katsura trees. While soil volume is minimally adequate for trees of this size to survive 90% of dry periods in Ithaca, the species selected has poor tolerance for occasional periods of dry conditionsand scrutiny of the site grading shows little water being directed to the tree openings in the pavement. While the species has the landscape qualities desired, a better selection could have been made based on research on CU Structural Soil.*

Methods: Several Katsura (Cercidiphyllumjaponicum) trees planted in CU structural soil have not been thriving. Review of construction documents, pH tests and soil volume calculations were used to verify the likely cause of stress on the Katsura trees. Nina Bassuk, one of the developers of C.U. Structural Soil, suggests that the Katsura trees are not an appropriate selection for Structural Soil. Indeed, the species is not included in the list of appropriate species in the guide to "Using CU Structural Soil in the Urban Environment" handbook. The handbook states that the criteria for appropriate trees is moderate to high drought tolerance, and alkaline soil tolerance.

It was hypothesized that that the lighter green leaves were due to a nutrient deficiency caused by high pH. In order to verify whether or not pH is a factor in the Katsura trees' stress, pH tests were taken in the structural soil planting (from the structural soil layer), and from a non-structural soil planting elsewhere on campus with healthy trees. Field tests conducted by Dr. Nina Bassuk show that at 7.4—7.6, pH, well within tolerable levels (pH 5.0—8.0) for species based on the Cornell University Woody Plants Database.

While soil volume is adequate for trees of this size to survive, this species is not tolerant of dry conditions and scrutiny of the site grading shows little water being directed to the tree openings in the pavement. While the species has the landscape qualities desired, a better selection could have been made based on research on CU Structural Soil. Dr. Bassuk has recommended a program of watering to ensure their survival, which is being implemented. While the species has the landscape qualities desired, a better selection could have been made based on experience with CU structural soil (Table 8). Trees that thrive in CU soil include those tolerant of both of a variety of moisture conditions and periods of dryness

Table 8 Water Tolerance for Katsura, Cornell Woody Plants Online Database

VERY WET **VERY DRY**

Occasionally saturated or very wet soil			Consistently moist, well-drained soil			Occasional periods of dry soil			Prolonged periods of dry soil		
1	2	3	4	5	6	7	8	9	10	11	12

and higher than average pH that resulting from the use of Ithaca's local limestone.

Nutrient Removal — Modelled Predictions vs. Testing:

- *Bioswales are generally predicted to remove a variety of contaminants including nutrients, metals and suspended solids. This prediction was verified for the Bioswale Garden at the Nevin Welcome Center by the Center for Watershed Protection runoff reduction spreadsheet modeling, however input-output water sampling and tests by Lauren McPhillips have found that despite the practice's success removing metals from runoff, it appears to be a net source of dissolved Nitrogen and Phosphorous. There are no definitive answers at this point, however there are two hypotheses: Despite the lack of institutional memory of this, excess nutrients leaving the bioswale could be coming from stripped and stockpiled topsoil which may have originated in gardens which were historically fertilized through either compost or chemical fertilizers. Also, the enriched mulch made of bark and compost used in the bioswale may be contributing excess nutrients to the bioswale (Table 9).*

7. Cost Comparison

7.1 Capital Cost Comparison

The educational and horticultural elements of the Bio-swale Garden increased installation costs by $121 500 or 92% as compared to standard turf. The increased cost for the decorative elements of the project can be seen as the cost of providing an educational landscape, meant to encourage an appreciation of the possibilities for creating a sustainable stormwater solution in the context of a botanical garden. Visitors also learn that they can create a similar garden at a different scale in their home landscapes.

A cost comparison(Table 10) was developed to understand the cost of creating stormwater management that is also a garden as compared to the cost of a standard stormwaterpractice. Standard practice for a dry swale would have been turf with mulch over the filter components of the system. The basic costs for the treatment and storage practices are the same. The increase in cost is due the open grate foot paths

Table 9 Runoff Reduction Spreadsheet Modeling Results: (See Performance Indicators 1–2 for methodology and limitations)

	Pre-Development	Post-Development	Runoff Reduction	Treated Volume	Pre-Post Change	(%) Change
Total Phosphorous Load (lbs/yr)	6.42	5.70	1.98	4.00	−3.00	−42%
Total Nitrogen Load (lbs/yr)	45.93	40.80	18.94	22	−24	−52%

* See Performance Indicator 3 for Sampling Results, Methodology and Limitations.

that reveal the movement of water and the cost of the garden plantings that provide its horticultural display.

Key Elements

Create a showcase display of native plants

• Reveal through decorative elements making the movement of water clear to visitors

• Educate and encourage visitor support for sustainable practices

Methods: Review and recreation of cost estimates for bioswale and a conventional detention pond using local unit costs provided by T.G. Miller Engineers and Surveyors, P.C. and Vermeulens Cost Consultants dated October of 2008.

Limitations: Costs were developed through design team estimates and may not reflect actual costs. For hypothetical costs, values were derived from R.S. Means.

8. Acknowledgments

We would like to thank everyone who generously shared their time with us, helping to strengthen the study methods and collect the information necessary to complete this case study. In particular, Irene Lekstutis, Landscape Designer for the Plantation met with us and facilitated our contact with others at the plantations including Sonja Skelly and Justin Kondrat. David Cutter, University Landscape Architect was also helpful in providing documents and facilitating introductions with researchers at Cornell.

Dr. Nina Bassuk and Lauren McPhillips were of great assistance in taking on-site field tests and interpreting those results for us. We would not have been able to discover important lessons learned without their generous participation.

We would also like to acknowledge the assistance of Deborah Caraco P.E. of the Center for Watershed Protection in Ellicott City, Maryland. She helped us select the best worksheet to model the conditions on the site and critiqued our process for inputting the data in order to have the most accurate result. We believe that the tools developed by the Center could be more widely used in the LAF' s Case Study program as they are relatively straightforward and are based on widely accepted underlying studies in the science of stormwater.

9. Appendices: Summary Data from CWP Virginia Runoff Reduction Method Worksheet (etc.)

10. Summary from Cornell Soil Health Testing: Measured Soil Health Indicators

The Cornell Soil Health Test measures several indicators of soil physical, biological and chemical health. These are listed on the left side of the report

Table 10 See the below summary for a comparison of the major elements of the cost estimates.

Category	Standard Practice	Nevin Welcome Center	% Cost Difference
Filter Strip	$87 308	$87 308	0%
Drainage and Walkways Between Filter Strip and Bioswale	$3 670	$50 100	1 265%
Dry Swale and Filter Practice	$21 360	$52 400	145%
Plantings	$2 100	$30 305	1 343%
General Conditions	$17 165.70	$33 016	92%
TOTALS	$131 604	$253 130	92%

summary, on the first page. The 'value' column shows each result as a value, measured in the laboratory or in the field, in units of measure as described in the indicator summaries below. The 'rating' column interprets that measured value on a scale of 0 to 100, where higher scores are better. Ratings in red are particularly important to take note of, but any in yellow, particularly those that are close to a rating of 30 are also important in addressing soil health problems.

A rating of 30 or less indicates a Constraint and is color-coded red. This indicates a problem that is likely limiting yields, crop quality, and long-term sustainability of the agro-ecosystem. In several cases this indicates risks of environmental loss as well. The 'constraint' column provides a short list of soil processes that are not functioning optimally when an indicator rating is red. It is particularly important to take advantage of any opportunities to improve management that will address these constraints.

A rating between 30 and 70 indicates Sub-optimal functioning and is color-coded yellow. This indicates that soil health could be better, and yield and sustainability could decrease over time if this is not addressed. This is especially so if the condition is being caused, or not being alleviated, by current management. Pay attention particularly to those indicators rated in yellow and close to 30.

A rating of 70 or greater indicates Optimal or near-optimal functioning and is color-coded green. Past management has been effective at maintaining soil health. It can be useful to note which particular aspects of management have likely maintained soil health, so that such management can be continued. Note that soil health is often high, when first converting from a permanent sod or forest. In these situations, intensive management quickly damages soil health when it includes intensive tillage, low organic matter inputs, bare soils for significant parts of the year, or excessive traffic, especially during wet times.

The Overall Quality Score at the bottom of the report is an average of all ratings, and provides an indication of the soil's overall health status. However, the important part is to know which particular soil processes are constrained or suboptimal so that these issues can be addressed through appropriate management. Therefore the ratings for each indicator are more important information.

The Indicators measured in the Cornell Soil Health Assessment are important soil properties and characteristics in themselves, but also are representative of key soil processes, necessary for the proper functioning of the soil.

11. Resources

[1] Baird Sampson Neuert Architects Inc, Project Architect, 317 Adelaide St W, Toronto, ON M5V 1P9, Canada, http://www.bsnarchitects.com/.

[2] Dr. Nina Bassuk and Prof. Peter Trowbridge, Woody Plants Database, Cornell University, http://woodyplants.cals.cornell.edu/home.

[3] Battiata J, Collins K, Hirschman D, et al. The Runoff Reduction Method. Journal of Contemporary Water Research & Education, ISSN 1936–7031, 2010, 12(146).

[4] Bioroof Systems Inc. , 1550 Yorkton Court, Unit 17, Burlington, Ontario, supplier of green roof, http://www.bioroof.com/BR_systems_home.html.

[5] The Center for Watershed Protection, 3290 North Ridge Road, Suite 290, Ellicott City, MD 21043 http://www.cwp.org/.
http://www.cwp.org/online-watershed-library/cat_view/65-tools/91-watershed-treatment-model.

[6] Cornell Soil Health http://soilhealth.cals.cornell.edu/.

[7] Gugino B K, Idowu O J, Schindelbeck R R, et al. Cornell Soil Health Assessment Training Manual.

Second Ed, Cornell, CALS, 2009.

[8] LEED Building Rating System, http://www.usgbc.org/leed.

[9] GBRL Green Roof Energy Calculator (v 2.0), Green Building Research Lab, Green Roofs for Healthy Cities, Portland State University, University of Toronto, http://greenbuilding.pdx.edu/GR_CALC_v2/grcalc_v2.php#retain.

[10] Brian C. McCarthy, Lecture on Species Diversity Concepts. http://www.ohio.edu/plantbio/staff/mccarthy/dendro/LEC5.pdf.

[11] Reed Construction Data 2014, R.S. Means Online, cost estimating figures. http://rsmeansonline. com/.

[12] Miller T G . Prepared the Stormwater Pollution Prevention Plan (SWPPP), http://www.tgmillerpc.com/.

[13] Vermeulens Cost Consultants, 9835 Leslie, Richmond Hill, ON L4B 3Y4, Canada, prepared the cost estimate dated October of 2008, http://www.vermeulens.com/.

[14] Wolf Lighthall Landscape Architecture + Planning, http://wolflighthall.com/.

参考文献

[1] Geddes P. Cities in Evolution[M].Williams & Norgate, London.

[2] Booth N K. Basic Elements of Landscape Architectural Design[M]. Waveland Pr Inc, 2005.

[3] 市政公用工程设计文件编制深度规定(2013年版)[S].

[4] Ian M H. Design with Nature[M]. Philadelphia: Falcon Press, 1971.

[5] 彭一刚.中国古典园林分析[M].北京: 中国建筑工业出版社, 1986.

[6] 格兰特 W.里德. 园林景观设计: 从概念到形式[M].北京: 中国建筑工业出版社, 2010.

[7] Booth N K. Foundations of Landscape Architecture[M].John Wiley & Sons, 2011.

[8] Rowena Shepherd & Shepher Rupert. 1000 Symbols: What Shapes Mean in Art & Myth[M]. New York: Thames & Hudson, 2002.

[9] Biedermann H. Dictionary of Symbolism: Cultural Icons and the Meaning Behind Them[M]. New York: Facts on File, 1992.

[10] Elam K. Geometry of Design[M]. New York: Princeton Architectural Press, 2001.

[11] 芦原义信.外部空间的设计[M].北京: 中国建筑工业出版社, 1985.

[12] Scherr R. The Grid: Form and Process in Architectural Design[M]. New York: Universalia, 2001.

[13] Johnson J. Modern Landscape Architecture: Refining the Garden[M]. New York: Abbeville, 1991.

[14] Turner T. City as Landscape: A Post-postmodern View of Design and Planning[M]. Taylor & Francis, 1996.

[15] Parolek G, Parolek K, Crawford P C. Form based codes: a guide for planners, urban designers, municipalities, and developers[M]. John Wiley & Sons, 2008.

[16] Christian N S. Genius loci: Towards a phenomenology of architecture[M]. Rizzoli, 1980.

[17] Matthew P, Purinton J. Landscape narratives: Design practices for telling stories[J]. John Wiley & Sons, 1998.

[18] 郭药.水体景观设计研究[D].南京: 东南大学, 2006.

[19] 冯偲.城市景观空间中视觉心理学的研究与应用[D].南京: 南京理工大学, 2013.

[20] 金哲潮.城市办公建筑景观规划设计的探讨[D].上海: 上海交通大学, 2009.

[21] 翁彦祺.园林水景的设计研究[D].福州: 福建农林大学, 2010.

[22] 冯炜.景观叙事与叙事景观——读《景观叙事: 讲故事的设计实践》[J].风景园林, 2008(2): 116-118.

[23] 韦维.浅谈现代园林设计[J].中华民居, 2012(7): 727-728.

[24] 郑玉姣.研究日式园林在现代景观设计中的应用[J].城市建设理论研究(电子版), 2013

(24).
[25] 廖为明,楼浙辉.日本园林的特点及启示[J].江西林业科技,2004(4): 43-45.
[26] 吕岩.河南传统园林探讨[D].郑州: 郑州大学,2007.
[27] 赵巧香.城市景观中人文景观创意设计研究——景观设计中的文化性[D].天津: 河北工业大学,2006.
[28] 刘滨谊,余畅.美国绿道网络规划的发展与启示[J].中国园林,2001(6): 77-81.
[29] 余鹏.山地城市公园绿地坡地景观设计研究——以重庆为例[D].重庆: 重庆大学,2005.
[30] 刘秀晨.中国近代园林史上三个重要标志特征[J].中国园林,2010(8): 54-55.
[31] 郑曦,孙晓春.《园冶》中的水景理法探析[J].中国园林,2009(11): 20-23.
[32] 苏锦霞,段渊古.艺术化地形设计在现代景观中的运用[J].北方园艺,2010(11): 121-124.
[33] 任刚.现代城市公共空间水景设计及其价值特征[D].重庆: 重庆大学,2007.
[34] 邢佳林.现代景观高技术发展趋势初探[D].南京: 东南大学,2007.
[35] 中国风景园林学会.2020年中国风景园林学发展研究[R].中国风景园林教育大会,2006.
[36] 夏宇,张慧.景观形式的价值、研究方法及纠缠[J].安徽农业科学,2010(27): 15284-15285.
[37] 王佩环.景观概念设计中审美重构的研究[D].武汉: 武汉理工大学,2010.
[38] 张璇.中西庭院对比[J].金山,2012(3).
[39] 李晓丹.17—18世纪中西建筑文化交流[D].天津: 天津大学,2004.
[40] 张国栋.风景园林施工中的问题及对策[J].中华民居,2012(7): 728-729.
[41] 增设风景园林学为一级学科论证报告[J].中国园林,2011(5): 4-8.
[42] 吴树芹.如何构造园林布局中的地形[J].现代农村科技,2011(23).
[43] 刘滨谊.中国风景园林规划设计学科专业的重大转变与对策[J].中国园林,2001(1): 7-10.
[44] 刘大凯.园林地形在小区中的应用[J].房地产导刊,2014(1): 253.
[45] 乔宝雨.景观道路绿化中微地形改造的利与弊[J].中国园艺文摘,2012(3): 77-78.
[46] 刘翔,王永奇,王安平.浅析四大造园要素空间组织的视觉景观特点[J].山西建筑,2010(24): 350-351.
[47] 蒋珂.光、水、风的建筑[D].重庆: 重庆大学,2001.
[48] 黄煌,陈力,关瑞明.中国传统柱式与西方古典柱式的比较[J].中外建筑,2009(3): 82-85.
[49] 朱琳.线的构成与园林景观营造的研究[D].青岛: 青岛农业大学,2010.
[50] 毛玮.浅谈颐和园的空间处理[J].大众文艺,2010(18).
[51] 董舫,王春晖.室内空间设计的美学原则[J].艺海,2010(3).
[52] 汪亚辉.当代景观设计的建构——景观设计的方法和程序[D].南京: 南京林业大学,2007.
[53] 中华人民共和国建设部.城市绿地分类标准(CJJ/T85—2002)[S].